高等职业教育土建类“教、学、做”理实一体化特色教材

结构与平法钢筋算量

主　编　艾思平　何　俊

中国水利水电出版社
www.waterpub.com.cn
·北京·

内 容 提 要

本书根据《混凝土结构设计规范》（GB 50010—2010）、国家建筑标准设计16G101系列平法图集、《混凝土结构施工规范》（GB 50666—2011）、《建筑地基基础设计规范》（GB 50007—2011）中的规定，以实际建筑工程构件为例，对混凝土结构中的基本构件（包括梁、板、柱、墙、楼梯、基础）的受力特点、破坏特征、计算原理、计算方法、构造要求、平法识图、钢筋预算量的计算进行详细系统的介绍。

本书通过多个案例的讲解，将会使读者不仅理解钢筋混凝土基本构件计算原理、构造要求，更能掌握平法识图方法和钢筋预算量的计算，还会对读者的结构分析能力、识图能力、预算能力、施工能力有很大的帮助。

本书可作为造价专业学生的教学用书，还可以作为造价工作者及相关人员的参考用书。

图书在版编目（CIP）数据

结构与平法钢筋算量 / 艾思平，何俊主编. -- 北京：中国水利水电出版社，2017.1（2021.6重印）
高等职业教育土建类“教、学、做”理实一体化特色教材
ISBN 978-7-5170-5139-8

Ⅰ. ①结… Ⅱ. ①艾… ②何… Ⅲ. ①钢筋混凝土结构—结构计算—高等职业教育—教材 Ⅳ. ①TU375.01

中国版本图书馆CIP数据核字(2017)第007301号

书　　名	高等职业教育土建类“教、学、做”理实一体化特色教材 **结构与平法钢筋算量** JIEGOU YU PINGFA GANGJIN SUANLIANG
作　　者	主编　艾思平　何俊
出版发行	中国水利水电出版社 （北京市海淀区玉渊潭南路1号D座　100038） 网址：www.waterpub.com.cn E-mail：sales@waterpub.com.cn 电话：（010）68367658（营销中心）
经　　售	北京科水图书销售中心（零售） 电话：（010）88383994、63202643、68545874 全国各地新华书店和相关出版物销售网点
排　　版	中国水利水电出版社微机排版中心
印　　刷	清淞永业（天津）印刷有限公司
规　　格	184mm×260mm　16开本　13印张　324千字
版　　次	2017年1月第1版　2021年6月第2次印刷
印　　数	2501—4000册
定　　价	**46.00**元

前言

本书是安徽省地方技能型高水平大学建设项目重点建设专业——工程造价专业建设与课程改革的重要成果，是“教、学、做”理实一体化的特色教材。“结构与平法钢筋算量”是工程造价专业一门重要的专业课。它是根据安徽省地方技能型高水平大学建设的相关精神和意见，遵循“工学结合——项目导向”人才培养模式，“以工作项目为载体、以工作过程为导向”进行开发的。在校企共同开发的课程标准与教学组织设计的基础上而编写的。培养学生具备结构分析和计算、平法识图及钢筋算量的能力。

本书在编写过程中，不仅考虑了“培养学生的关键职业能力”，还结合了造价工作人员的“职业资格考试”的内容。

本书具体分工如下：安徽水利水电职业技术学院艾思平、安徽建工集团徐小娥编写学习项目 1；安徽水利水电职业技术学院樊宗义、何俊编写学习项目 2；安徽水利水电职业技术学院蒋红、安徽建工集团叶明林编写学习项目 3；安徽水利水电职业技术学院高慧慧、王涛编写学习项目 4；安徽水利水电职业技术学院孔定娥、常小会编写学习项目 5；广联达软件公司陈磊编写学习项目 6。

安徽水利水电职业技术学院张思梅副教授主审了全书，并提出了宝贵意见；另外，本书在编写过程中还有不少同志提供了许多帮助，在此一并表示感谢。

限于编者水平，不足之处在所难免，敬请读者予以批评指正。

编者

2016 年 12 月

目录

学习项目1 绪　论

【学习目标】 学生通过本学习项目的学习，了解本教材的学习内容和目标；能够掌握结构的概念、类型和特点；掌握钢筋混凝土结构材料的要求、类型和力学特性。

学习情境1.1 混凝土结构的概念

混凝土是人工石材，它由石子、砂粒、水泥、外加剂和水按一定比例拌和而成，简称“砼”。混凝土材料像天然石材一样，承受压力的能力很强，但抵抗拉力的能力却很弱。而钢材则不然，其抗压和抗拉的能力都很强。于是，人们利用两种材料各自的特点，把它们有机地结合在一起共同工作，形成了用于工程实际的混凝土结构（Concrete Structure）。所谓结构就是建筑在承受各种作用的骨架，土木工程中常用的混凝土结构类型有素混凝土结构、钢筋混凝土结构、预应力混凝土结构、钢管混凝土结构、钢骨混凝土结构、纤维混凝土结构等，其中以钢筋混凝土结构（Reinforced Concrete Structure，RC）应用最广。图1.1为常见钢筋混凝土结构和构件的配筋实例。

钢筋和混凝土这两种性质不同的材料之所以能有效地结合在一起并共同工作，主要是由于混凝土硬化后钢筋与混凝土之间产生了良好黏聚力，使两者可靠地结合在一起，从而保证在外荷载的作用下，钢筋与相邻混凝土能够共同变形；其次，钢筋与混凝土两种材料的温度线膨胀系数的数值颇为接近（钢筋为1.2×10^{-5}，混凝土为$1.0\times10^{-5}\sim1.5\times10^{-5}$），所以，当温度变化时，不致产生较大的温度应力而破坏两者之间的黏结，从而保持结构的整体性。另外，应用这两种材料时，总是混凝土包围在钢筋的外围，起着保护钢筋免遭锈蚀的作用，这对两种材料的共同工作无疑也是一项保证。

钢筋混凝土结构除了能较合理地应用这两种材料的性能外，还有下列一些优点：

（1）耐久性。混凝土的强度是随龄期增长的，钢筋被混凝土保护着锈蚀较小，所以只要保护层厚度适当，则混凝土结构的耐久性比较好。若处于侵蚀性的环境时，可以适当选用水泥品种及外加剂，增大保护层厚度，就能满足工程要求。

（2）耐火性。比起容易燃烧的木结构和导热快且抗高温性能较差的钢结构来讲，混凝土结构的耐火性是好的。因为混凝土是不良热导体，遭受火灾时，混凝土起隔热作用，使钢筋不致达到或不致很快达到降低其强度的温度。经验表明，虽然经受了较长时间的燃烧，混凝土常常只损伤表面。对承受高温作用的结构，还可应用耐热混凝土。

（3）就地取材。在混凝土结构的组成材料中，用量较大的石子和砂往往容易就地取材，有条件的地方还可以将工业废料制成人工骨料应用，这对材料的供应、运输和土木工程结构的造价都提供了有利的条件。

（4）保养费节省。混凝土结构的维修较少，不像钢结构和木结构需要经常的保养。

（5）节约钢材。混凝土结构合理地应用了材料的性能，在一般情况下可以代替钢结构，

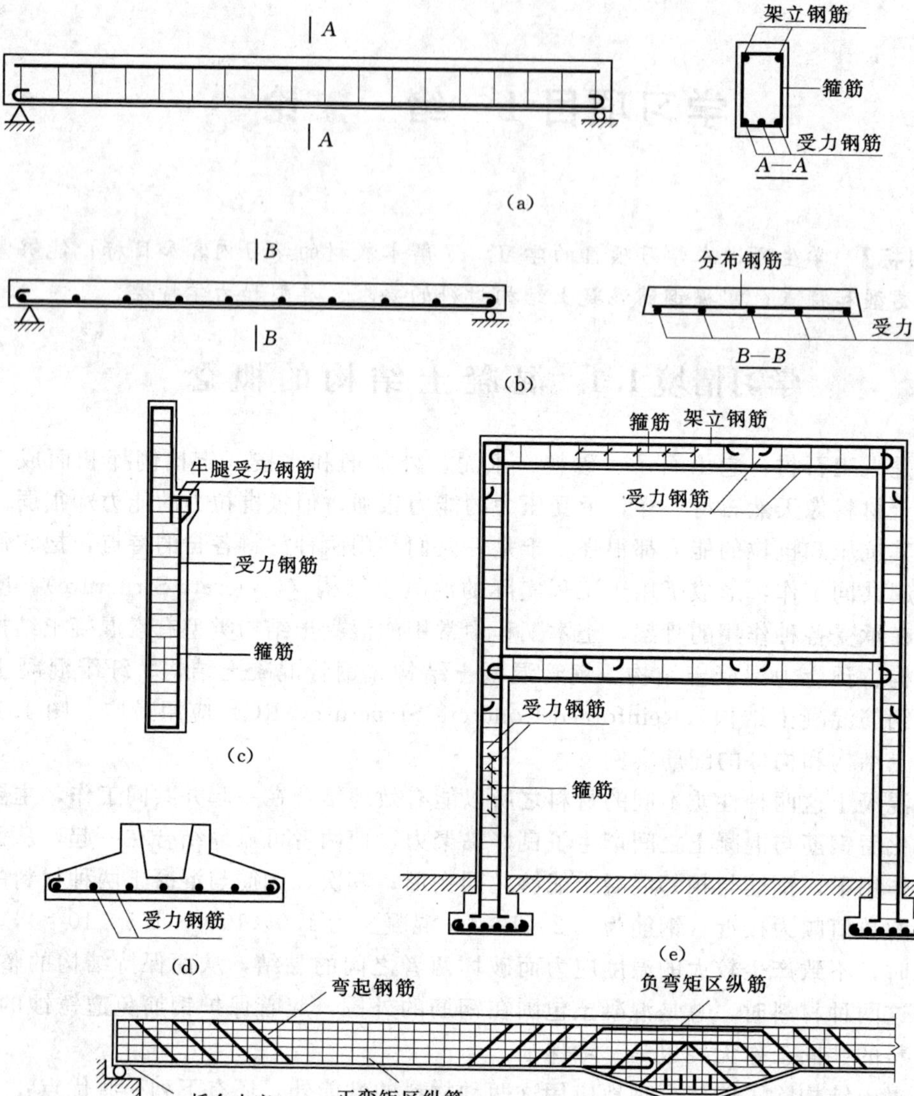

图 1.1 常见钢筋混凝土结构和构件配筋实例

从而能节约钢材、降低造价。

(6) 可模性好。因为新拌和未凝固的混凝土是可塑的，故可以按照不同模板的尺寸和式样浇筑成建筑师设计所需要的构件。

(7) 刚度大、整体性好。混凝土结构刚度较大，对现浇混凝土结构而言其整体性尤其好，宜用于变形要求小的建筑，也适用于抗震、抗爆结构。

但是，混凝土结构也有不少缺点和不足之处：普通钢筋混凝土结构本身自重比钢结构大，自重过大对于大跨度结构、高层建筑结构的抗震都是不利的；另外，混凝土结构的抗裂性较差，在正常使用时往往带裂缝工作，而且建造较为费工，现浇结构模板需耗用较多的木材，施工受到季节气候条件的限制，补强修复较困难；隔热隔声性能较差等等。这些缺点，在一定条件下限制了混凝土结构的应用范围。不过随着人们对于混凝土结构这门学科研究认识的不断提高，上述一些缺点已经或正在逐步加以改善。例如，目前国内外均在大力研究轻质、高强混凝土以减轻混凝土的自重，采用预应力混凝土（Prestressed Concrete，PC）技术以减轻结构自重和提高构件的抗裂性，采用预制装配构件以节约模板加快施工速度，采用工业化的现浇施工方法以简化施工，采用黏钢技术和碳纤维技术加固进行补强等。

学习情境 1.2 钢筋混凝土结构的材料

1.2.1 钢筋

1. 钢筋的强度与变形

钢筋的力学性能有强度、变形（包括弹性和塑性变形）等。单向拉伸试验是确定钢筋性能的主要手段。经过钢筋的拉伸试验可以看到，钢筋的拉伸应力—应变关系曲线可分为两类：有明显流幅的（图 1.2）和没有明显流幅的（图 1.3）。

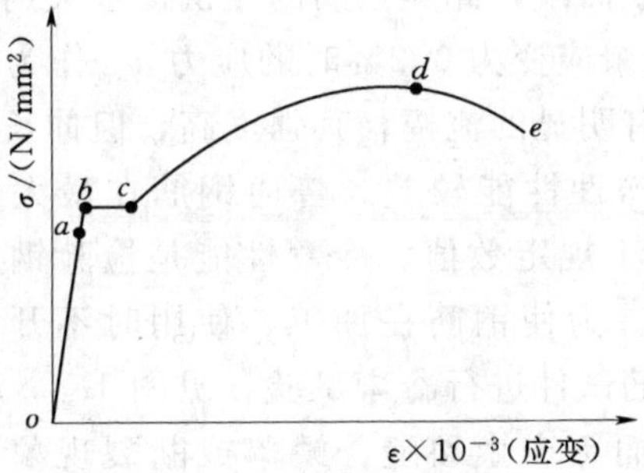

图 1.2 有明显流幅的钢筋应力—应变曲线

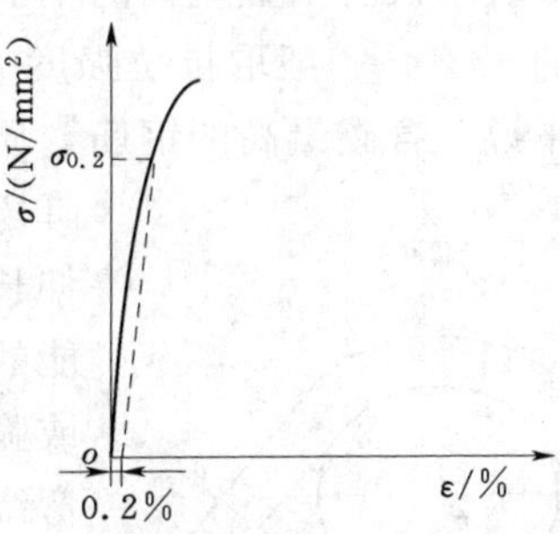

图 1.3 没明显流幅的钢筋的应力—应变曲线

图 1.2 表示了一条有明显流幅的典型的应力—应变曲线。在图 1.2 中：oa 为一段斜直线，其应力与应变之比为常数，应变在卸荷后能完全消失，称为弹性阶段，与 oa 相应的应力称为比例极限（或弹性极限）。应力超过 a 点之后，钢筋中晶粒开始产生相互滑移错位，应变较应力增长得稍快，除弹性应变外，还有卸荷后不能消失的塑性变形。到达 b 点后，钢筋开始屈服，即使荷载不增加，应变却继续发展增加很多，出现水平段 bc，bc 即称之为流幅或屈服台阶；b 点则称屈服点，与 b 点相应的应力称为屈服应力或屈服强度。经过屈服阶段之后，钢筋内部晶粒经调整重新排列，抵抗外荷载的能力又有所提高，cd 段即称为强化阶段，d 点叫做钢筋的抗拉强度或极限强度，而与 d 点应力相应的荷载是试件所能承受的最大荷载称为极限荷载。过 d 点之后，在试件的最薄弱截面出现横向收缩，截面逐渐缩小，塑性变形迅速增大，出现所谓颈缩现象，此时应力随之降低，直至 e 点试件断裂。

对于有明显流幅的钢筋，一般取屈服点作为钢筋设计强度的依据。因为屈服之后，钢筋的塑性变形将急剧增加，钢筋混凝土构件将出现很大的变形和过宽的裂缝，以致不能正常使用。所以，构件大多在钢筋尚未或刚进入强化阶段即产生破坏。钢筋强度用标准值和设计值表示。根据可靠度要求，混凝土结构设计规范规定具有 95%以上的保证率的屈服强度作为钢筋强度标准值 f_{yk}，钢筋强度设计值 f_y 等于钢筋强度标准值 f_{yk} 除以材料分项系数 γ_s，即：

$$f_y = \frac{f_{yk}}{\gamma_s} \tag{1.1}$$

由于钢材的匀质性较好，建筑工程规范对各种热轧钢筋统一取 $\gamma_s=1.1$ 左右，热轧钢筋强度标准值、设计值、弹性模量见附表 A.1。

材料的分项系数是反映材料强度离散性大小的系数，它是材料强度标准值转化为设计值的调整系数。对于钢筋而言，强度低、离散性小的分项系数小，强度高、离散性大的分项系数较大。

试验表明，钢筋的受压性能与受拉性能类同，其受拉和受压弹性模量也是相同的。

在图 1.2 中，e 点的横坐标代表了钢筋的伸长率，它和流幅 bc 的长短都因钢筋的品种而异，均与材质含碳量成反比。含碳量低的叫低碳钢或软钢，含碳量愈低则钢筋的流幅愈长、伸长率愈大，即标志着钢筋的塑性指标好。这样的钢筋不致突然发生危险的脆性破坏，由于断裂前钢筋有相当大的变形，足够给出构件即将破坏的预告。

伸长率用 δ 表示，即：

$$\delta=\frac{l'-l}{l}\times 100\% \tag{1.2}$$

图 1.3 表示没有明显流幅的钢筋的应力—应变曲线，此类钢筋的比例极限大约相当于其抗拉强度的 65%。一般取抗拉强度的 80%，即残余应变为 0.2%时的应力 $\sigma_{0.2}$ 作为条件屈服点。一般来说，含碳量高的钢筋，质地较硬，没有明显的流幅，其强度高，但伸长率低，下降段极短促，其塑性性能较差。普通钢筋在最大力下的总伸长率 δ_{gt} 不应小于规定数值。冷弯性能是检验钢筋塑性性能的另一项指标。为使钢筋在加工、使用时不开裂、弯断或脆断，可对钢筋试件进行冷弯试验，见图 1.4，要求钢筋弯绕一辊轴弯心而不产生裂缝、鳞落或断裂现象。弯转角度愈大、弯心直径 D 愈小，钢筋的塑性就愈好。冷弯试验较受力均匀的拉伸试验能更有效地揭示材质的缺陷，冷弯性能是衡量钢筋力学性能的一项综合指标。

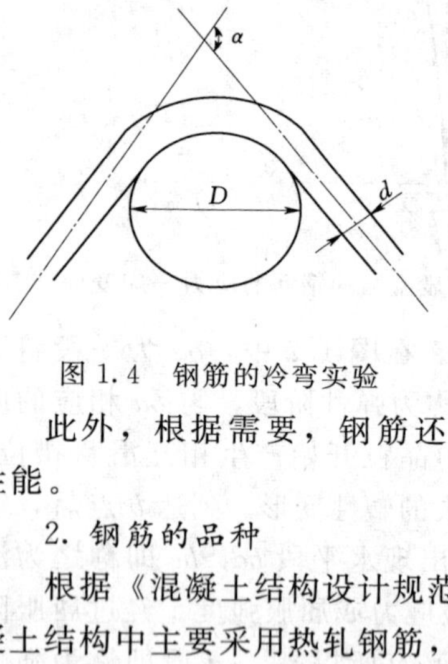

图 1.4 钢筋的冷弯实验

此外，根据需要，钢筋还可做冲击韧性试验和反弯试验，以确定钢筋的有关力学性能。

2. 钢筋的品种

根据《混凝土结构设计规范》(GB 50010—2010)(以下简称《规范》)规定，在钢筋混凝土结构中主要采用热轧钢筋，热轧钢筋是低碳钢、普通低合金钢在高温下轧制而成。热轧钢筋为软钢，其应力—应变曲线有明显的屈服点和流幅，断裂时有“颈缩”现象，伸长率较大。根据力学指标的高低，分为 HPB300 级（Ⅰ级，符号Φ），HRB335（Ⅱ级，符号Φ），HRB400、HRBF400、RRB400 级（Ⅲ级，符号Φ、$Φ^F$、$Φ^R$），HRB500、HRBF500（Φ、$Φ^F$）。

为了简化起见，在设计计算书和施工图纸上，各种强度等级的热轧钢筋均以符号代表。因此，要记住各个符号代表的钢筋级别，不要将它们混淆。

3. 钢筋的形式

钢筋混凝土结构中所采用的钢筋，有柔性钢筋和劲性钢筋，见图 1.5。柔性钢筋即一般的普通钢筋，是我国使用的主要钢筋形式。柔性钢筋的外形选择取决于钢筋的强度。为了使钢筋的强度能够充分地利用，强度越高的钢筋要求与混凝土黏结的强度越大。提高黏结强度的办法是将钢筋表面轧成有规律的凸出花纹，称为变形钢筋。HPB300 钢筋的强度低，表面做成光面即可，其余级别的钢筋强度较大，应为变形钢筋。

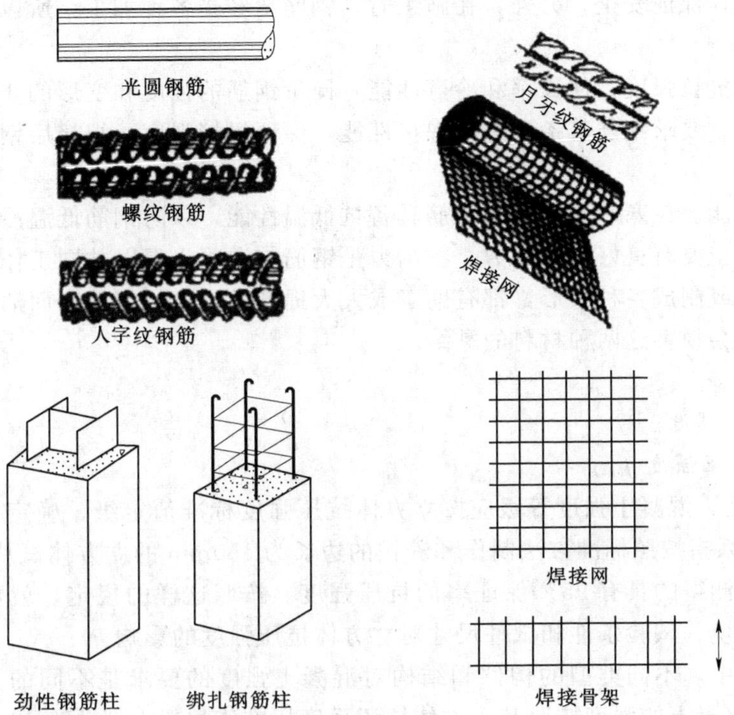

图 1.5　钢筋的各种形式

光圆钢筋直径为 6～14mm，变形钢筋的公称直径为 6～50mm（HRB335 钢筋的直径只有 6～14mm），公称直径即相当于横截面面积相等的光圆钢筋的直径，当钢筋直径在 12mm 以上时，通常采用变形钢筋。当钢筋直径在 6～12mm 时，可采用变形钢筋，也可采用光圆钢筋。直径小于 6mm 的常称为钢丝，钢丝外形多为光圆，但因强度很高，故也有在表面上刻痕以加强钢丝与混凝土的黏结作用。

当构件配有不同种类的钢筋时，每种钢筋应采用各自的强度设计值。横向钢筋的抗拉强度设计值 f_{yv} 应按表中的 f_y 的数值采用；当用作受剪、受扭、受冲切承载力计算时，其数值大于 360N/mm^2 时应取 360N/mm^2。

钢筋混凝土结构构件中的钢筋网、平面和空间的钢筋骨架可采用铁丝将柔性钢筋绑扎成型，也可采用焊接网和焊接骨架。

劲性钢筋以角钢、槽钢、工字钢、钢轨等型钢作为结构构件的配筋。

4. 钢筋混凝土结构对钢筋性能的要求

用于混凝土结构中的钢筋，一般应能满足下列要求：

(1) 具有适当的屈强比。在钢筋的应力—应变曲线中，强度有两个：一是钢筋的屈服强度（或条件屈服强度），这是设计计算时的主要依据，屈服强度高则材料用量省，所以要选用高强度钢筋；二是钢筋的抗拉强度，屈服强度与抗拉强度的比值称为屈强比，它可以代表结构的强度储备，比值小则结构的强度后备大，但比值太小则钢筋强度的有效利用率太低，所以要选择适当的屈强比。

（2）足够的塑性。在混凝土结构中，若发生脆性破坏则变形很小，没有预兆，而且是突发性的，因此是危险的。故而要求钢筋断裂时要有足够的变形，这样，结构在破坏之前就能显示出预警信号，保证安全。另外，在施工时，钢筋要经受各种加工，所以钢筋要保证冷弯试验的要求。

屈服强度、抗拉强度、伸长率和冷弯性能是衡量钢筋的强度和变形的4项主要指标。

（3）可焊性。要求钢筋具备良好的焊接性能，保证焊接强度，焊接后钢筋不产生裂纹及过大的变形。

（4）低温性能。在寒冷地区要求钢筋具备抗低温性能，以防钢筋低温冷脆而致破坏。

（5）与混凝土要有良好的黏结力。黏结力是钢筋与混凝土得以共同工作的基础，在钢筋表面上加以刻痕或制成各种纹形，都有助于或大大提高黏结力。钢筋表面沾染油脂、糊着泥污、长满浮锈都会损害这两种材料的黏结。

1.2.2 混凝土

1.2.2.1 混凝土强度

1. 立方体抗压强度 $f_{cu,k}$

《规范》规定，混凝土强度等级应按立方体抗压强度标准值定级。确定立方体抗压强度标准值（$f_{cu,k}$）系指按照标准方法制作和养护的边长为150mm的立方体试块，在28d龄期，用标准试验方法测得的具有95%保证率的抗压强度。按照这样的规定，就可以排除不同制作方法、养护环境、试验条件和试件尺寸对立方体抗压强度的影响。

在工程实际中，不同类型的构件和结构对混凝土强度的要求是不同的。为了应用的方便，《规范》将混凝土的强度按照其立方体抗压强度标准值的大小划分为14个强度等级，即C15、C20、C25、C30、C35、C40、C45、C50、C55、C60、C65、C70、C75、C80。14个等级中的数字部分即表示以N/mm^2为单位的立方体抗压强度数值。

《规范》规定，素混凝土结构的混凝土强度等级不应低于C15；钢筋混凝土结构的混凝土强度等级不应低于C20；采用强度等级400MPa及以上钢筋时，混凝土强度等级不应低于C25。预应力混凝土结构的混凝土强度等级不宜高于C40，且不应低于C30。

2. 轴心抗压强度 f_{ck}

在工程中，钢筋混凝土受压构件的尺寸，往往是高度 h 比截面的边长 b 大很多，形成棱柱体，也就是说端部的摩擦力影响失去约束作用。在棱柱体上所测得的强度称为混凝土的轴心抗压强度 f_{ck}，f_{ck} 能更好地反映混凝土的实际抗压能力。从图1.6所示试验的曲线可知，当 $h/b=2\sim3$ 时，轴心抗压强度即摆脱了摩擦力的作用而趋稳定，达到纯压状态。所以轴心抗压强度的试件往往取150mm×150mm×300mm、150mm×150mm×450mm等尺寸。我国《普通混凝土力学性能试验方法》规定以150mm×150mm×300mm的棱柱体作为混凝土轴心抗压强度试验的标准试件。图1.7所示轴心抗压试验的装置和试件的破坏情况。

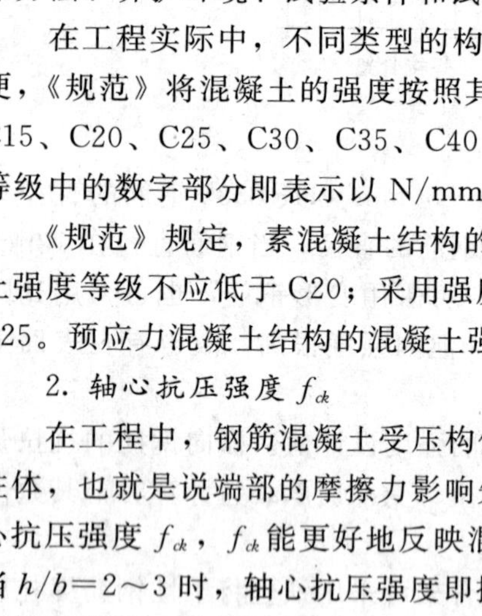

图1.6 柱体高宽比对抗压强度的影响

考虑到实际结构构件制作、养护和受力情况，实际构件强度与试件强度之间存在的差异，《规范》基于安全取偏低值，轴心抗压强度标准值与立方体抗压强度标准值的关系按下式确定：

$$f_{ck}=0.88\alpha_1\alpha_2 f_{cu,k} \tag{1.3}$$

式中：α_1 为棱柱体强度与立方体强度之比，对混凝土等级为 C50 及以下的取 $\alpha_1=0.76$，对 C80 取 $\alpha_1=0.82$，在此之间按直线变化取值；α_2 为高强度混凝土的脆性折减系数，对 C40 取 $\alpha_2=1.00$，对 C80 取 $\alpha_2=0.87$，在此之间按直线规律变化取值；0.88 为考虑实际构件与试件之间的差异而取用的折减系数。

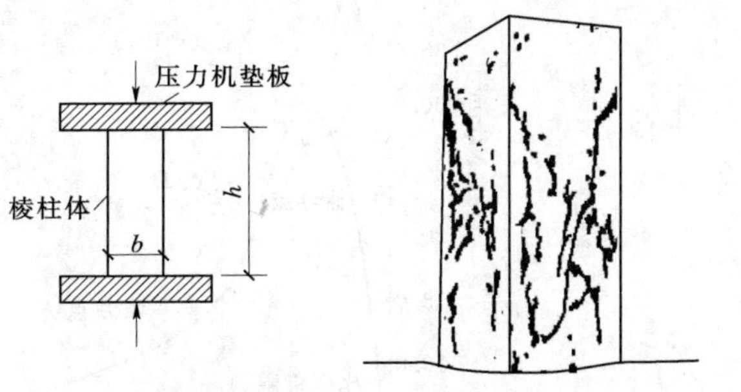

(a)试验装置　(b)破坏情况

图 1.7　混凝土轴心抗压试验

3. 抗拉强度 f_{tk}

混凝土的抗拉强度很低，与立方抗压强度之间为非线性关系，一般只有其立方抗压强度的 1/17～1/8。中国建筑科学研究院等单位对混凝土的抗拉强度作了系统的测定，试件用 100mm×100mm×500mm 的钢模筑成，两端各预埋一根Φ16 钢筋，钢筋埋入深度为 150mm 并置于试件的中心轴线上，见图 1.8。试验时用试验机的夹具夹紧试件两端外伸的钢筋施加拉力，破坏时试件在没有钢筋的中部截面被拉断，其平均拉应力即为混凝土的轴心抗拉强度 f_t，根据 72 组试件所得混凝土抗拉强度的试验结果经修正后，其与混凝土立方体抗压强度的关系为：

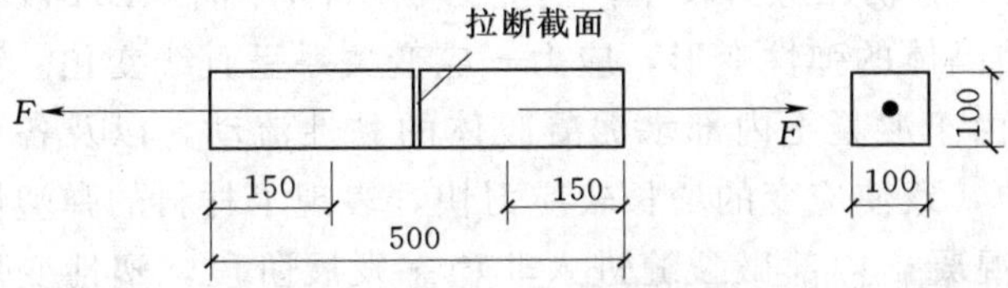

图 1.8　混凝土抗拉强度试验试件

$$f_{tk}=0.88\times0.395 f_{cu,k}^{0.55}(1-1.645\delta)^{0.45}\times\alpha_2 \tag{1.4}$$

式中：δ 为变异系数；0.88 的意义和 α_2 的取值与式（1.1）中的相同。

混凝土抗压强度设计值和抗拉强度设计值与其对应的标准值之间的关系为：

$$f_c=\frac{f_{ck}}{\gamma_c} \tag{1.5}$$

$$f_t=\frac{f_{tk}}{\gamma_c} \tag{1.6}$$

式中：γ_c 为混凝土材料分项系数，建筑工程中取值为 1.4。

混凝土强度标准值、混凝土强度设计值见附表 A.2。

1.2.2.2　混凝土的变形性能

混凝土的变形可分为两类。一类是在荷载作用下的受力变形，如单调短期加荷、多次重复加荷以及荷载长期作用下的变形。另一类与受力无关，称为体积变形，如混凝土收缩、膨胀以及由于温度变化所产生的变形等。

1. 混凝土在单调、短期加荷作用下的变形性能

(1) 混凝土的应力—应变曲线。混凝土在单调短期加荷作用下的应力—应变曲线是其最基本的力学性能，曲线的特征是研究钢筋混凝土构件的强度、变形、延性（承受变形的能力）和受力全过程分析的依据。

一般取棱柱体试件来测试混凝土的应力—应变曲线，测试时在试件的 4 个侧面安装应变仪读取纵向应变。混凝土试件受压时典型的应力—应变曲线示于图 1.9，整个曲线大体上呈

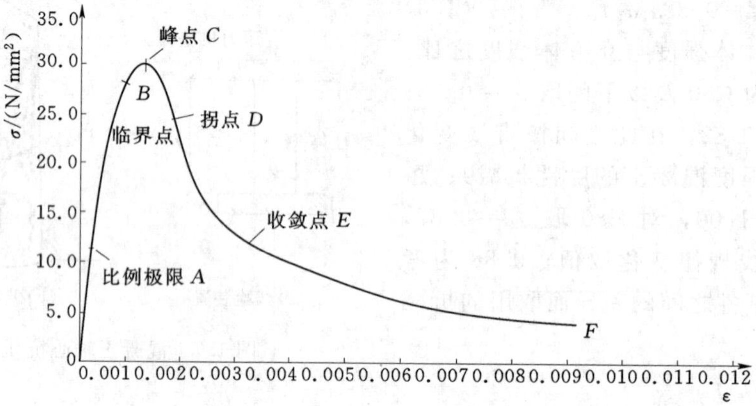

图 1.9 混凝土受压时应力—应变曲线

上升段与下降段两个部分。在上升 OC 段：起初压应力较小，当应力 $\sigma\leqslant 0.3f_c$ 时（OA 段），变形主要取决于混凝土内部骨科和水泥结晶体的弹性变形，应力—应变关系呈直线变化。当应力 σ 在 $0.3\sim 0.8f_c$ 范围时（AB 段），由于混凝土内部水泥凝胶体的黏性流动，以及各种原因形成的微裂缝亦渐处于稳态的发展中，致使应变的增长较应力快，表现了材料的弹塑性性质。当应力 $\sigma>0.8f_c$ 之后（BC 段），混凝土内部微裂缝进入非稳态发展阶段，塑性变形急剧增大，曲线斜率显著减小。当应力到达峰值时，混凝土内部黏结力破坏，随着微裂缝的延伸和扩展，试件形成若干贯通的纵裂缝，混凝土应力达到受压时最大承压应力 σ_{max}（C 点），即轴心抗压强度 f_c。在下降 CE 段：当试件应力达到 f_c（C 点）后，随着裂缝的贯通，试件的承载能力将开始下降。在峰值应力以后，裂缝迅速发展，内部结构的整体受到愈来愈严重的破坏，赖以传递的传力路线不断减少，试件的平均应力强度下降，所以，应力—应变曲线向下弯曲，直到凹向发生改变，曲线出现“拐点”。超过“拐点”，曲线开始凸向应变轴，这时，只靠骨料间的咬合及摩擦力与残余承压面来承受荷载。随着变形的增加，应力—应变曲线逐渐凸向水平轴方向发展，此段曲线中曲率最大的一点 E 称为“收敛点”。从收敛点 E 点开始以后的曲线称为收敛段，这时贯通的主裂缝已很宽，内聚力几乎耗尽，对无侧向约束的混凝土，收敛段 EF 已失去结构意义。如果测试时使用的是一般性的试验机，则由于机器的刚度小，试验机在释放加荷过程中积累起来的应变能所产生的压缩量，将大于试件可能的变形，于是试件在此一瞬间即被压碎，从而测不出应力—应变曲线的下降段。故而必须使用刚度较大的试验机，或者在试验时附加控制装置以等应变速度加载，或者采用辅助装置以减慢试验机释放应变能时变形的恢复速度，使试件承受的压力稳定下降，试件不致破坏，才能测出下降段，得到混凝土受压时应力—应变全曲线。应力—应变曲线中最大应力值 f_c 与其相应的应变值 ε_0（C 点），以及破坏时的极限应变值 ε_{max}（E 点）是曲线的 3 个特征值。最大应变值 ε_{max} 包括弹性应变和塑性应变两部分，塑性部分愈长，变形能力愈大，即其延性愈好。对于均匀受压的棱柱体试件，其压应力达到 f_c 后，混凝土就不能承受更大的荷载，此时 ε_0 就成为计算结构构件时的主要指标。在应力—应变曲线图中，相应于 f_c 的应变 ε_0 随混凝土的强度等级而异，约在 $(1.5\sim 2.5)\times 10^{-3}$ 间变动，通常取为其平均值 $\varepsilon_0=2.0\times 10^{-3}$。不过，对于非均匀受压的情况，譬如弯曲受压或大偏心受压构件截面的受压区，混凝土所受压力是不均匀的，即其应变也是不均匀的。在这种情况下，受压区最外层纤维达到最大应力后，附近受压较小的内层纤维会协助外层纤维受压，对外层起卸荷的作用，直至最外层纤维的应变到达受压极限应变 ε_{max}时，截面才破坏，此时压应变值约为 0.002～0.006，甚至达到 0.008 或者更高。

在实用上，我国《规范》根据试验结果并顾及混凝土的塑性性能，将混凝土轴心受压的应力—应变曲线加以简化以便应用（见图 1.10），其所采用的表达式如下。

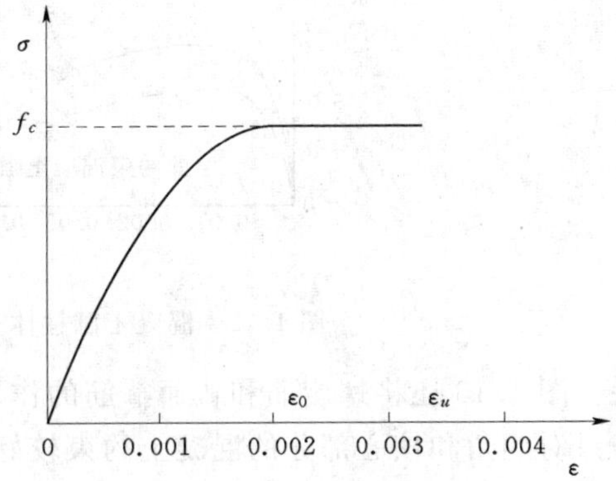

图 1.10　应力—应变曲线

在上升段，当 $\varepsilon_c \leqslant \varepsilon_0$ 时取为二次抛物线：

$$\sigma = f_c\left[1-\left(1-\frac{\varepsilon_c}{\varepsilon_0}\right)^n\right] \tag{1.7}$$

水平段，当 $\varepsilon_0 < \varepsilon_c \leqslant \varepsilon_u$

$$\sigma = f_c$$

式中参数 n、ε_0、ε_u 取值如下：

$$n = 2-\frac{1}{60}(f_{cu}-50) \leqslant 2$$

$$\varepsilon_0 = 0.002+0.5(f_{cu}-50)\times 10^{-5} \geqslant 0.002$$

$$\varepsilon_u = 0.003-(f_{cu}-50)\times 10^{-5} \leqslant 0.0033$$

（2）混凝土受压时横向应变与纵向应变的关系。混凝土试件在单调短期加压时，纵向受到压缩，横向产生膨胀，横向应变 ε_h 与纵向应变 ε_l 之比称为横向变形系数 μ 为：

$$\mu = \frac{\varepsilon_h}{\varepsilon_l} \tag{1.8}$$

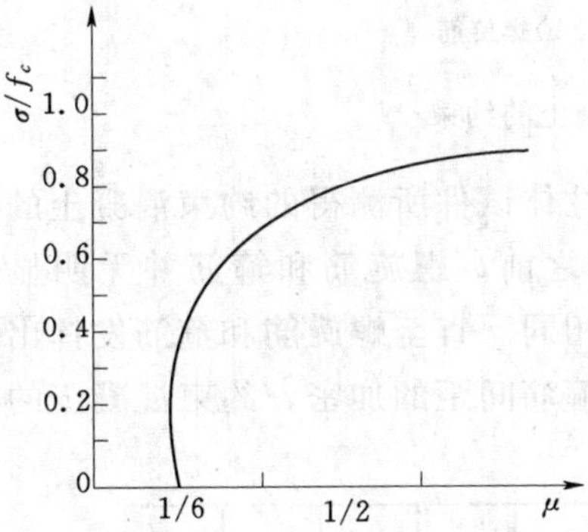

图 1.11　应力与横向变形系数 μ 的关系

试件在不同压应力作用下，横向变形系数 μ 的变化曲线如图 1.11 所示。当压应力$<0.5f_c$ 时，试件大体处于弹性阶段，μ 值保持为常数，可取为 1/6，这个数值就是混凝土的泊松比 ν。应力较大时，当 $\sigma>0.5f_c$ 后，横向系数将增大，材料已处于塑性阶段，试件内部微裂缝有所发展，接近破坏时，μ 值达 0.5 以上。

（3）混凝土处于三向受压时的变形特点。在三向受压的情况下，因为混凝土试件横向处于约束状态，其强度与延性均有较大程度的增长。图 1.12 所示为混凝土圆柱体试件在三向受压作用下，其轴向应力—应变曲线。圆柱体周围用液体压力把它约束住，每条曲线都使液压保持为常值，轴向压力逐渐增加直至破坏并量测它的轴向应变。图中注明当试件周围没有侧向力，即 $\sigma=0$ 时，混凝土强度 f_c 的数值只有 25.74N/mm^2，但是随着试件周围侧向压力的加大，试件的强度和延性都大为提高了。

在工程实际中，常以间距较小的螺旋式钢筋或箍距较密的普通箍筋来约束混凝土，这是一种被动、间接的约束方式，所以螺旋筋也称间接钢筋。当轴向压力较小时，由于没有横向膨胀，螺旋筋或箍筋几乎不受力，混凝土是非约束性的。但当轴向压力增大，混凝土应力接近抗压强度时，混凝土体积膨胀，向外挤压螺旋筋或箍筋（图 1.13），从而使螺旋筋或箍筋受力，反过来抑制混凝土的膨胀，使混凝土成为约束性混凝土，达到与周围有液压的相似效

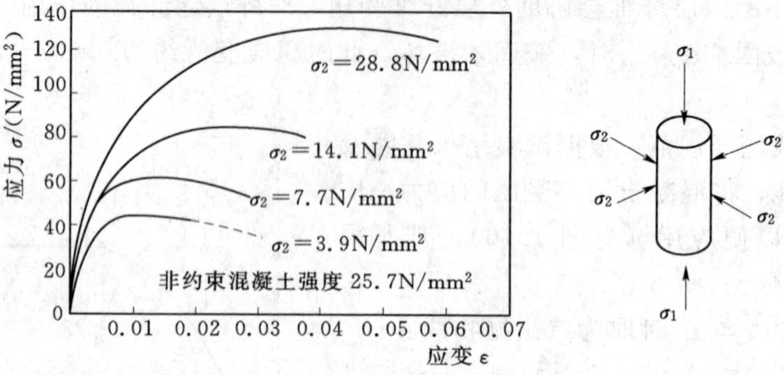

图 1.12 混凝土圆柱体三向受压试验时轴向应力—应变曲线

果。图 1.13 还将螺旋筋和普通箍筋的作用作了对比。螺旋筋约束力匀称，效果自然好。箍筋只对四角和核心部分的混凝土约束较好，对边部的约束则甚差。所以间距密集的箍筋对提高延性的效果是好的，但对提高混凝土强度的作用就不大，不过，普通箍筋制作和施工较方便，也容易配合方形截面。

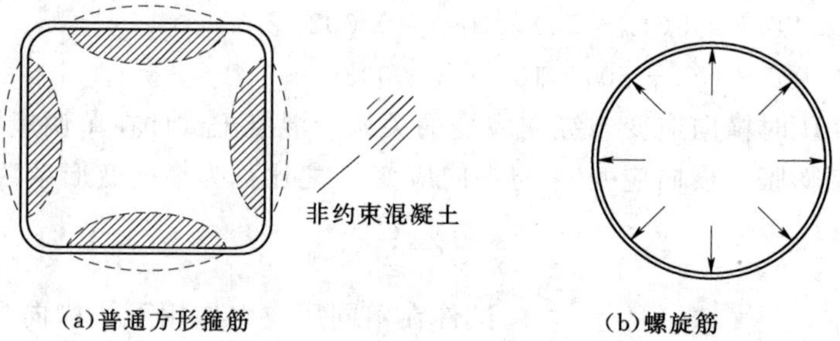

图 1.13 普通方形箍筋和螺旋筋对混凝土的约束

图 1.14 与图 1.15 分别为螺旋筋圆柱体试件和箍筋棱柱体试件所测得的约束混凝土的应力—应变曲线。从图中可知，在应力接近混凝土抗压强度之前，螺旋筋和箍筋并无明显作用，其应力—应变曲线与不配置螺旋筋或箍筋的试件基本相同。直至螺旋筋和箍筋发挥出约束作用之后，混凝土遂处于三向受力状态。随着螺旋筋和箍筋间距的加密，约束混凝土的峰

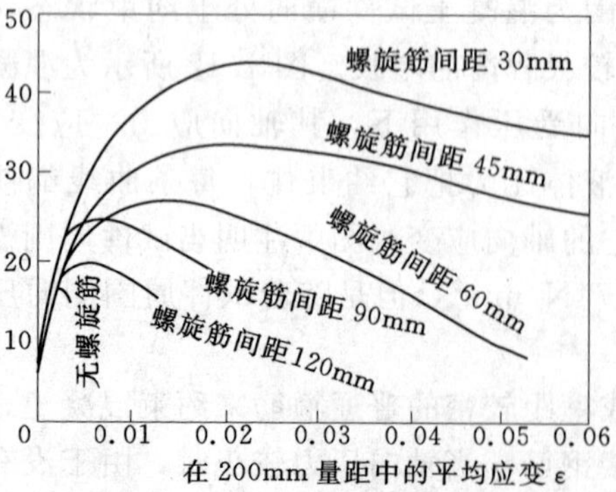

图 1.14 螺旋筋圆柱体约束混凝土试件的应力—应变曲线图

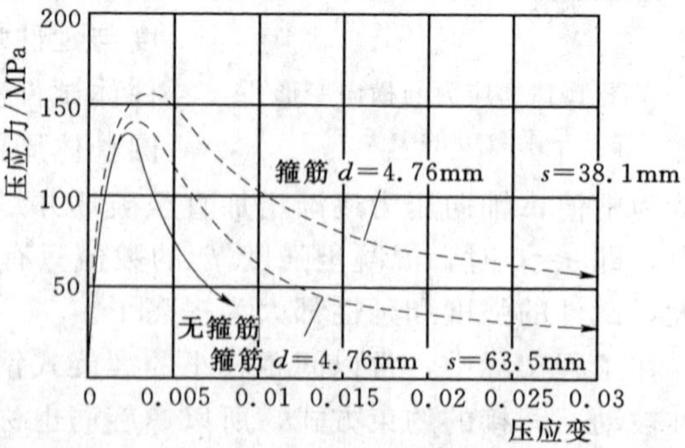

图 1.15 普通箍筋棱柱体约束混凝土试件的应力—应变曲线图

值应力愈为提高，与峰值应力相应的应变亦愈显增大，而其下降段则发生较多的变化。因为螺旋筋和箍筋约束延缓了裂缝的发展，使得应力的下降减慢，下降坡度趋向平缓，曲线延伸甚长，延性大为提高。因此，对于结构的构件和节点区，可采用间距较密的螺旋筋和箍筋，使之约束混凝土并提高构件的延性，以承受地震力的作用是行之有效的。

(4) 混凝土的弹性模量和变形模量。在材料力学中，衡量弹性材料应力—应变之间的关系，可用弹性模量表示：

$$E=\frac{\sigma}{\varepsilon} \tag{1.9}$$

弹性模量高，即表示材料在一定应力作用下，所产生的应变相对较小。在钢筋混凝土结构中，无论是进行超静定结构的内力分析，还是计算构件的变形、温度变化和支座沉陷对结构构件产生的内力，以及预应力构件等等都要应用到混凝土的弹性模量。

但是，混凝土是弹塑性材料，它的应力—应变关系只是在应力很小的时候，或者在快速加荷进行试验时才近乎直线。一般说来，其应力—应变关系为曲线关系，不是常数而是变数。

为了确定混凝土的受压弹性模量，中国建筑科学研究院曾按照上述方法进行了大量的测定试验，试验结果示于图 1.16 中，经统计分析并得出弹性模量与立方强度的关系，弹性模量的计算公式为：

$$E_c=\frac{10^5}{2.2+\dfrac{34.7}{f_{cu}}}(\mathrm{N/mm^2}) \tag{1.10}$$

根据弹性理论，弹性模量与剪变模量 G_c 之间的关系为：

$$G_c=\frac{E_c}{2(1+\nu_c)} \tag{1.11}$$

式中：ν_c 为混凝土泊松比，我国《规范》取为 0.2。

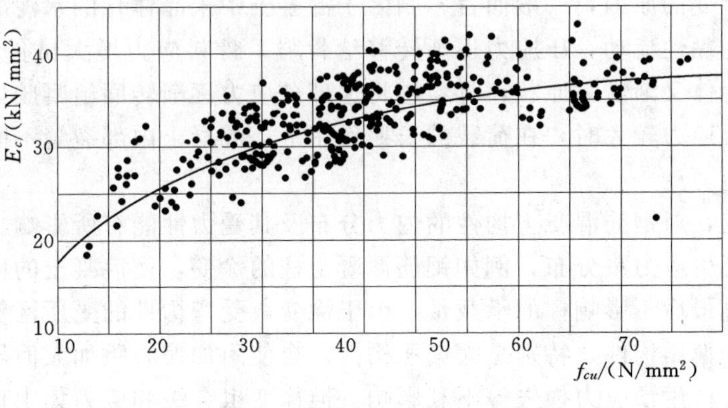

图 1.16 混凝土的弹性模量与立方强度的关系

这样，经取整，我国《规范》规定混凝土的剪变模量为 $G_c=0.4E_c$。

《规范》所规定的各个强度等级的混凝土弹性模量，就是根据上述公式求得的。当应力较大，混凝土进入弹塑性阶段后，可应用变形模量或切线模量，不过切线模往往只用于科学研究中。另外，混凝土的弹性模量和变形模量，只有在混凝土的应力很低（例如 $\sigma_c \leqslant 0.2 f_c$）时才近似相等，故而材料力学对弹性材料的公式不能在混凝土材料中随便套用。

（5）混凝土的受拉变形。混凝土受拉时的应力—应变曲线，其形状与受压时的相似。当拉应力较小时，应力—应变关系近乎直线，当拉应力较大和接近破坏时，出于塑性变形的发展，应力—应变关系呈曲线形。如采用等应变速度加荷，也可以测得应力—应变曲线的下降段。

混凝土抗拉性能弱，其峰值的应力—应变要比受压时小很多。试件断裂时的极限应变与混凝土的强度等级、级配和养护条件等有关。强度等级愈高，则极限拉应变也愈大，一般在构件计算中，对于C15～C40强度等级的混凝土，其极限拉应变ε_{tu}可取为（1～1.5）$\times10^{-4}$。

根据我国试验资料，混凝土受拉时应力—应变曲线上切线的斜率与受压时基本一致，即两者的弹性模量相同。当拉应力$\sigma_t=f_t$时，弹性系数$\nu'=0.5$，故相应于f_t时的变形模量$E'_c=\nu' E_c=0.5E_c$。

2. 混凝土在重复荷载下的变形性能

混凝土在重复荷载下的变形性能，也就是混凝土的疲劳性能。

一般来说，混凝土的疲劳破坏归因于混凝土微裂缝、孔隙、弱骨料等内部缺陷，在承受重复荷载之后产生应力集中，导致裂缝发展、贯通，结果引起骨料与砂浆间的黏结破坏所致。混凝土发生疲劳破坏时无明显预兆，是属于脆性性质的破坏，开裂不多，但变形很大。采用级配良好的混凝土、加强振捣以提高混凝土的密实性，并注意养护，都有利于混凝土疲劳强度的提高。

在工程实际中，工业厂房中的吊车梁，在其整个使用期限内吊车荷载作用重复次数可达200万～600万次，因此，在疲劳试验机上用脉冲千斤顶对试件快速加、卸荷的重复次数，也不宜低于200万次。通常把试件承受200万次（或更多次数）重复荷载时发生破坏的压应力值称为混凝土的疲劳强度f_c^f。

3. 混凝土在荷载长期作用下的变形性能

在荷载的长期作用下，即荷载维持不变，混凝土的变形随时间而增长的现象称为徐变。

混凝土产生徐变的原因，一般而言，归因于混凝土中未晶体化的水泥凝胶体，在持续的外荷载作用下产生黏性流动，压应力逐渐转移给骨料，骨料应力增大试件变形也随之增大。卸荷后，水泥胶凝体又渐恢复原状，骨料遂将这部分应力逐渐转回给凝胶体，于是产生弹性后效。另外，当压应力较大时，在荷载的长期作用下，混凝土内部裂缝不断发展，也致使应变增加。

混凝土的徐变，对钢筋混凝土构件的内力分布及其受力性能有所影响。比如：徐变会使钢筋与混凝土间产生应力重分布，例如钢筋混凝土柱的徐变，使混凝土的应力减小，使钢筋的应力增加，不过最后不影响柱的承载量。由于徐变，受弯构件的受压区变形加大，会使它的挠度增加，对于偏压构件，特别是大偏压构件，会使附加偏心距加大而导致强度降低，对于预应力构件，会产生预应力损失等不利影响。但徐变也会缓和应力集中现象、降低温度应力、减少支座不均匀沉降引起的结构内力，延续收缩裂缝在受拉构件中的出现，这些又是对结构的有利方面。

影响徐变的因素很多，受力大小、外部环境、内在因素等都有关系。荷载持续作用的时间愈长，徐变也愈大，混凝土龄期愈短，徐变越大。

混凝土的制作、养护都对徐变有影响。养护环境湿度愈大、温度愈高，徐变就愈小，因此加强混凝土的养护，促使水泥水化作用充分，尽早尽多结硬，尽量减少不转化为结晶体的水泥胶凝体的成分，是减少徐变的有效措施，对混凝土加以蒸汽养护，可使徐变减少 20%～35%。但在使用期处于高温、干燥条件下，则构件的徐变将增大。由于混凝土中水分的挥发逸散和构件的体积与其表面之比有关，故而构件的尺寸愈大，则徐变就愈小。

显然，在混凝土的组成成分中，水灰比愈大，徐变愈大，在常用的水灰比（0.4～0.6）情况下，徐变与水灰比呈线性关系；水泥用量愈多，徐变也愈大；水泥品种不同对徐变也有影响，用普通硅酸盐水泥制成的混凝土，其徐变要较火山灰质水泥或矿渣水泥制成的大；骨料的力学性质也影响徐变变形，骨料愈坚硬、弹性模量愈大，以及骨科所占体积比愈大，徐变就愈小。因为对于骨料无所谓徐变，骨料能阻滞水泥肢体的蠕动，其弹性模量及其弹性模量所占体积比大，则阻滞作用好。试验表明，当骨料所占体积比由 60%增加到 75%时，徐变量将减少 50%。

4. 混凝土的收缩、膨胀和温度变形

收缩和膨胀是混凝土在结硬过程中本身体积的变形，与荷载无关。混凝土在空气中结硬体积会收缩，在水中结硬体积要膨胀，但是膨胀值要比收缩值小很多，而且膨胀往往对结构受力有利，所以一般对膨胀可不予考虑。

混凝土收缩变形也是随时间而增长的。结硬初期收缩变形发展得很快，半个月大约可完成全部收缩的 25%，一个月可完成约 50%，两个月可完成约 75%，其后发展趋缓，一年左右即渐稳定。混凝土收缩变形的试验值很分散，最终收缩值约为 $(2\sim5)\times10^{-4}$，对一般混凝土常取为 3×10^{-4}。

当混凝土受到各种制约不能自由收缩时，将在混凝土中产生拉应力，甚而导致混凝土产生收缩裂缝。裂缝会影响构件的耐久性、疲劳强度和观瞻，还会使预应力混凝土发生预应力损失，以及使一些超静定结构产生不利的影响。在钢筋混凝土构件中，钢筋使混凝土收缩受到压应力，而混凝土则受有拉应力。为了减少结构中的收缩应力，可设置伸缩缝，必要时也可使用膨胀水泥。

一般认为，混凝土结硬过程中特别是结硬初期，水泥水化凝结作用引起体积的凝缩，以及混凝土内游离水分蒸发逸散引起的干缩，是产生收缩变形的主要原因。

影响收缩的原因很多，就环境因素方面而言，但凡影响混凝土中水分保持的，都影响混凝土的收缩。注意养护，在湿度大、温度高的环境中结硬则收缩小；蒸汽养护不但加快水化作用，而且减少混凝土中的游离水分，故而收缩减少；体表比直接涉及混凝土中水分蒸发的速度，体表比比值大，水分蒸发慢，收缩小，体表比比值小的构件如工字形。箱形构件收缩量大，收缩变形的发展也较快。

混凝土的制作方法和组成也是影响收缩的重要原因。密实的混凝土收缩小；水泥用量多、水灰比大、收缩就大；用强度高的水泥制成的混凝土收缩较大；骨料的弹性模量高、粒径大、所占体积比大，收缩小。

当温度变化时，混凝土也随之热胀冷缩，混凝土的线温度膨胀系数在绪论中已经述及，与钢筋的相近，故而温度变化时在混凝土和钢筋间引起的内力很小，不致产生不利的变形。但是钢筋没有收缩性能，当配置过多时，由于对混凝土收缩变形的阻滞作用加大，会使混凝土收缩开裂；对于大体积混凝土，表层混凝土的收缩较内部为大，而内部混凝土因水泥水化热蓄积得多，其温度却比表层为高，若内部与外层变形差较大，也会导致表层混凝土开裂。

1.2.3 混凝土保护层

在钢筋混凝土构件中，钢筋的保护层厚度指构件中最外层钢筋的外缘到构件边缘的距离，主要作用是保护钢筋，防止其由于混凝土的碳化和水分渗透的共同作用而使钢筋产生锈蚀。为此，在进行混凝土结构设计时，就必须根据其所处的环境条件，采用合理的保护层厚度。《规范》给定了不同环境等级条件下，各构件的最小保护层厚度，见附表A.3。

1.2.4 钢筋与混凝土之间的黏结与锚固

1. 黏结力的组成

钢筋与混凝土之间的黏结是这两种材料共同工作的保证，使之能共同承受外力、共同变形、抵抗相互间的滑移。而钢筋能否可靠地锚固在混凝土中则直接影响到这两种材料的共同工作，从而关系到结构、构件的安全和材料强度的充分利用。

一般而言，钢筋与混凝土的黏结锚固作用所包含的内容有：

(1) 混凝土凝结时，水泥胶的化学作用使钢筋和混凝土在接触面上产生胶结力。

(2) 由于混凝土凝结时收缩，握裹住钢筋，在发生相互滑动时产生的摩阻力。

(3) 钢筋表面粗糙不平或变形钢筋凸起的肋纹与混凝土产生咬合力。

(4) 当采用锚固措施后所产生的机械锚固力等。

实际上，黏结力是指钢筋和混凝土接触界面上沿钢筋纵向的抗剪能力，也就是分布在界面上的纵向剪应力。而锚固则是通过在钢筋一定长度上黏结应力的积累或某种构造措施将钢筋锚固在混凝土中，保证钢筋和混凝土的共同工作，使两种材料正常、充分地发挥作用。

2. 影响黏结强度的因素

(1) 混凝土的质量。混凝土的质量对黏结力和锚固的影响很大。水泥性能好、骨料强度高、配比得当、振捣密实、养护良好的混凝土对黏结力和锚固非常有利。

(2) 钢筋的形式。由于使用变形钢筋比使用光圆钢筋对黏结力要有利得多，所以变形钢筋的末端一般无需做成弯钩。

变形钢筋纹型不同以及直径较大对黏结力的影响：钢筋纹型对黏结强度有所影响，月牙纹比螺旋纹钢筋的黏结强度降低约5%～15%，所以月牙纹钢筋的锚固长度就略需加长。

另外，变形钢筋的肋高随着钢筋直径d的加大而相对变矮，使黏结力下降，所以当钢筋直径$d>25$mm后，锚固长度应予修正。

(3) 钢筋保护层厚度。前已述及，钢筋的混凝土保护层不能过薄；另外，钢筋的净间距不能过小。就黏结力的要求而言，为了保证黏结锚固性能可靠，应取保护层厚度$c\geqslant$钢筋的直径d，以防止发生劈裂裂缝，因为沿纵向钢筋的劈裂裂缝对受力和耐久性都极为不利。试验表明，黏结强度随混凝土保护层增厚而提高，当$c\geqslant 5d$后，锚固长度的取值可以减少。

(4) 横向钢筋对黏结力的影响。横向钢筋可以抑制内裂缝和劈裂裂缝的发展，提高黏结强度。设置箍筋可将纵向钢筋的抗滑移能力提高25%，使用焊接骨架或焊接网则提高得更多。所以在直径较大钢筋的锚固区和搭接区，以及一排钢筋根数较多时，都应设置附加箍筋，以加强锚固或防止混凝土保护层劈裂剥落。不过，横向钢筋的约束作用是有限度的，用横向钢筋加强后所得的黏结强度，总不至大过混凝土较厚时所得剪切型破坏的黏结强度。

(5) 钢筋锚固区有横向压力时对黏结力的影响。此时，混凝土横向变形受到约束，摩阻力增大，抵抗抗滑好，有利于黏结强度，故而在梁的简支支座处可以相应减少钢筋在支座中的锚固长度。

(6) 反复荷载对黏结力的影响。结构和构件承受反复荷载对黏结力不利。反复荷载所产生的应力愈大、重复的次数愈多，黏结力遭受的损害愈严重。

3. 锚固长度的概念

钢筋在支座内锚入长度不满足要求时，构件在受力后会因为钢筋和混凝土间黏结力不足而破坏，而锚入太长不起作用且会造成浪费。因此，结构设计时应保证钢筋有一个合理的锚入长度，称为基本锚固长度。根据构件的抗震与否分为抗震基本锚固长度 l_{abE} 和不抗震基本锚固长度 l_{ab}，取值见附表 A.4 和附表 A.5。受拉锚固长度是在基本锚固长度基础上乘以锚固长度修正系数，非抗震时为 l_a，抗震时为 l_{aE}，取值见附表 A.6 和附表 A.7。

学习项目 2 钢筋混凝土梁、板

【学习目标】 学生通过本学习项目的学习，能够掌握受弯构件的受力特征、破坏类型、正截面和斜截面承载力计算公式及应用、一般构造要求；梁、板的平法制图规则、构造详图和钢筋算量规则。

学习情境 2.1 梁、板的配筋计算

2.1.1 概述

结构中各种类型的梁、板是弯矩和剪力共同作用的受弯构件。梁和板的区别在于梁的截面高度一般大于其宽度，而板的截面高度则远小于其宽度。

受弯构件在荷载作用下可能发生两种破坏，即正截面破坏和斜截面破坏。当受弯构件沿弯矩最大的截面破坏时，破坏截面与构件的纵轴线垂直，称为正截面破坏，见图 2.1（a）；当受弯构件沿剪力最大或弯矩和剪力都较大的截面发生破坏，破坏截面与构件的纵轴线斜交，称为斜截面破坏，见图 2.1（b）。因此，为防止上述两种破坏的产生，对受弯构件需要进行正截面承载力和斜截面承载力计算。

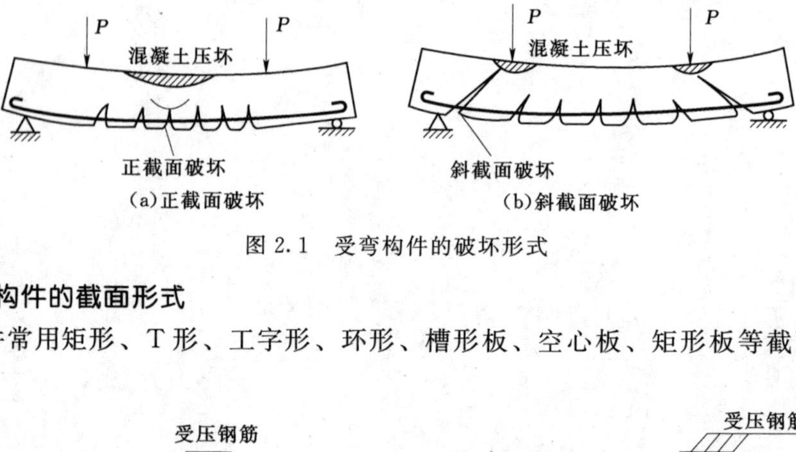

图 2.1 受弯构件的破坏形式

2.1.2 受弯构件的截面形式

受弯构件常用矩形、T 形、工字形、环形、槽形板、空心板、矩形板等截面，如图 2.2 所示。

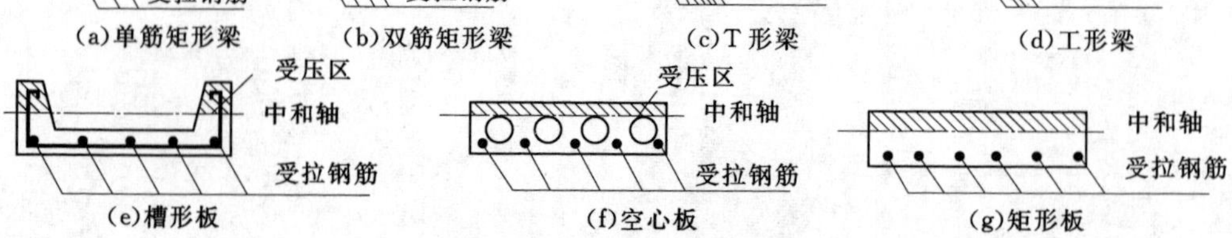

图 2.2 受弯构件截面形式

在受弯构件中，仅在截面的受拉区配置纵向受力钢筋的截面，称为单筋截面，见图 2.2（a）。同时在截面的受拉区和受压区配置纵向受力钢筋的截面，称为双筋截面，见图 2.2（b）。

2.1.3　梁的构造要求

梁中一般配置纵向受力钢筋、弯起钢筋、箍筋和架立钢筋，见图 2.3。

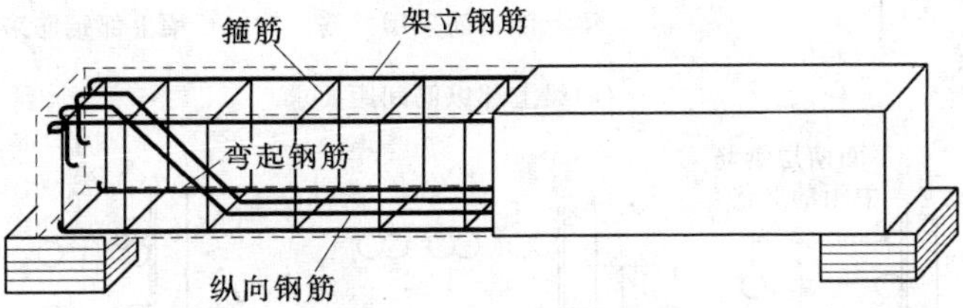

图 2.3　梁的配筋

2.1.3.1　截面尺寸

高与跨度之比 h/l 称为高跨比。对于肋形楼盖的主梁为（1/14～1/8）l，次梁为（1/18～1/12）l；独立梁不小于 1/15l（简支）和 1/20l（连续）；对于一般铁路桥梁为（1/10～1/6）l，公路桥梁为（1/18～1/10）l。

矩形截面梁的高宽比 h/b 一般取 2.0～3.0；T 形截面梁的 h/b 一般取 2.5～4.0（此处 b 为梁肋宽）。为便于统一模板尺寸，通常采用矩形截面梁的宽度或 T 形截面梁的肋宽 b= 120mm、150mm、180mm、200mm、220mm、250mm 和 300mm，300mm 以上的级差为 50mm。梁的高度 h=250mm、300mm、…、750mm、800mm、900mm、1000mm 等尺寸。当 $h<800$mm 时，级差为 50mm，当 $h\geqslant800$mm 时，级差为 100mm。

2.1.3.2　钢筋类型及要求

1. 纵向受力钢筋

纵向受力钢筋沿梁的纵向配置，起抗拉作用（弯矩引起的拉力）。

常用钢筋直径为 10～25mm，梁内受力钢筋的直径宜尽可能相同。设计中若采用两种不同直径的钢筋，钢筋直径相差至少 2mm，以便于在施工中能用肉眼识别，但相差也不宜超过 6mm。

钢筋混凝土梁纵向受力钢筋的直径，当梁高 $h\geqslant300$mm 时，不应小于 10mm；当梁高 $h<300$mm 时，不应小于 8mm。为了便于浇筑混凝土，保证钢筋周围混凝土的密实性，以及保证钢筋能与混凝土黏结在一起，纵筋的净间距应满足图 2.4 所示的要求。对于配筋密集引起的设计、施工困难，《规范》给出了并筋的配筋形式。并筋应按单根有效直径进行计算，等效直径应按截面面积相等的原则确定，见表 2.1，并筋的重心为等效直径钢筋的重心。

2. 纵向构造钢筋

（1）架立钢筋。为了固定箍筋并与纵向受力钢筋形成骨架，在梁的受压区应设置架立钢筋。梁内架立钢筋的直径，当梁的跨度 $l<4$m 时，不宜小于 8mm；当梁的跨度 $l=4\sim6$m 时，不宜小于 10mm；当梁的跨度 $l>6$m 时，不宜小于 12mm。

（2）梁侧腰筋。由于混凝土收缩量的增大，近年在梁的侧面产生收缩裂缝的现象时有发生。裂缝一般呈枣核状，两头尖而中间宽，向上伸至板底，向下至于梁底纵筋处，截面较高的梁，情况更为严重。

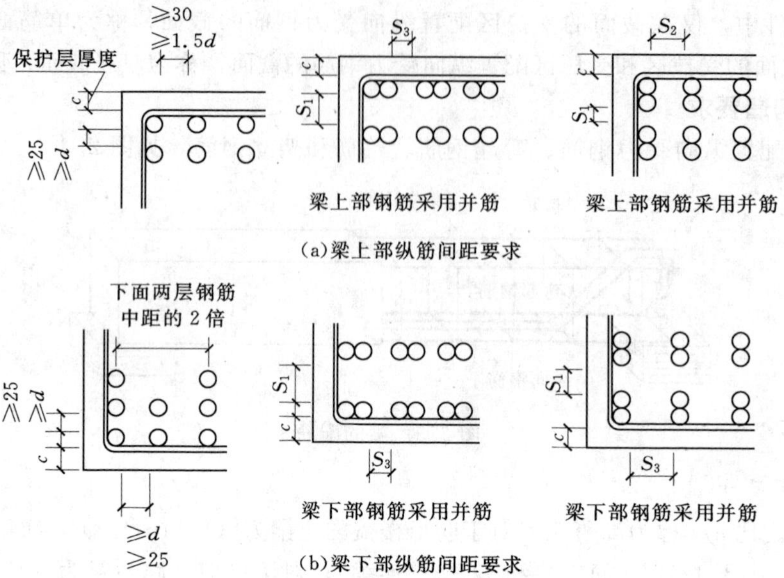

图 2.4　梁纵筋净距的要求

d—钢筋最大直径

表 2.1　　梁并筋等效直径、最小净距表

单筋直径 d/mm	25	28	32
并筋根数	2	2	2
等效直径 d_{eq}/mm	35	39	45
层净距 S_1/mm	35	39	45
上部钢筋净距 S_2/mm	53	59	68
下部钢筋净距 S_3/mm	35	39	45

注　并筋等效直径的概念可用于钢筋的净距、保护层厚度、钢筋锚固长度等计算中。

《规范》规定，当梁的腹板高度 $h_w \geqslant 450$mm 时，在梁的两个侧面沿高度配置纵向构造钢筋（腰筋）。每侧纵向构造钢筋（不包括梁上、下部受力钢筋及架立钢筋）的截面面积不应小于腹板截面面积 bh_w 的 0.1%，且其间距不宜大于 200mm。此处腹板高度 h_w：矩形截面为有效高度 h_0；对 T 形截面，取有效高度 h_0 减去翼缘高度；对工形截面，取腹板净高。

3. 箍筋

箍筋沿梁横截面布置，主要起抗剪和骨架作用，另外对抑制斜裂缝的开展和增强纵筋的锚固也有很大的帮助。

当梁高不大于 800mm 时，箍筋直径不宜小于 6mm，当梁高大于 800mm 时，箍筋直径不宜小于 8mm。

2.1.4　板的构造要求

1. 板的最小厚度

板的跨厚比，单向板不大于 30，双向板不大于 40。现浇板的宽度一般较大，设计时可取单位宽度（b=1000mm）进行计算。其厚度除应满足各项功能要求外，还应满足表 2.2 的要求。

表 2.2 **现浇钢筋混凝土板的最小厚度** 单位：mm

板的类别		厚度
单向板	屋面板	60
	民用建筑楼板	60
	工业建筑楼板	70
	行车道下的楼板	80
双向板		80
密肋板	肋间距≤700mm	40
	肋间距>700mm	50
悬臂板	板的悬臂长度≤500mm	60
	板的悬臂长度>500mm	80
无梁楼板		150

注 悬臂板的厚度指悬臂根部的厚度。

2. 板的钢筋

板内钢筋一般有受力钢筋和分布钢筋，如图 2.5 所示。受力钢筋主要作用是抗拉，分布钢筋的作用是固定受力钢筋的位置和抗裂等。

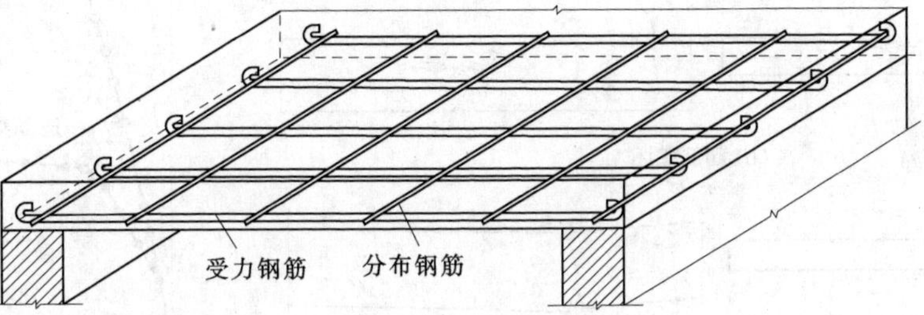

图 2.5 板的配筋

为了便于浇筑混凝土，保证钢筋周围混凝土的密实性，板内钢筋间距不宜太密；为了使板能正常的承受外荷载，也不宜过稀；板内钢筋的间距一般为 70～200mm，如图 2.6 所示。当板厚 $h\leqslant150$mm 时，板内钢筋间距不宜大于 200mm；当板厚 $h>150$mm，板内钢筋间距不宜大于 $1.5h$，且不宜大于 250mm。

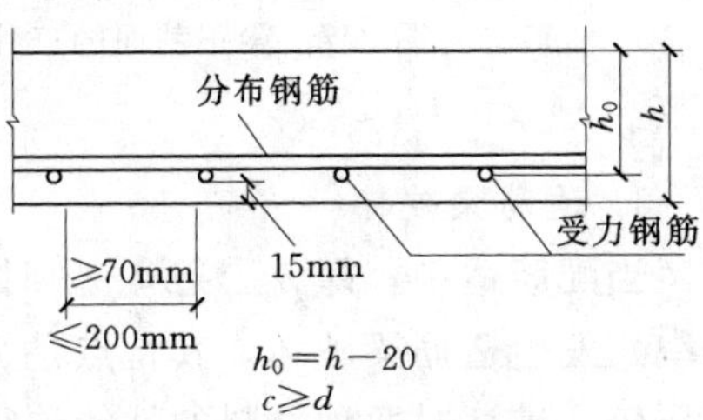

图 2.6 板的配筋构造要求

3. 板的分布钢筋

当按单向板设计时，除沿受力方向布置受力钢筋外，还应在垂直受力方向布置分布钢筋，如图 2.5 所示。常用直径是 6mm 和 8mm。单位长度上分布钢筋的截面面积不宜小于单位宽度上受力钢筋截面面积的 15%，且不宜小于该方向板截面面积的 0.15%；分布钢筋的间距不宜大于 250mm，直径不宜小于 6mm；对集中荷载较大或温度变化较大的情况，分布钢筋的截面面积应适当增加，其间距不宜大于 200mm。

2.1.5 受弯构件正截面承载力计算

2.1.5.1 纵向受拉钢筋的配筋率 ρ

钢筋混凝土构件是由钢筋和混凝土两种材料组成的，随着它们的配比变化，将对其受力性能和破坏形态有很大影响。截面上配置钢筋的多少，通常用配筋率来衡量。

对矩形截面受弯构件，纵向受拉钢筋的面积 A_s 与截面有效面积 bh_0 的比值称为纵向受拉钢筋的配筋率，简称配筋率，用 ρ 表示，即：

$$\rho=\frac{A_s}{bh_0} \tag{2.1}$$

式中：ρ 为纵向受拉钢筋的配筋率，用百分数计量；A_s 为纵向受拉钢筋的面积；b 为截面宽度；h_0 为截面有效高度，$h_0=h-a_s$；a 为纵向受拉钢筋合力点至截面近边的距离。

2.1.5.2 受弯构件正截面破坏类型

根据试验研究，受弯构件正截面的破坏形态主要与配筋率、混凝土和钢筋的强度等级、截面形式等因素有关，但以配筋率对构件的破坏形态的影响最为明显。根据配筋率不同，其破坏形态为适筋破坏、超筋破坏和少筋破坏，如图 2.7 所示，与三种破坏形态相对应的弯矩—挠度（M—f）曲线如图 2.8 所示。

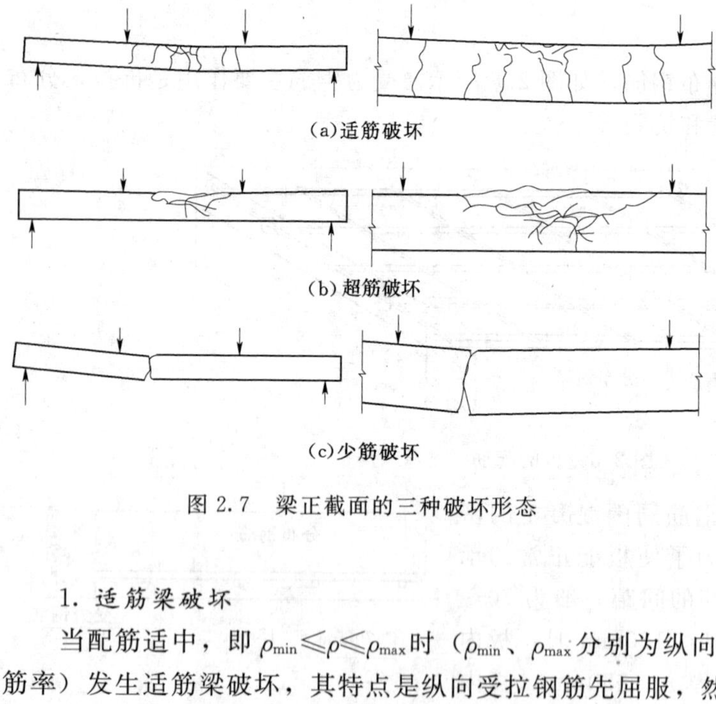
(a)适筋破坏
(b)超筋破坏
(c)少筋破坏

图 2.7 梁正截面的三种破坏形态

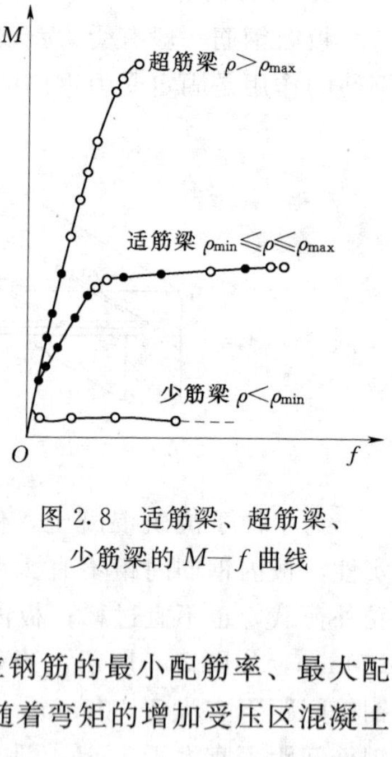

图 2.8 适筋梁、超筋梁、少筋梁的 M—f 曲线

1. 适筋梁破坏

当配筋适中，即 $\rho_{min}\leqslant\rho\leqslant\rho_{max}$ 时（ρ_{min}、ρ_{max} 分别为纵向受拉钢筋的最小配筋率、最大配筋率）发生适筋梁破坏，其特点是纵向受拉钢筋先屈服，然后随着弯矩的增加受压区混凝土被压碎，破坏时两种材料的性能均得到充分发挥。

适筋梁的破坏特点是破坏始自受拉区钢筋的屈服。在钢筋应力达到屈服强度之初，受压区边缘纤维的应变小于受弯时混凝土极限压应变。在梁完全破坏之前，由于钢筋要经历较大的塑性变形，随之引起裂缝急剧开展和梁挠度的激增（图 2.8），它将给人以明显的破坏预兆，属于延性破坏类型，见图 2.7（a）。

2. 超筋梁破坏

当配筋过多，即 $\rho>\rho_{max}$ 时发生超筋梁破坏，其特点是混凝土受压区先压碎，纵向受拉钢筋不屈服。

超筋梁的破坏特点在受压区边缘纤维应变达到混凝土受弯极限压应变值时，钢筋应力尚小于屈服强度，但此时梁已告破坏。试验表明，钢筋在梁破坏前仍处于弹性工作阶段，裂缝开展不宽，延伸不高，梁的挠度亦不大，如图2.8所示。总之，它在没有明显预兆的情况下，由于受压区混凝土被压碎而突然破坏，故属于脆性破坏类型，如图2.7（b）超筋梁虽配置过多的受拉钢筋，但由于梁破坏时其钢筋应力低于屈服强度，不能充分发挥作用，造成钢材的浪费。这不仅不经济，破坏前还没有预兆，故设计中不允许采用超筋梁。

3. *少筋梁破坏*

当配筋过少，即 $\rho<\rho_{min}$ 时发生少筋破坏形态，其特点是受拉区混凝土一开裂就破坏。少筋梁的破坏特点是一旦开裂，受拉钢筋立即达到屈服强度，有时可迅速经历整个流幅而进入强化阶段，在个别情况下，钢筋甚至可能被拉断。少筋梁破坏时，裂缝往往只有一条，不仅裂缝开展过宽，且沿梁高延伸较高，即已标志着梁的“破坏”，见图2.7（c）。

从单纯满足承载力需要出发，少筋梁的截面尺寸过大，故不经济；同时它的承载力取决于混凝土的抗拉强度，属于脆性破坏类型，故在土木工程中不允许采用。水利工程中，往往截面尺寸很大，为了经济，有时也允许采用少筋梁。

比较适筋梁和超筋梁的破坏特点，可以发现两者的差异在于：前者破坏始自受拉钢筋屈服；后者破坏则始自受压区混凝土被压碎。显然，总会有一个界限配筋率 ρ_b，这时钢筋应力达到屈服强度的同时，受压区边缘纤维应变也恰好达到混凝土受弯时极限压应变值，这种破坏形态叫“界限破坏”，即适筋梁与超筋梁的界限。界限配筋率 ρ_b 即为适筋梁的最大配筋率 ρ_{max}。界限破坏也属于延性破坏类型，所以界限配筋的梁也属于适筋梁的范围。可见，梁的配筋率应满足 $\rho_{min}\leqslant\rho\leqslant\rho_{max}$ 的要求。

2.1.5.3　最大配筋率 ρ_{max}、最小配筋率 ρ_{min}

1. *最大配筋率*

$$\rho_{max}=\xi_b\alpha_1\frac{f_c}{f_y} \tag{2.2}$$

式中：ξ_b 为相对界限受压区高度，$\xi_b=\dfrac{x_b}{h_0}$，C50以下的混凝土对不同强度等级钢筋的 ξ_b 按表2.3取用；x_b 为界限受压区高度；α_1 为系数，《规范》规定 $f_{cu,k}\leqslant 50\text{N/mm}^2$ 时，$\alpha_1=1.0$；当 $f_{cu,k}=80\text{N/mm}^2$ 时，$\alpha_1=0.94$，其间按线性内插法确定。

表2.3　相对界限受压区高度 ξ_b 取值

混凝土强度等级	≤C50			
钢筋级别	HPB300	HRB335 HRBF335	HRB400 HRBF400 RRB400	HRB500 HRBF500
ξ_b	0.576	0.550	0.518	0.487

2. *最小配筋率 ρ_{min}*

少筋破坏的特点是一裂就坏，而最小配筋率 ρ_{min} 是适筋梁与少筋梁的界限配筋率。我国《规范》规定，对梁类受弯构件，受拉钢筋的最小配筋率取：$\rho_{min}=45\times\dfrac{f_t}{f_y}\%$，同时不应小于0.2%。

若按最小配筋率配筋，当是矩形截面 $\rho_{\min}=\dfrac{A_{s,\min}}{bh}$，当为T形或工字形截面时，有

$$A_{s,\min}=\rho_{\min}[bh+(b_f-b)h_f] \tag{2.3}$$

或

$$A_{s,\min}=\rho_{\min}[A-(b'_f-b)h'_f] \tag{2.4}$$

式中：$A_{s,\min}$ 为按最小配筋率配置的纵向受拉钢筋的面积；A 为构件全截面面积；b 为矩形截面宽度，T形、工形截面的腹板宽度；h 为梁的截面高度；b'_f、b_f 为T形或工形截面受压区、受拉区的翼缘宽度；h'_f、h_f 为T形或工形截面受压区、受拉区的翼缘高度。

2.1.5.4 单筋矩形截面正截面受弯承载力计算

1. 基本计算公式

单筋矩形截面受弯构件正截面承载力计算简图如图2.9所示。

$$\sum X=0,\ f_yA_s=\alpha_1 f_cbx \tag{2.5}$$

$$\sum M=0,\ M\leqslant M_u=\alpha_1 f_cbx\left(h_0-\frac{x}{2}\right) \tag{2.6}$$

或

$$M\leqslant M_u=f_yA_s\left(h_0-\frac{x}{2}\right) \tag{2.7}$$

式中：M 为弯矩设计值；M_u 为正截面受弯承载力设计值；f_c 为混凝土轴心抗压强度设计值；f_y 为钢筋抗拉强度设计值；A_s 为纵向受拉钢筋截面面积；h_0 为截面有效高度，$h_0=h-a_s$；b 为截面宽度；x 为混凝土受压区高度。

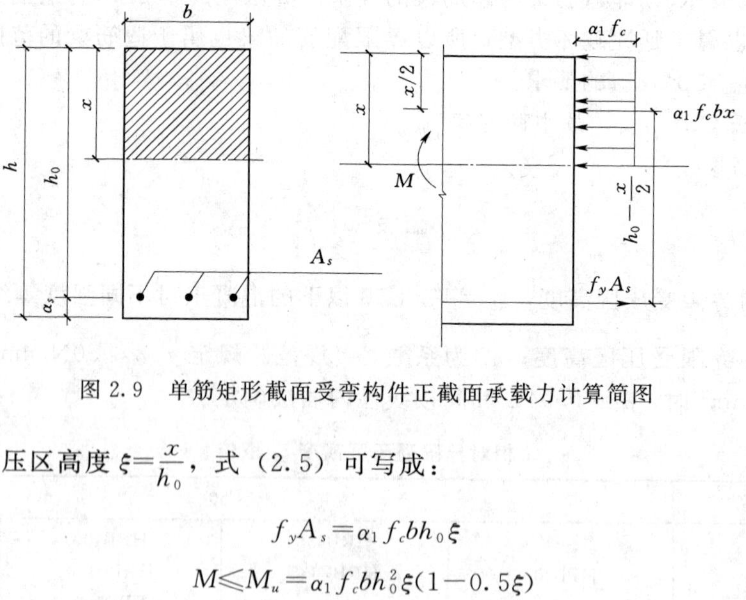

图2.9 单筋矩形截面受弯构件正截面承载力计算简图

采用相对受压区高度 $\xi=\dfrac{x}{h_0}$，式（2.5）可写成：

$$f_yA_s=\alpha_1 f_cbh_0\xi \tag{2.8}$$

$$M\leqslant M_u=\alpha_1 f_cbh_0^2\xi(1-0.5\xi) \tag{2.9}$$

或

$$M\leqslant M_u=f_yA_sh_0(1-0.5\xi) \tag{2.10}$$

适用条件：

（1）$\xi\leqslant\xi_b(x\leqslant\xi_bh_0)$ 或 $\rho=\dfrac{A_s}{bh_0}\leqslant\rho_{\max}$，可防止发生超筋脆性破坏。

（2）$\rho=\dfrac{A_s}{bh_0}\geqslant\rho_{\min}$，可防止发生少筋脆性破坏。

若令：

$$\alpha_s=\xi(1-0.5\xi) \tag{2.11}$$

将式（2.11）代入式（2.9），得：

$$\alpha_s=\frac{M}{\alpha_1 f_c b h_0^2} \tag{2.12}$$

式中：α_s 为截面抵抗矩系数。

由式（2.11）可知：

$$\xi=1-\sqrt{1-2\alpha_s} \tag{2.13}$$

由式（2.8）可知：

$$A_s=\frac{\alpha_1 f_c b h_0 \xi}{f_y} \tag{2.14}$$

根据我国设计经验，梁的经济配筋率范围约为0.6%～1.5%，板的经济配筋率范围约为0.4%～0.8%。这样的配筋率远小于最大配筋率 β_{max}，既节约钢材，又降低成本，且可防止脆性破坏。

2. 设计计算方法

在受弯构件正截面承载力计算时，一般仅需对控制截面进行受弯承载力计算。所谓控制截面，在等截面构件中一般是指弯矩设计值最大的截面；在变截面构件中则是指截面尺寸相对较小，而弯矩相对较大的截面。

在工程设计计算中，正截面受弯承载力计算包括截面设计和截面复核。

（1）截面设计。截面设计是指根据截面所承受的弯矩设计值 M 选定材料、确定截面尺寸，计算配筋量。

设计时，应满足 $M\leqslant M_u$。为了经济起见，一般按 $M=M_u$ 进行计算。

已知：弯矩设计值 M、截面尺寸 $b\times h$、混凝土和钢筋的强度等级，求受拉钢筋截面面积 A_s。

计算的一般步骤如下：

1）计算 $\alpha_s=\dfrac{M}{\alpha_1 f_c b h_0^2}$、$\xi=1-\sqrt{1-2\alpha_s}$。

2）若 $\xi\leqslant\xi_b$，则计算 $A_s=\dfrac{\alpha_1 f_c b h_0 \xi}{f_y}$，选择钢筋。

3）验算最小配筋率 $\rho=\dfrac{A_s}{b h_0}\geqslant\rho_{min}$。

（2）截面复核。截面复核是在截面尺寸、截面配筋以及材料强度已给定的情况下，要求确定该截面的受弯承载力 M_u，并验算是否满足 $M\leqslant M_u$ 的要求。若不满足承载力要求，应修改设计或进行加固处理。这种计算一般在设计审核或结构检验鉴定时进行。

如果计算发现 $A_s<\rho_{min}bh$，则该受弯构件认为是不安全的，应修改设计或进行加固。

已知：弯矩设计值 M、截面尺寸 $b\times h$、混凝土和钢筋的强度等级、受拉钢筋的面积 A_s，求受弯承载力 M_u。

计算的一般步骤如下：

1）计算 $\rho=\dfrac{A_s}{b h_0}$。

2）计算 $\xi=\rho\dfrac{f_y}{\alpha_1 f_c}$。

3）若 $\xi \leqslant \xi_b$，则 $M_u = f_y A_s h_0 (1-0.5\xi)$ 或 $M_u = \alpha_1 f_c b h_0^2 \xi (1-0.5\xi)$。

4）若 $\xi > \xi_b$，则取 $\xi = \xi_b$，$M \leqslant M_u$。

5）当 $M \leqslant M_u$ 时，构件截面安全，否则为不安全。

当 $M < M_u$ 过多时，该截面设计不经济。也可以按基本计算公式求解 M_u，更为直观。

【例 2.1】 已知矩形梁截面尺寸 $b \times h = 250\text{mm} \times 500\text{mm}$，弯矩设计值 $M = 150\text{kN} \cdot \text{m}$，混凝土强度等级为 C30，钢筋采用 HRB335 级，环境类别为一类。求所需的受拉钢筋截面面积 A_s。

解：（1）设计参数。查表可得：$f_c = 14.3\text{N/mm}^2$、$f_t = 1.43\text{N/mm}^2$、$\alpha_1 = 1.0$，$c = 20\text{mm}$，纵向受力筋的直径假设为 20mm，单排布置，箍筋直径假设为 10mm，$a_1 = c + d_{箍} + d/2 = 20 + 10 + 20/2 = 40$（mm），$h_0 = 500 - 40 = 460$（mm），HRB335 级钢筋，查得 $f_y = 300\text{N/mm}^2$，表 2.3 查得 $\xi_b = 0.55$。

（2）计算系数 ξ、α_s。

$$\alpha_s = \frac{M}{\alpha_1 f_c b h_0^2} = \frac{150 \times 10^6}{1.0 \times 14.3 \times 250 \times 460^2} = 0.198$$

$\xi = 1 - \sqrt{1-2\alpha_s} = 1 - \sqrt{1-2\times 0.198} = 0.222 < \xi_b = 0.55$，不会发生超筋现象。

（3）计算配筋 A_s。

$$A_s = \frac{\alpha_1 f_c b h_0 \xi}{f_y} = \frac{1.0 \times 14.3 \times 250 \times 460 \times 0.222}{300} = 1216(\text{mm}^2)$$

查附表 B.1：选用 4 Φ 20，$A_s = 1256\text{mm}^2$。

（4）验算最小配筋率。

$$\rho = \frac{A_s}{b h_0} = \frac{1256}{250 \times 360} = 1.09\% > \rho_{\min} = 0.45 \times \frac{f_t}{f_y} = 0.45 \times \frac{1.43}{300} = 0.214\%$$

ρ、$\rho_{\min}$ 同时大于 0.2% 满足要求。

（5）验算配筋构造要求。

$$钢筋净间距 = \frac{250 - 4\times 20 - 2\times 30}{3} = 36(\text{mm}) > 25\text{mm}，且 > d，满足要求。$$

截面配筋如图 2.10 所示。

【例 2.2】 已知矩形截面梁 $b \times h = 250\text{mm} \times 500\text{mm}$，承受弯矩设计值 $M = 160\text{kN} \cdot \text{m}$，混凝土强度等级为 C25，钢筋采用 HRB400 级，环境类别为一类，结构的安全等级为二级。截面配筋如图 2.11 所示，试复核该截面是否安全。

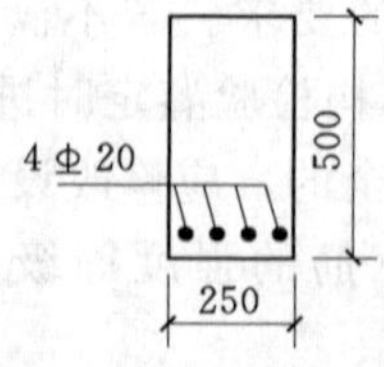

图 2.10　例 2.1 截面配筋图

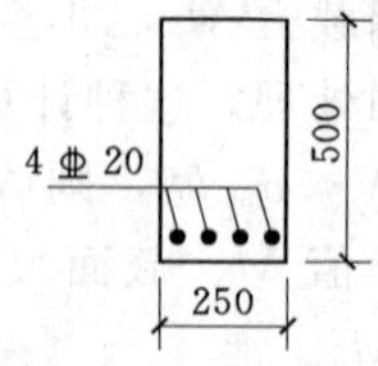

图 2.11　例 2.2 截面配筋图

解：（1）设计参数。

C25 混凝土，查得：$f_c = 11.9\text{N/mm}^2$、$f_t = 1.27\text{N/mm}^2$、$\alpha_1 = 1.0$，环境类别为一类，查得 $c = 20 + 5 = 25(\text{mm})$，$a_1 = 25 + 10 + 20/2 = 45\text{mm}$，$h_0 = 500 - 45 = 455(\text{mm})$，HRB400

级钢筋，查表得 $f_y=360\text{N/mm}^2$，$\xi_b=0.518$，4 ⌀ 20，$A_s=1256\text{mm}^2$。

（2）验算最小配筋率。

$$\rho=\frac{A_s}{bh_0}=\frac{1256}{250\times455}=1.10\%>\rho_{\min}=0.45\frac{f_t}{f_y}=0.45\times\frac{1.27}{360}=0.158\%$$

ρ、$\rho_{\min}$同时>0.2%满足要求。

（3）计算受压区高度 x。

$$x=\frac{f_yA_s}{f_cb}=\frac{360\times1256}{11.9\times250}=152(\text{mm})<\xi_bh_0=0.518\times455=215(\text{mm})$$

满足适筋要求。

（4）计算受弯承载力 M_u。

$$M_u=f_yA_s\left(h_0-\frac{x}{2}\right)=360\times1256\times\left(455-\frac{152}{2}\right)\times10^{-6}=171.36(\text{kN}\cdot\text{m})>160\text{kN}\cdot\text{m}$$

故该截面满足受弯承载力要求。

【例 2.3】 某办公楼的走廊为简支在砖墙上的现浇钢筋混凝土板［图 2.12（a）］，计算跨度 $l_0=2.38\text{m}$，板上作用的均布活荷载标准值 $q_k=2\text{kN/m}^2$，水磨石地面及细石混凝土垫层共 30mm 厚（重力密度为 22kN/m^3），板底粉刷白灰砂浆 12mm 厚（重力密度为 17kN/m^3）。已知环境类别为一类，结构的安全等级为二级，混凝土强度等级为 C25，纵向受拉钢筋采用 HPB300 级。试确定板厚和所需的受拉钢筋截面面积。

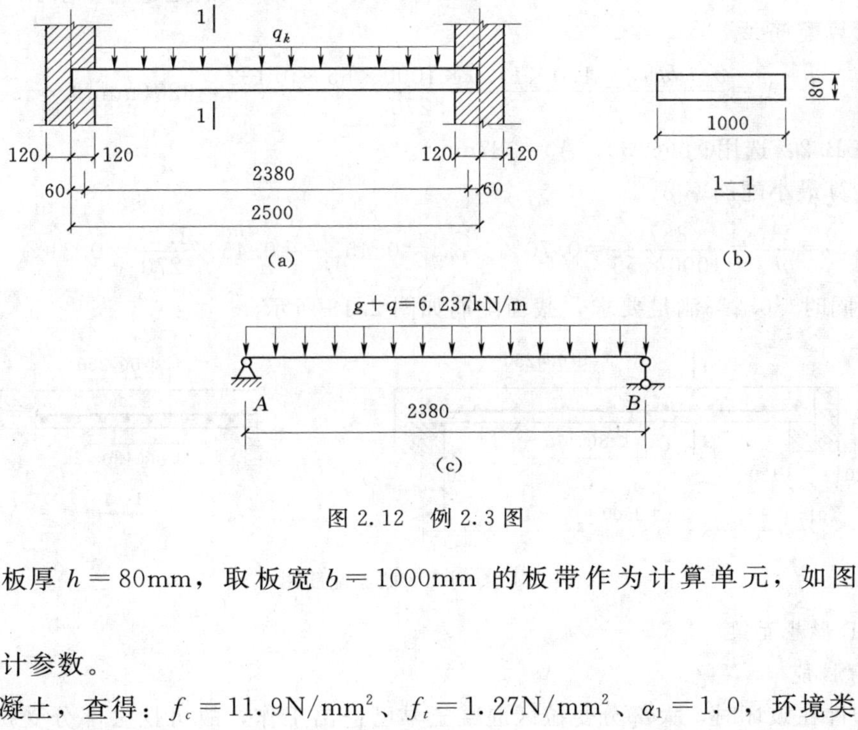

图 2.12　例 2.3 图

解：设板厚 $h=80\text{mm}$，取板宽 $b=1000\text{mm}$ 的板带作为计算单元，如图 2.12（b）所示。

（1）设计参数。

C25 混凝土，查得：$f_c=11.9\text{N/mm}^2$、$f_t=1.27\text{N/mm}^2$、$\alpha_1=1.0$，环境类别为一类，查得 $c=15+5=20(\text{mm})$，$h_0=80-20-10/2=55(\text{mm})$，假设板筋直径为 10mm，HPB300 级钢筋，查得 $f_y=270\text{N/mm}^2$，查得 $\xi_b=0.576$。

（2）计算荷载标准值和设计值。

1）荷载标准值。

恒荷载标准值：g_k

水磨石地面及细石混凝土垫层30mm厚：$0.03\times22=0.66(kN/m^2)$

80mm厚钢筋混凝土板自重：$0.08\times25=2(kN/m^2)$

板底粉刷白灰砂浆12mm厚：$0.012\times17=0.204(kN/m^2)$

$$g_k=(0.66+2+0.204)\times1=2.864(kN/m)$$

活荷载标准值：$q_k=2\times1=2(kN/m)$

2）荷载设计值。

$$g+q=1.2g_k+1.4q_k=1.2\times2.864+1.4\times2=6.237(kN/m)$$

$$g+q=1.35g_k+1.4\times0.7q_k=1.35\times2.864+1.4\times0.7\times2=5.826(kN/m)$$

因此取 $g+q=6.237(kN/m)$。

计算简图如图2.12（c）所示。

（3）计算弯矩设计值 M。

$$M=\frac{1}{8}(g+q)l_0^2=\frac{1}{8}\times6.237\times2.38^2=4.416(kN\cdot m)$$

（4）计算系数 α_s、ξ。

$$\alpha_s=\frac{M}{\alpha_1 f_c bh_0^2}=\frac{4.416\times10^6}{1.0\times11.9\times1000\times55^2}=0.123$$

$\xi=1-\sqrt{1-2\sigma_s}=1-\sqrt{1-2\times0.123}=0.132<\xi_b=0.576$，满足适筋要求。

（5）计算配筋 A_s。

$$A_s=\frac{\alpha_1 f_c bh_0\xi}{f_y}=\frac{1.0\times11.9\times1000\times55\times0.132}{270}=320(mm^2)$$

查附表B.2：选用Φ8@130，$A_s=387mm^2$。

（6）验算最小配筋率 ρ。

$$\rho=\frac{A_s}{bh_0}=\frac{387}{1000\times55}=0.70\%>\rho_{min}=0.45\frac{f_t}{f_y}=0.45\times\frac{1.27}{270}=0.21\%$$

ρ、ρ_{min}同时>0.2%满足要求，截面配筋如图2.13所示。

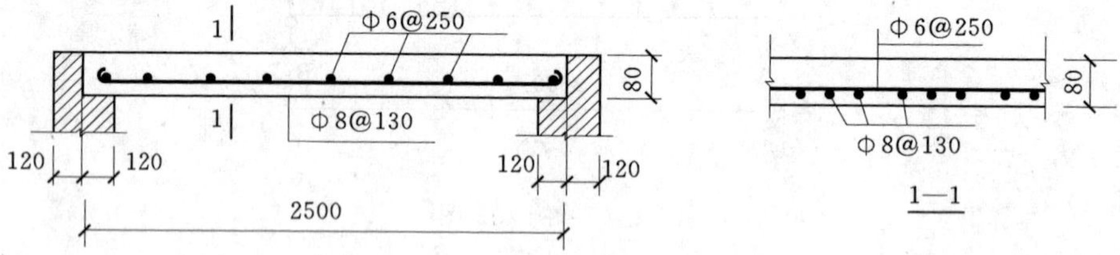

图2.13 例2.3截面配筋图

2.1.5.5 T形截面梁

1. 受弯性能

受弯构件在破坏时，大部分受拉区混凝土早已退出工作，故可挖去部分受拉区混凝土，并将钢筋集中放置，见图2.14（a）所示，形成T形截面，对受弯承载力没有影响。这样既可节省混凝土，也可减轻结构自重。若受拉钢筋较多，为便于布置钢筋，可将截面底部适当增大，形成工形截面，见图2.14（b）。

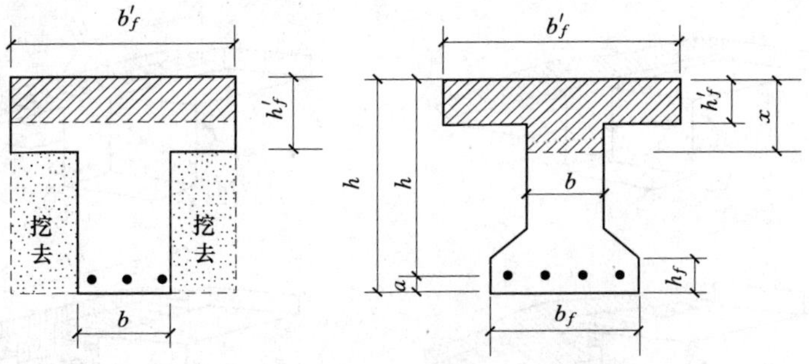

(a)T 形截面　　(b)工形截面

图 2.14　T 形截面

T 形截面伸出部分称为翼缘，中间部分称为肋或梁腹。肋的宽度为 b，位于截面受压区的翼缘宽度为 b'_f，厚度为 h'_f，截面总高为 h。工形截面位于受拉区的翼缘不参与受力，因此也按 T 形截面计算。

工程结构中，T 形和工形截面受弯构件的应用是很多的，如现浇肋形楼盖中的主、次梁，T 形吊车梁、薄腹梁、槽形板等均为 T 形截面；箱形截面、空心楼板、桥梁中的梁为工形截面。

但是，若翼缘在梁的受拉区，如图 2.15（a）所示的倒 T 形截面梁，当受拉区的混凝土开裂以后，翼缘对承载力就不再起作用了。对于这种梁应按肋宽为 b 的矩形截面计算承载力。又如整体式肋梁楼盖连续梁中的支座附近的 2—2 截面，见图 2.15（b），由于承受负弯矩，翼缘（板）受拉，故仍应按肋宽为 b 的矩形截面计算。

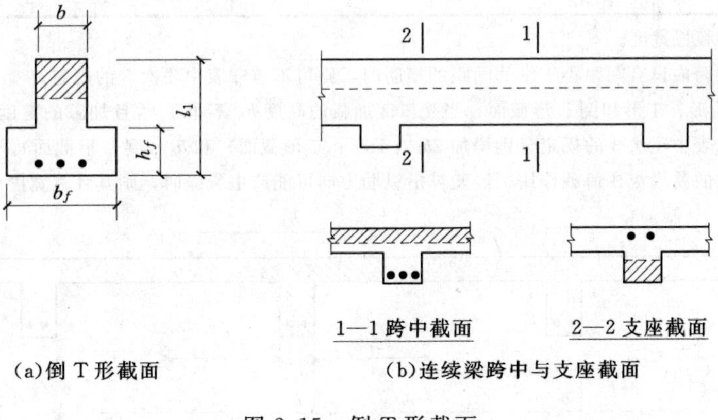

(a)倒 T 形截面　　(b)连续梁跨中与支座截面

图 2.15　倒 T 形截面

2. 翼缘的计算宽度 b'_f

由实验和理论分析可知，T 形截面梁受力后，翼缘上的纵向压应力是不均匀分布的，离梁肋越远压应力越小，实际压应力分布如图 2.16（a）、（c）所示。故在设计中把翼缘限制在一定范围内，称为翼缘的计算宽度 b'_f，并假定在 b'_f 范围内压应力是均匀分布的，如图 2.16（b）、（d）所示。T 形截面受压翼缘的计算宽度如图 2.17 所示。

《规范》对翼缘计算宽度 b'_f 的取值规定见表 2.4，计算时应取表中有关各项中的最小值。

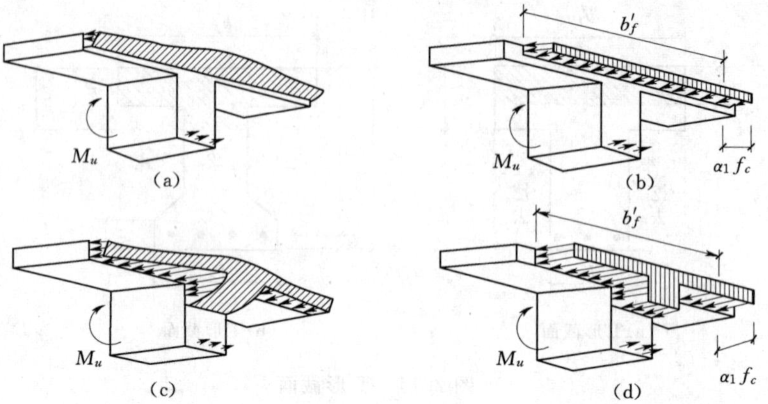

图 2.16 T形截面受弯构件受压翼缘的应力分布和计算图形

表 2.4　　T形、工形及倒L形截面受弯构件翼缘的计算宽度 b'_f

项次	情况		T形、工形截面		倒L形截面
			肋形梁（肋形板）	独立梁	肋形梁（板）
1	按跨度 l_0 考虑		$\frac{1}{3}l_0$	$\frac{1}{3}l_0$	$\frac{1}{6}l_0$
2	按梁（纵肋）净距 s_n 考虑		$b+s_n$	—	$b+\frac{s_n}{2}$
3	按翼缘高度 h'_f 考虑	$\frac{h'_f}{h_0}\geqslant 0.1$	—	$b+12h'_f$	—
		$0.1>\frac{h'_f}{h_0}\geqslant 0.05$	$b+12h'_f$	$b+6h'_f$	$b+5h'_f$
		$\frac{h'_f}{h_0}<0.05$	$b+12h'_f$	b	$b+5h'_f$

注　1. 表中 b 为梁的腹板宽度。
2. 如肋形梁在梁跨内设有间距小于纵肋间距的横肋时，则可不遵守表中项次3的规定。
3. 对有加腋的T形、工形和倒L形截面，当受压区加腋的高度 h_h 不小于 h'_f 且加腋的宽度 $b_h\leqslant 3h_h$ 时，则其翼缘计算宽度可按表中项次3的规定分别增加 $2b_h$（T形、工形截面）和 b_h（倒L形截面）。
4. 独立梁受压区的翼缘板在荷载作用下经验算沿纵肋方向可能产生裂缝时，则其计算宽度应取用腹板宽度 b。

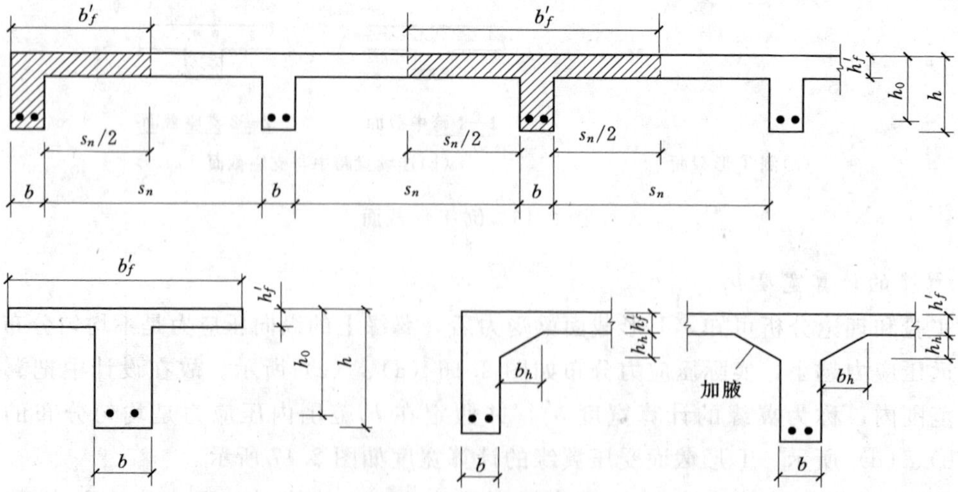

图 2.17 T形截面受压翼缘的计算宽度

T形截面正截面承载力计算与矩形截面正截面承载力计算类似，不再赘述。

2.1.6 受弯构件斜截面承载力计算

在荷载作用下，截面除产生弯矩 M 外，还产生剪力 V，在剪力和弯矩共同作用的剪弯区段，常产生斜裂缝，如果斜截面承载力不足，可能沿斜裂缝发生斜截面受剪破坏或斜截面受弯破坏。因此，还要保证受弯构件斜截面承载力，即斜截面受剪承载力和斜截面受弯承载力。

工程设计中，斜截面受剪承载力是由抗剪计算来满足的，斜截面受弯承载力则是通过构造要求来满足的。

2.1.6.1 斜裂缝的形成

由于混凝土抗拉强度很低，随着荷载的增加，当主拉应力超过混凝土复合受力下的抗拉强度时，就会出现与主拉应力轨迹线大致垂直的裂缝。除纯弯段的裂缝与梁纵轴垂直以外，M、V 共同作用下的截面主应力轨迹线都与梁纵轴有一倾角，其裂缝与梁的纵轴是倾斜的，故称为斜裂缝。

当荷载继续增加，斜裂缝不断延伸和加宽，当截面的抗弯强度得到保证时，梁最后可能由于斜截面的抗剪强度不足而破坏。为了防止斜截面破坏，理论上应在梁中设置与主拉应力方向平行的钢筋最合理，可以有效地限制斜裂缝的发展。但为了施工方便，一般采用梁中设置与梁轴垂直的箍筋（图2.18）。弯起钢筋一般利用梁内的纵筋弯起而形成，虽然弯起钢筋的方向与主拉应力方向一致（图2.18），但由于其传力较集中，受力不均匀，同时增加了施工难度，一般仅在箍筋略有不足时采用。箍筋和弯起钢筋皆称为腹筋。

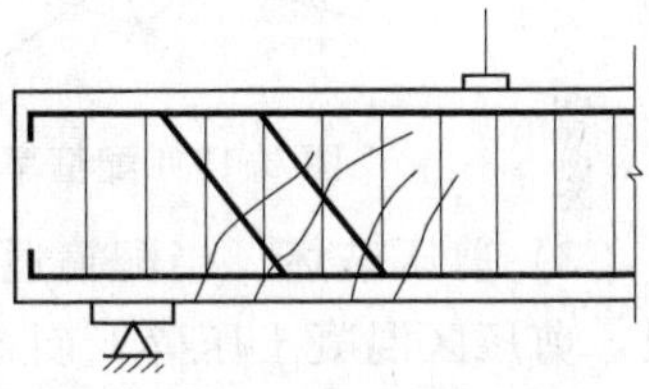

图2.18 箍筋、弯起钢筋和斜裂缝

2.1.6.2 有腹筋梁的斜截面受剪性能

实验证明，影响梁斜截面承载力的主要因素包括梁截面形状和尺寸、混凝土强度等级、剪跨比的大小、腹筋的含量等。

剪跨比 $\lambda=\frac{M}{Vh_0}$ 反映的是梁的同一截面弯矩和剪力相对比值，也是反映梁内截面上正应力与剪应力的相对比值。

1. 箍筋的作用

在有腹筋的梁中，腹筋的作用：

（1）箍筋可以直接承担部分剪力。

（2）箍筋能限制斜裂缝的开展和延伸，增大混凝土剪压区的截面面积，提高混凝土剪压区的抗剪能力。

（3）箍筋还将提高斜裂缝交界面骨料的咬合和摩擦作用，延缓沿纵筋的黏结劈裂裂缝的发展，防止混凝土保护层的突然撕裂，提高纵向钢筋的销栓作用。因此，腹筋将使梁的受剪承载力有较大的提高。

2. 有腹筋梁斜截面破坏的主要形态

（1）配箍率 ρ_{sv}。有腹筋梁的破坏形态不仅与剪跨比有关，还与配箍率 ρ_{sv} 有关。

配箍率 ρ_{sv} 按下式计算：

$$\rho_{sv}=\frac{A_{sv}}{bs}=\frac{nA_{sv1}}{bs} \tag{2.15}$$

式中：A_{sv}为配置在同一截面内箍筋各肢的截面面积总和，$A_{sv}=nA_{sv1}$，这里n为同一截面内箍筋的肢数，如图2.19中箍筋为双肢箍，$n=2$；A_{sv1}为单肢箍筋的截面面积；s为箍筋的间距；b为梁宽。

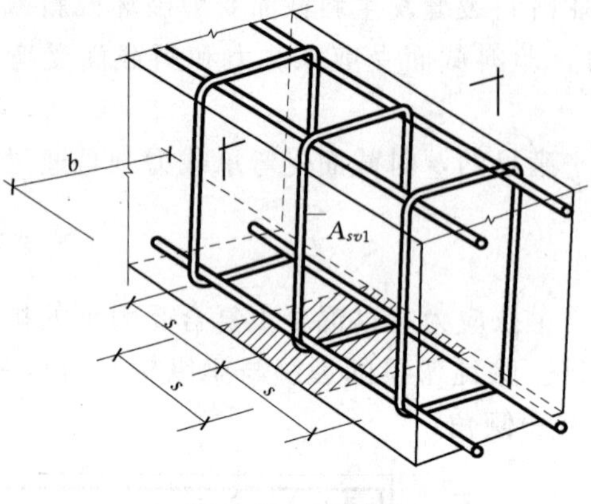

图2.19 配箍率

(2) 有腹筋梁斜截面破坏的主要形态。有腹筋梁斜截面剪切破坏形态与无腹筋梁一样，也可概括为三种主要破坏形态：斜拉、斜压和剪压破坏。

1) 斜拉破坏。当配箍率太小或箍筋间距太大且剪跨比较大（$\lambda>3$）时，易发生斜拉破坏。其破坏特征与无箍筋梁相同，破坏时箍筋被拉断。

2) 斜压破坏。当配置的箍筋太多或剪跨比很小（$\lambda<1$）时，发生斜压破坏，其特征是混凝土斜向柱体被压碎，但箍筋不屈服。

3) 剪压破坏。当配箍适量且剪跨比（$1\leqslant\lambda\leqslant3$）时发生剪压破坏。其特征是箍筋受拉屈服，剪压区混凝土压碎，斜截面受剪承载力随配箍率及箍筋强度的增加而增大。

斜压破坏和斜拉破坏都是不理想的。因为斜压破坏在破坏时箍筋强度未得到充分发挥，斜拉破坏发生得十分突然，因此在工程设计中应避免出现这两种破坏。

剪压破坏在破坏时箍筋强度得到了充分发挥，且破坏时承载力较高。因此斜截面承载力计算公式就是根据这种破坏模型建立的。

2.1.6.3 有腹筋梁的受剪承载力计算公式

由于各种理论的计算结果不尽相同，有些计算模型过于复杂，还无法在实际设计中应用。因此《规范》中的斜截面受剪承载力的计算公式是在大量的试验基础上，依据极限破坏理论，采用理论与经验相结合的方法建立的。

1. 基本假定

对于梁的三种斜截面破坏形态，在工程设计时都应设法避免。对于斜压破坏，通常采用限制截面尺寸的条件来防止；对于斜拉破坏，则用满足最小配箍率及构造要求来防止；剪压破坏，因其承载力变化幅度较大，必须通过计算，用构件满足一定的斜截面受剪承载力，防止剪压破坏。《规范》的基本计算公式就是根据这种剪切破坏形态的受力特征而建立的。采用理论与试验相结合的方法，同时引入一些试验参数。假设梁的斜截面受剪承载力V_u由斜裂缝上端剪压区混凝土的抗剪能力V_c、与斜裂缝相交的箍筋的抗剪能力V_{sv}和斜裂缝相交的弯起钢筋的抗剪能力V_{sb}三部分所组成（图2.20），由平衡条件$\sum y=0$得：

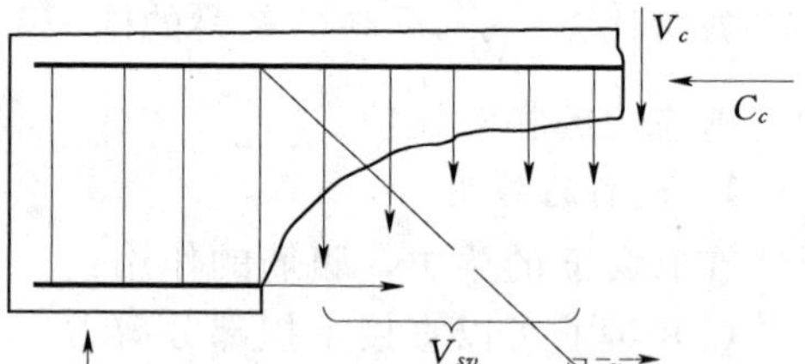

图2.20 有腹筋梁斜截面破坏时的受力状态

$$V_u=V_{cs}+V_{sb}=V_c+V_{sv}+V_{sb} \tag{2.16}$$

2. 计算公式

(1) 当仅配有箍筋时，斜截面受剪承载力计算公式：

$$V_u = V_c + V_{sv} = V_{cs} \tag{2.17}$$

根据试验结果分析统计，《规范》按 95%保证率取偏下限给出受剪承载力的计算公式如下。

对矩形、T 形和工形截面的一般梁：

$$V \leqslant V_{cs} = 0.7 f_t b h_0 + f_{yv} \frac{A_{sv}}{s} h_0 \tag{2.18}$$

式中：V 为构件斜截面上的最大剪力设计值；V_{cs} 为构件斜截面上混凝土和箍筋的受剪承载力设计值；A_{sv} 为配置在同一截面内箍筋各肢的全部截面面积，$A_{sv} = nA_{sv1}$；n 为在同一截面内箍筋肢数；A_{sv1} 为单肢箍筋的截面面积；s 为沿构件长度方向的箍筋间距；f_t 为混凝土轴心抗拉强度设计值；f_{yv} 为箍筋抗拉强度设计值；b 为矩形截面的宽度或 T 形截面和工形截面的腹板宽度。

对集中荷载作用下（包括作用有多种荷载，其中集中荷载对支座截面或节点边缘所产生的剪力值占总剪力值的 75%以上的情况）的矩形、T 形和工形截面的独立梁（没有和楼板整浇一起的梁，如吊车梁），按以下公式计算：

$$V \leqslant V_{cs} = \frac{1.75}{\lambda + 1} f_t b h_0 + f_{yv} \frac{A_{sv}}{s} h_0 \tag{2.19}$$

式中：λ 为计算截面的计算剪跨比，可取 $\lambda = \frac{M}{Vh_0} = \frac{a}{h_0}$；$a$ 为集中荷载作用点至支座截面或节点边缘的距离；当 $\lambda < 1.5$ 时，取 $\lambda = 1.5$；当 $\lambda > 3$ 时，取 $\lambda = 3$，此时，在集中荷载作用点与支座之间的箍筋应均匀配置。

T 形和工形截面的独立梁忽略翼缘的作用，只取腹板的宽度作为矩形截面梁计算构件的受剪承载力，其结果偏于安全。

必须指出，由于配置箍筋后混凝土所能承受的剪力与无箍筋时所能承受的剪力是不同的，因此，对于上述两项表达式，虽然其第一项在数值上等于无腹筋梁的受剪承载力，但不应理解为配置箍筋梁的混凝土所能承受的剪力；同时，第二项的代表箍筋受剪承载力和箍筋对限制斜裂缝宽度后间接抗剪作用。换句话说，对于上述两项表达式应理解为两项之和代表有箍筋梁的受剪承载力。

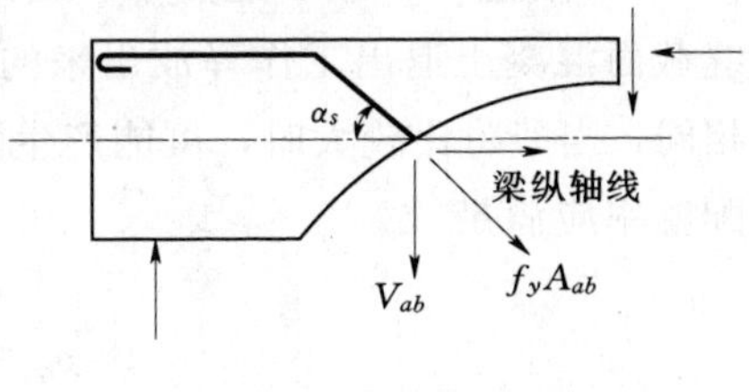

图 2.21　弯起钢筋承担的剪力

（2）同时配置箍筋和弯起钢筋的梁。弯起钢筋所能承担的剪力为弯起钢筋的总拉力在垂直于梁轴方向的分力如图 2.21 所示，即 $V_{sb} = 0.8 f_y A_{sb} \sin\alpha_s$。系数 0.8 是考虑弯起钢筋在破坏时可能达不到其屈服强度的应力不均匀系数。因此，对于配有箍筋和弯起钢筋的矩形、T 形和工形截面的受弯构件，其受剪承载力按以下公式计算：

$$V \leqslant V_u = V_{cs} + V_{sb} = V_{cs} + 0.8 f_y A_{sb} \sin\alpha_s \tag{2.20}$$

式中：V 为剪力设计值；V_{cs} 为构件斜截面上混凝土和箍筋的受剪承载力设计值；f_y 为弯起钢筋的抗拉强度设计值；A_{sb} 为同一弯起平面内弯起钢筋的截面面积；α_s 为弯起钢筋与构件纵轴线之间的夹角，一般情况 $\alpha_s = 45°$，梁截面高度较大（$h \geqslant 800$mm）时，取 $\alpha_s = 60°$。

（3）有腹筋梁的受剪承载力计算公式的适用范围。为了防止发生斜压及斜拉这两种严重脆性的破坏形态，必须控制构件的截面尺寸不能过小及箍筋用量不能过少，为此规范给出了相应的控制条件。

1）上限值——最小截面尺寸。当梁的截面尺寸较小而剪力过大时，可能在梁的腹部产生过大的主压应力，使梁腹产生斜压破坏。这种梁的承载力取决于混凝土的抗压强度和截面尺寸，不能靠增加腹筋来提高承载力，多配置的腹筋不能充分发挥作用。为了避免斜压破坏，同时也为了防止梁在使用阶段斜裂缝过宽（主要指薄腹梁），对矩形、T形和工形截面的一般受弯构件，应满足下列条件。

当 $h_w/b\leqslant 4$ 时 $$V\leqslant 0.25\beta_c f_c b h_0 \tag{2.21}$$

当 $h_w/b\geqslant 6$ 时 $$V\leqslant 0.2\beta_c f_c b h_0 \tag{2.22}$$

当 $4<h_w/b<6$ 时，按直线内插法取用。

式中：V 为构件斜截面上的最大剪力设计值；β_c 为高强混凝土的强度折减系数，当混凝土强度等级不大于C50级时，取 $\beta_c=1$；当混凝土强度等级为C80时，$\beta_c=0.8$，其间按线性内插法取值；h_w为截面腹板高度，见图2.22规定采用；b 为矩形截面的宽度或T形截面和工形截面的腹板宽度。

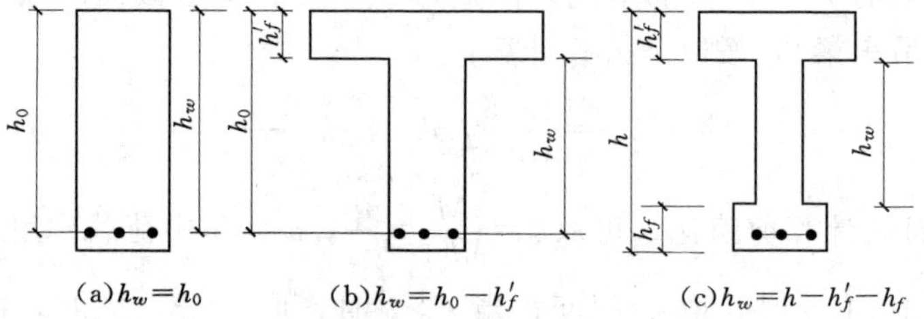

图2.22 梁的腹板高度 h_w

对于薄腹梁，由于其肋部宽度较小，所以在梁腹中部剪应力很大，与一般梁相比容易出现腹剪斜裂缝，裂缝宽度较宽，因此对其截面限值条件［式（2.22）］取值有所降低。

2）下限值——最小配箍率。当配箍率小于一定值时，斜裂缝出现后，箍筋不能承担斜裂缝截面混凝土退出工作释放出来的拉应力，而很快达到屈服，其受剪承载力与无腹筋梁基本相同，当剪跨比较大时，可能产生斜拉破坏。为了防止斜拉破坏，《规范》规定：当 $V>V_c$ 时配箍率应满足

$$\rho_{sv}=\frac{nA_{sv1}}{bs}\geqslant\rho_{sv,\min}=\frac{0.24f_t}{f_{yv}} \tag{2.23}$$

为控制使用荷载下的斜裂缝宽度，并保证箍筋穿越每条斜裂缝，《规范》规定了最大箍筋间距 $S_{\max}$（表2.6）。

同样，为防止弯起钢筋间距太大，出现不与弯起钢筋相交的斜裂缝，使其不能发挥作用，《规范》规定：当按计算要求配置弯起钢筋时，前一排弯起点至后一排弯终点的距离不应大于最大箍筋间距 $S_{\max}$，且第一排弯起钢筋弯终点距支座边的间距也不应大于 $S_{\max}$（图2.23）。

【例2.4】 一承受均布荷载的矩形截面简支梁，截面尺寸 $b\times h=200\text{mm}\times 500\text{mm}$，采用混凝土C30，箍筋HPB300级，$a_s=35\text{mm}$，当采用Φ8@200箍筋时，双肢箍，见图2.24，试求该梁能够承担的最大剪力设计值 V 为多少？

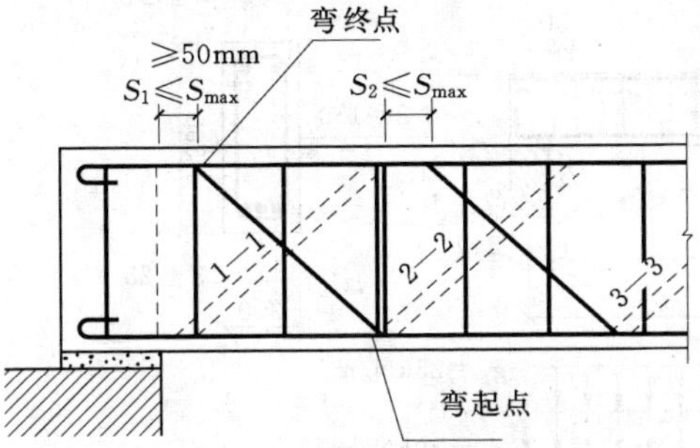

图 2.23 弯起钢筋的间距

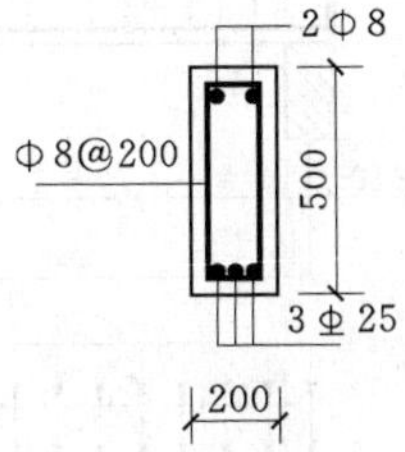

图 2.24 例2.4图

解：

(1) 已知条件。

$h_0 = 500 - 35 = 465$(mm)，混凝土 C30，$f_c = 14.3\text{N/mm}^2$，$f_t = 1.43\text{N/mm}^2$，箍筋 HPB300 级，$f_{yv} = 270\text{N/mm}^2$，Φ8 双肢箍，$A_{sv1} = 50.3\text{mm}^2$，$n = 2$。

(2) 假设次梁的截面尺寸和配箍率均满足要求，则其受剪承载力为：

$$V_{cs} = 0.7 f_t b h_0 + 1.25 f_{yv} \frac{A_{sv}}{s} h_0$$

$$= 0.7 \times 1.43 \times 200 \times 465 + 1.25 \times 270 \times \frac{2 \times 50.3}{200} \times 465$$

$$= 172.032(\text{kN})$$

$$V_u = V_{cs} = 172.032\text{kN}$$

(3) 复核截面尺寸及配箍率。

$$h_w = h_0 = 465\text{mm}, \quad \frac{h_w}{b} = \frac{465}{200} = 2.33 < 4$$

$$0.25 \beta_c f_c b h_0 = 0.25 \times 1 \times 14.3 \times 200 \times 465 = 332.48(\text{kN}) > V_u = 172.032\text{kN}$$

截面尺寸满足要求，不会发生斜压破坏。

$$\rho_{sv} = \frac{nA_{sv}}{bs} = \frac{2 \times 50.3}{200 \times 200} = 0.25\% > \rho_{sv,\min} = 0.24 \frac{f_t}{f_{yv}} = 0.24 \times \frac{1.43}{270} = 0.12\%$$

所以不会发生斜拉破坏。

所选箍筋直径和间距均满足要求，所以该梁能承担的最大剪力设计值 $V = V_u = 172.032\text{kN}$。

【例 2.5】 如图 2.25 (a) 所示，一钢筋混凝土简支梁，承受永久荷载标准值 $g_k = 25\text{kN/m}$，可变荷载标准值 $q_k = 40\text{kN/m}$，环境类别一类，采用混凝土 C25，箍筋 HPB300 级，纵筋 HRB335 级，按正截面受弯承载力计算，选配 3Φ25 纵筋，试根据斜截面受剪承载力要求确定腹筋。

解： 配置腹筋的方法有两种：①只配置箍筋；②同时配置箍筋和弯起钢筋。

方法一：只配置箍筋不配置弯起钢筋。

(1) 已知条件：$l_n = 3.56$，$h_0 = 500 - 35 = 465\text{mm}$，混凝土 C25，$f_c = 11.9\text{N/mm}^2$，$f_t = 1.27\text{N/mm}^2$，箍筋 HPB300 级 $f_{yv} = 270\text{N/mm}^2$，纵筋 HRB335 级 $f_y = 300\text{N/mm}^2$。

(2) 计算剪力设计值。最危险的截面在支座边缘处，剪力设计值如下。

以永久荷载效应组合为主：

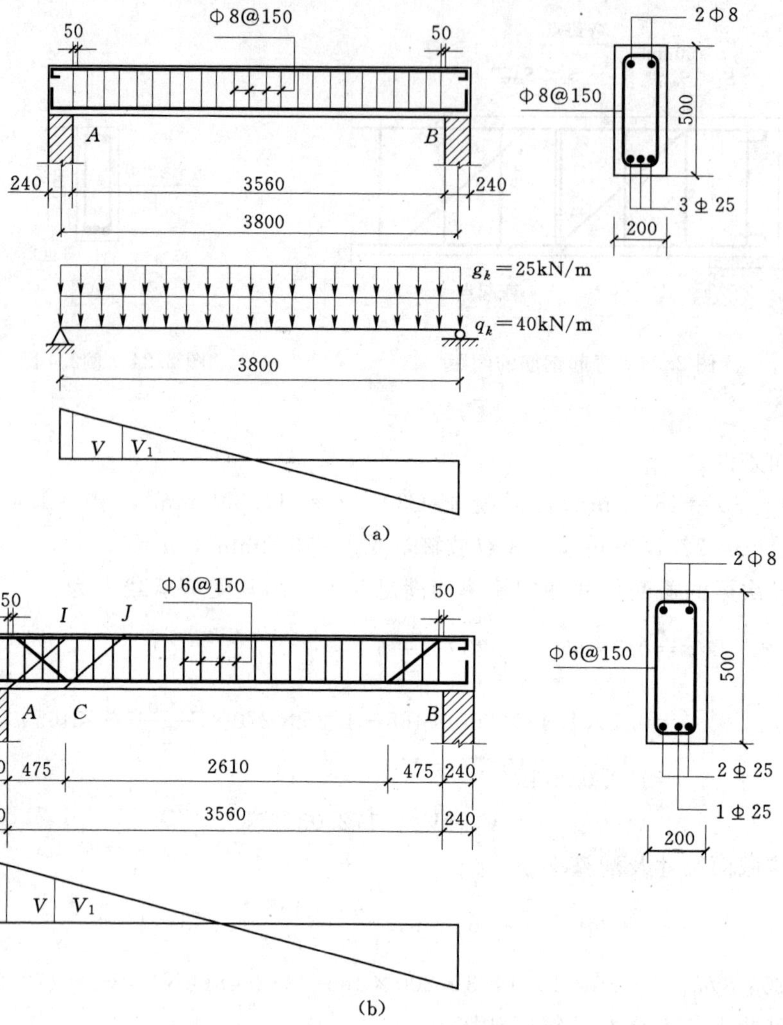

图 2.25　例 2.5 图

$$V=\frac{1}{2}(\gamma_G g_k+\gamma_Q q_K)l_n=\frac{1}{2}(1.35\times25+1.4\times0.7\times40)\times3.56=130.12(\text{kN})$$

以可变荷载效应组合为主：

$$V=\frac{1}{2}(\gamma_G g_k+\gamma_Q q_K)l_n=\frac{1}{2}(1.2\times25+1.4\times40)\times3.56=153.08(\text{kN})$$

两者取大值 $V=153.08$kN。

(3) 验算截面尺寸。

$$h_w=h_0=465,\ \frac{h_w}{b}=\frac{465}{200}=2.325<4$$

$$0.25\beta_c f_c bh_0=0.25\times1\times11.9\times200\times465=276675(\text{N})=276.675\text{kN}>V=153.08\text{kN}$$

截面尺寸满足要求。

(4) 判断是否需要按计算配置腹筋。

$$0.7f_t bh_0=0.7\times1.27\times200\times465=82677(\text{N})=82.677\text{kN}<V=153.08\text{kN}$$

所以需要按计算配置腹筋。

(5) 计算腹筋用量。

$$V \leqslant V_{cs} = 0.7 f_t b h_0 + f_{yv}\frac{A_{sv}}{s}h_0$$

$$\frac{nA_{sv}}{s} = \frac{V - 0.7 f_t b h_0}{f_{yv} h_0} = \frac{153.08\times10^3 - 0.7\times1.27\times200\times465}{270\times465} = 0.561(\text{mm}^2/\text{mm})$$

选Φ8双肢箍，$A_{sv1}=50.3\text{mm}^2$，$n=2$，代入上式得 $S\leqslant\frac{2\times50.3}{0.561}=179(\text{mm})$，取 $s=150\text{mm}<S_{max}=200\text{mm}$。

(6) 验算配箍率。

$$\rho_{sv} = \frac{nA_{sv1}}{bs} = \frac{2\times50.3}{200\times150} = 0.335\% > \rho_{sv,\min} = 0.24\frac{f_t}{f_{yv}} = 0.163\%$$

配箍率满足要求，且所选箍筋直径和间距均符合构造要求，配筋图如图2.25 (b) 所示。

方法二：既配置箍筋又配置弯起钢筋。

(1) 截面尺寸验算与方法一相同。

(2) 确定箍筋和弯起钢筋。一般可先确定箍筋，箍筋的数量可参考设计经验和构造要求，本题选Φ6@150，弯起钢筋利用梁底纵筋HRB335，$f_y=300\text{N/mm}^2$，弯起角 $\alpha=45°$。

$$\rho_{sv} = \frac{nA_{sv1}}{bs} = \frac{2\times28.3}{200\times150} = 0.1887\% > \rho_{sv,\min} = 0.24\times\frac{f_t}{f_{yv}} = 0.145\%$$

$$V \leqslant V_u = V_{cs} + 0.8 f_y A_{sb}\sin\alpha$$

$$V_{cs} = 0.7 f_t b h_0 + f_{yv}\frac{A_{sv}}{s}h_0 = 0.7\times1.27\times200\times465 + 270\times\frac{2\times28.3}{150}\times465$$

$$=130051(\text{N}) = 130.05\text{kN}$$

$$A_{sb} \geqslant \frac{V - V_{cs}}{0.8 f_y \sin\alpha} = \frac{153.08\times10^3 - 130.05\times10^3}{0.8\times300\times0.707} = 135.72(\text{mm}^2)$$

实际从梁底弯起1Φ25，$A_{sb}=491\text{mm}^2$，满足要求，若不满足，应修改箍筋直径和间距。

上面的计算考虑的是从支座边 A 处向上发展的斜截面 $A—I$ [图2.25 (b)]，为了保证沿梁各斜截面的安全，对纵筋弯起点 C 处的斜截面 $C—J$ 也应该验算。根据弯起钢筋的弯终点到支座边缘的距离应符合 $S_1<S_{max}$，本例取 $S_1=50\text{mm}$，根据 $\alpha=45°$ 可求出弯起钢筋的弯起点到支座边缘的距离为 $50+500-25-25-25=475(\text{mm})$，因此 C 处的剪力设计值为：

$$V_1 = \frac{0.5\times3.56 - 0.475}{0.5\times3.56}\times153.08 = 112.23(\text{kN})$$

$$V \leqslant V_{cs} = 0.7 f_t b h_0 + f_{yv}\frac{A_{sv}}{s}h_0$$

$$=166.88(\text{kN}) > V_1 = 112.23\text{kN}$$

$C—J$ 斜截面受剪承载力满足要求，若不满足，应修改箍筋直径和间距或再弯起一排钢筋，直到满足。既配箍筋又配弯起钢筋的情况见图2.25 (b)。

2.1.6.4 箍筋的构造要求

1. 箍筋的设置

当 $V\leqslant V_c$，按计算不需设置箍筋时，对于高度大于300mm的梁，仍应按梁的全长设置箍筋；高度为150～300mm的梁，可仅在梁的端部各1/4跨度范围内设置箍筋，但当梁的中部1/2跨度范围内有集中荷载作用时，则应沿梁的全长配置箍筋；高度为150mm以下的梁，可不设箍筋。

梁支座处的箍筋应从梁边（或墙边）50mm处开始放置。

2. 箍筋的直径

箍筋除承受剪力外，尚能固定纵向钢筋的位置，并与纵向钢筋一起构成钢筋骨架，为使钢筋骨架具有一定的刚度，箍筋直径应不小于表2.5的规定。当梁中配有计算需要的纵向受压钢筋时，箍筋直径尚不应小于$d/4$（d为纵向受压钢筋的最大直径）。

表2.5　　箍筋的最小直径　　单位：mm

梁高h	箍筋直径	梁高h	箍筋直径
$h\leqslant 800$	6	$h>800$	8

3. 箍筋的间距

（1）梁内箍筋的最大间距应符合表2.6的要求。

表2.6　　箍筋的最大间距s_{max}

梁高h	$V>0.7f_tbh_0$	$V\leqslant 0.7f_tbh_0$	梁高h	$V>0.7f_tbh_0$	$V\leqslant 0.7f_tbh_0$
$150<h\leqslant 300$	150	200	$500<h\leqslant 800$	250	350
$300<h\leqslant 500$	200	300	$h>800$	300	400

（2）当梁中配有按计算需要的纵向受压钢筋时，箍筋应做成封闭式；此时，箍筋的间距不应大于$15d$（d为纵向受压钢筋的最小直径），同时不应大于400mm；当一层内的纵向受压钢筋多于5根且直径大于18mm时，箍筋间距不应大于$10d$；当梁的宽度大于400mm且一层内的纵向受压钢筋多于3根时，或当梁的宽度不大于400mm且一层内的纵向受压钢筋多于4根时，应设置复合箍筋。

（3）梁中纵向受力钢筋搭接长度范围内的箍筋间距应符合《混凝土结构设计规范》(GB 50010—2010) 规定。

4. 箍筋的形式

箍筋通常有开口式和封闭式两种（图2.26）。

对于T形截面梁，当不承受动荷载和扭矩时，在其跨中承受正弯矩区段内，可采用开口式箍筋。

除上述情况外，一般均应采用封闭式箍筋。在实际工程中，大多数情况下都是采用封闭式箍筋。

5. 箍筋的肢数

箍筋按其肢数，分为单肢、双肢及四肢箍（图2.27）。

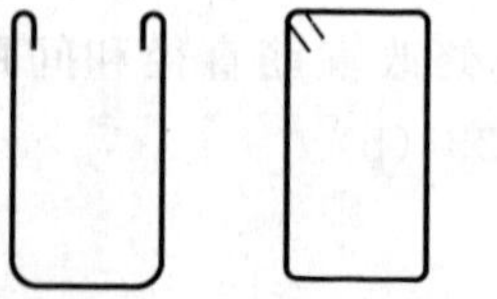

(a)开口式　(b)封闭式

图2.26　箍筋的形式

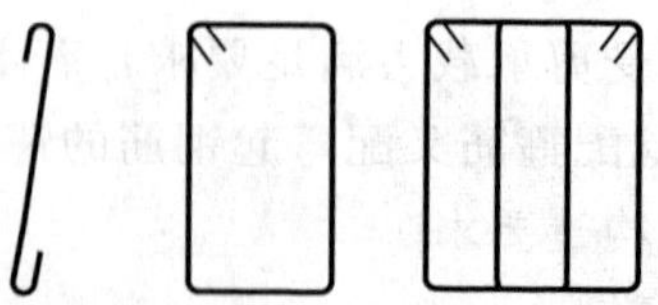

(a)单肢　(b)双肢　(c)四肢

图2.27　箍筋的肢数

梁中箍筋肢数按顺剪力方向数。

采用图 2.27 所示形式的双肢箍或四肢箍时，钢筋末端应采用 135°的弯钩，且弯钩伸进梁截面内的平直段长度，对于一般结构，应不小于箍筋直径的 5 倍。

学习情境 2.2 梁、板平法施工图识读

2.2.1 梁的平法识读

平面整体表示法（平法）是把结构构件的尺寸和配筋等，按照平面整体表示方法制图规则，整体直接表达在各类构件的结构平面布置图上，再与标准构造详图相配合，即构成一套新型完整的结构设计。

改变了传统的那种将构件从结构平面布置图中索引出来，再逐个绘制配筋详图的繁琐方法。

梁的平面注写方式，系在梁平面布置图上，分别在不同编号的梁中各选一根梁，在其上注写梁的截面尺寸和配筋的具体数值，包括集中标注和原位标注（图 2.28）。集中标注表达梁的通用数值，原位标注表达梁的特殊数值。当集中标注中的某项数值不适用于梁的某部位时，则将该项数值用原位标注。使用时，原位标注取值优先。

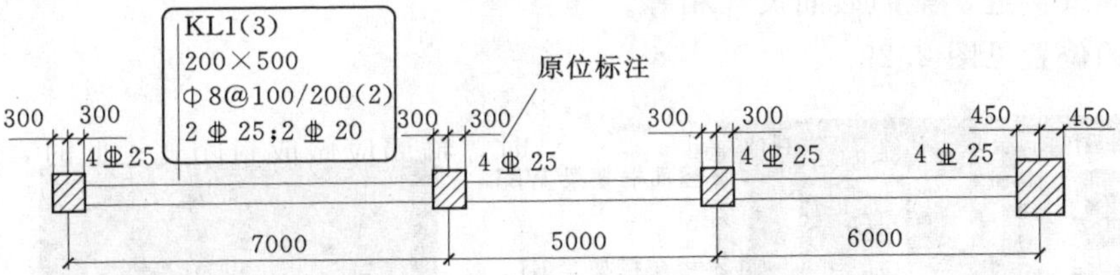

图 2.28 平面注写方式示例图

2.2.1.1 集中标注

集中标注可从梁的任意一跨引出。集中标注的内容，包括五项必注值和一项选注值。五项必注值包括：梁编号、梁截面尺寸、梁箍筋、梁上部通长筋或架立筋配置、梁侧面纵向构造钢筋或受扭钢筋配置；一项选注值为梁顶面标高高差。

1. 梁编号

梁编号由梁类型、代号、序号、跨数及有无悬挑几项组成，见表 2.7。

表 2.7　梁 编 号 表

序号	梁类型	代号	序号	跨数及是否带有悬挑	备　注
1	楼层框架梁	KL	××	(××)、(××A) 或 (××B)	16G101—1《梁构件制图规则》
2	屋面框架梁	WKL	××	(××)、(××A) 或 (××B)	
3	框支梁	KZL	××	(××)、(××A) 或 (××B)	
4	非框架梁	L	××	(××)、(××A) 或 (××B)	
5	悬挑梁（纯悬挑梁）	XL	××		
6	井字梁	JZL	××	(××)、(××A) 或 (××B)	

注　A 表示一端悬挑，B 表示两端悬挑，悬挑段不计入跨数。
如：KL2(2A) 表示第 2 号框架梁，2 跨，一端悬挑；
L9(7B) 表示第 9 号非框架梁，7 跨，两端有悬挑；
XL3 表示第 3 号悬挑梁；
CTL4(2) 表示第 4 号承台梁，2 跨。

为便于掌握，下面介绍上表中所指各种梁的定义及位置。

(1) 楼层框架梁（KL）：框架梁是指两端与框架柱相连的梁，或者两端与剪力墙相连但跨高比不小于5的梁。处在楼层位置的框架梁，称为楼层框架梁。

(2) 屋面框架梁（WKL）：处在屋顶位置的框架梁，称为屋面框架梁。

(3) 框支梁（KZL）：用于高层建筑中支撑上部不落地剪力墙的梁。因为建筑功能的要求，下部需要大空间，上部部分竖向构件不能直接连续贯通落地，而通过水平转换结构与下部竖向构件连接，当布置的转换梁支撑上部的结构为剪力墙的时候，此梁称作框支梁。

建筑物某层的上部与下部因平面使用功能不同，该楼层上部与下部采用不同结构类型，并通过该楼层进行结构转换，则该楼层称为结构转换层。转换构件有：楼板、框支梁、框支柱、落地墙、箱型转换结构以及转换厚板等。

(4) 非框架梁（L）：框架结构中，在框架梁之间设置的将楼板的重量传给框架梁的其他梁就是非框架梁。

(5) 悬挑梁（XL）：只有一端有支撑，另一端悬挑的梁。

(6) 井字梁（JZL）：在同一矩形平面内，通常由非框架梁相互正交所组成的结构构件。梁的跨距相等或接近，梁的截面尺寸相等。

各种梁的位置见图2.29。

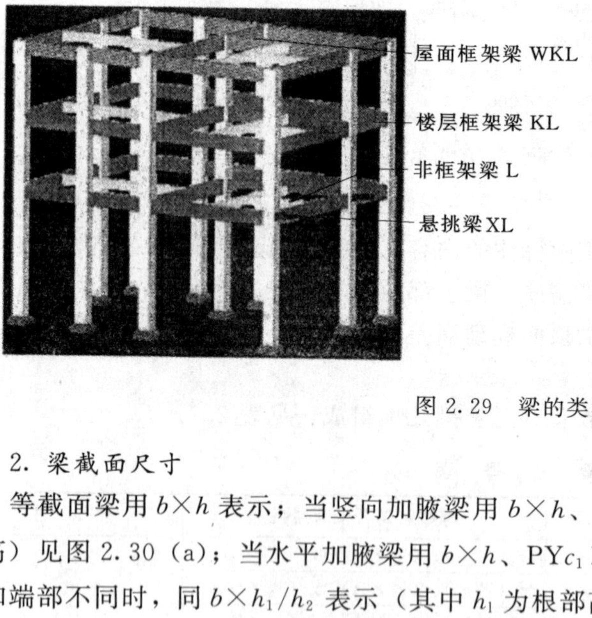

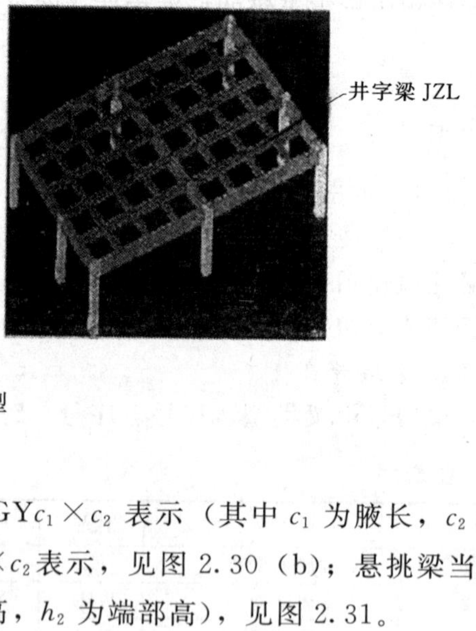

图2.29　梁的类型

2. 梁截面尺寸

等截面梁用 $b\times h$ 表示；当竖向加腋梁用 $b\times h$、GY$c_1\times c_2$ 表示（其中 c_1 为腋长，c_2 为腋高）见图2.30（a）；当水平加腋梁用 $b\times h$、PY$c_1\times c_2$表示，见图2.30（b）；悬挑梁当根部和端部不同时，同 $b\times h_1/h_2$ 表示（其中 h_1 为根部高，h_2 为端部高），见图2.31。

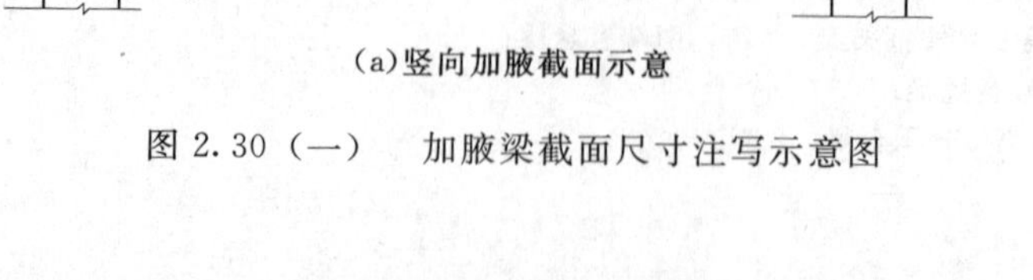

(a)竖向加腋截面示意

图2.30（一）　加腋梁截面尺寸注写示意图

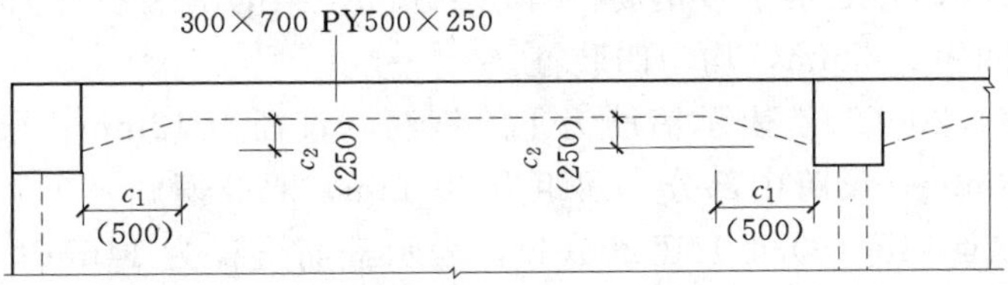

(b)水平加腋截面示意

图 2.30（二）　加腋梁截面尺寸注写示意图

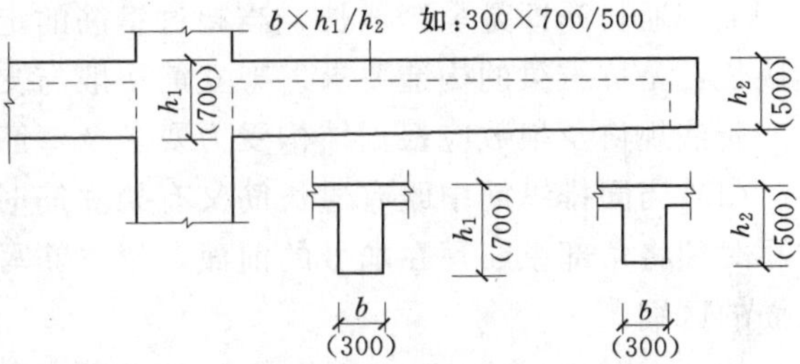

图 2.31　悬挑梁不等高截面尺寸注写图

梁中钢筋常有：上部钢筋（有抗弯和骨架立作用）、中间钢筋（抗裂和抗扭作用）、下部钢筋（抗弯和骨架作用）、箍筋（抗剪和骨架作用）及吊筋（抵抗集中力带来的剪力），见图 2.32。

3. 梁箍筋

抗震结构中的框架梁箍筋的表示包括钢筋级别、直径、加密区与非加密区间距及肢数。箍筋加密区与非加密区的不同间距及肢数需用斜线“/”分隔，如果加密区和非加密区的箍筋肢数不同，要分别写在各间距后的括号内，若相同只要最后写一次。箍筋加密区长度按相应抗震等级的标准构造详图采用。

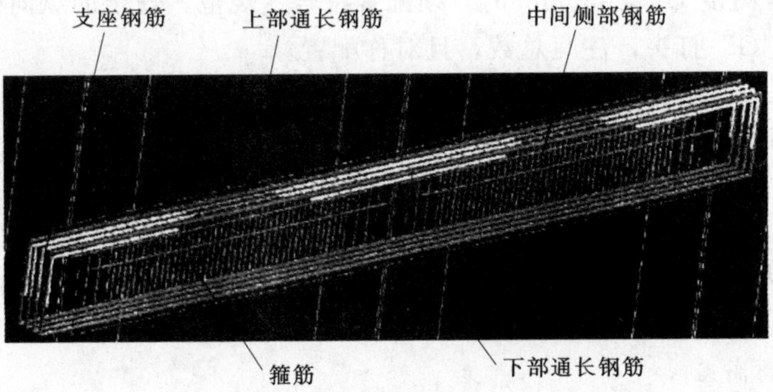

图 2.32　梁钢筋骨架

如：Φ10@200(2) 表示Ⅰ级钢筋、直径 10mm、间距 200mm、双肢箍。

Φ8@100/150(2) 表示Ⅰ级钢筋、直径 8mm、加密区间距 100mm、非加密区间距 150mm，均为双肢箍。

Φ10@100(4)/150(2) 表示Ⅰ级钢筋、直径 10mm、加密区间距 100mm 为四肢箍、非加密区间距 150mm 为双肢箍。

当抗震结构中的非框架梁、悬挑梁、井字梁、基础梁，及非抗震结构中的各类梁采用不同的箍筋间距及肢数时，也用斜线“/”将其分隔开来。注写时，先注写梁支座端部的箍筋（包括箍筋的箍数、钢筋级别、直径、间距与肢数），在斜线后注写梁跨中部分的箍筋间距及肢数。

15Φ10@150/200(4) 表示Ⅰ级钢筋，直径10mm，梁的两端各有15道，四肢箍，间距150mm，梁的中部间距200mm，均为四肢箍。

18Φ12@150(4)/200(2)，表示箍筋为Ⅰ级钢筋，直径为12mm；梁的两端各有18道，四肢箍，间距为150mm；梁跨中部分，间距为200mm，双肢箍。

9Φ14@100/12Φ14@150/Φ14@200(4)，表示箍筋直径为14mm，Ⅱ级钢筋，从梁两端向跨内，间距为100mm的9道，间距是150的12道，剩下中间部分的箍筋间距皆为200mm，均为4肢箍。

4. 梁上部通长筋或架立筋配置

上部通长筋即是全跨通长，当超过钢筋的定尺长度时，中间用焊接、搭接或机械连接方式接长，是抗震梁的构造要求。架立筋一般与支座负筋连接，只起骨架作用。

所注规格及根数应根据结构受力要求及箍筋肢数等构造要求而定。

(1) 当同排纵筋中既有通长筋又有架立筋时，应用加号"＋"将通长筋和架立筋相连。注写时须将角部纵筋写在加号的前面，架立筋写在加号后面的括号内，以示不同直径及与通长筋的区别。

如2Φ20＋(4Φ12)，其中2Φ20为通长筋，4Φ12为架立筋。

(2) 当梁的上部纵筋和下部纵筋均为全跨相同，且多数跨配筋相同时，可加注下部纵筋的配筋值，用分号"；"将上部与下部纵筋的配筋值分隔。

例：3Φ14；3Φ18表示梁的上部配置3Φ14的通长筋，下部配置3Φ18的通长筋。

5. 梁侧面纵向构造钢筋或受扭钢筋配置

(1) 当梁腹板高度 H_w＞450mm时，须配置符合《规范》规定的纵向构造钢筋。此项注写值以大写字母"G"打头，注写总数，且对称配置。

如G4Φ12，表示梁的两个侧面共配置4Φ12的纵向构造钢筋，两侧各配置2Φ12。

(2) 当梁侧面需配置受扭纵向钢筋时，此项注写值以大写字母"N"打头，注写总数，且对称配置。

如N4Φ18，表示梁的两个侧面共配置4Φ18的受扭纵向钢筋，两侧各配置2Φ18。

当配置受扭纵向钢筋时，不再重复配置纵向构造钢筋，但此时受扭纵向钢筋应满足《规范》对梁侧面纵向构造钢筋的间距要求。

6. 梁顶面标高高差

此项为选注值。当梁顶面标高不同于结构层楼面标高时，需要将梁顶面标高相对于结构层楼面标高的高差值注写在括号内，无高差时不注。高于楼面为正值，低于楼面为负值。例：(－0.050)，表示该梁顶面标高比该楼层的结构层标高低0.05m。

2.2.1.2 原位标注

原位标注的内容包括：梁支座上部纵筋、梁下部纵筋、附加箍筋或吊筋。

1. 梁支座上部纵筋

原位标注的梁支座上部纵筋应为包括集中标注的通长筋在内的所有钢筋。

(1) 当梁支座上部钢筋多于一排时，用斜线"/"将各排纵筋自上而下分开。

如6Φ20 4/2表示支座上部纵筋共两排，上排4Φ20，下排2Φ20。

(2) 同排纵筋有两种直径时，用加号"＋"将两种直径的纵筋相连，且角部纵筋写在前面。

如 2 Φ 25＋2 Φ 22 表示支座上部纵筋共四根一排放置，其中角部 2 Φ 25，中间 2 Φ 22。

（3）当梁中间支座左右的上部纵筋相同时，仅在支座的一边标注配筋值；否则，须在两边分别标注。

2. 梁下部纵筋

与上部纵筋标注类似，多于一排时，用斜线“/”将各排纵筋自上而下分开。同排纵筋有两种不同直径时，用加号“＋”将两种直径的纵筋相连，且角部纵筋写在前面。

如 6 Φ 25 2/4 表示下部纵筋共两排，上排 2 Φ 25，下排 4 Φ 25，全部伸入支座。

当梁下部纵筋不全伸入支座时，将梁支座下部纵筋减少的数量写在括号内。

如 6 Φ 25 2（－2）/4 表示上排纵筋 2 Φ 25，不伸入支座，下排纵筋 4 Φ 25，全部伸入支座。

2 Φ 25＋2 Φ 22（－2）/5 Φ 25，表示梁下部纵筋共有两排，上排 2 Φ 25 和 2 Φ 22，其中 2 Φ 22 不伸入支座，下排是 5 Φ 25，全部伸入支座。

3. 附加箍筋或吊筋

附加箍筋和吊筋直接画在平面图中的主梁上，用线引注总配筋值（附加箍筋的肢数注在括号内）。当多数附加箍筋或吊筋相同时，可在图中统一说明，少数与统一说明不一致者，再原位引注，图 2.33 中，配有吊筋 2 Φ 18，图 2.34 中配有箍筋 8 Φ 10（两边各 4 根），双肢。

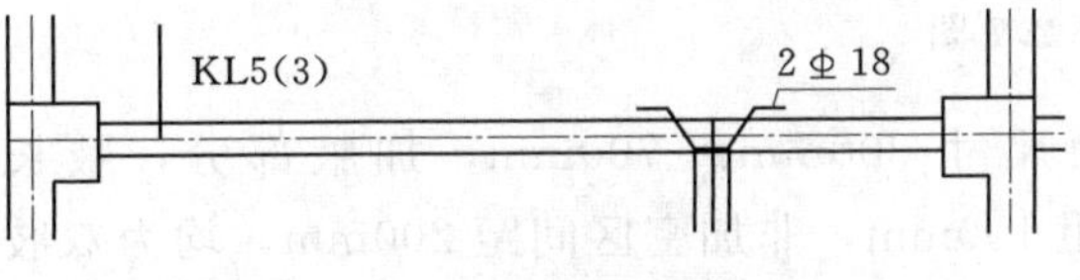

图 2.33　梁吊筋标注示例

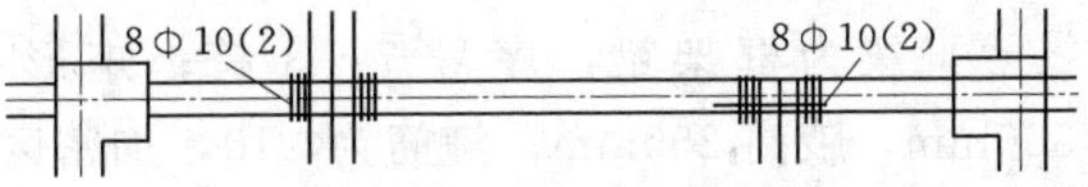

图 2.34　梁附加箍筋示例

2.2.1.3　梁的平法识读例题

【例 2.6】　某梁的平法施工图见图 2.35。

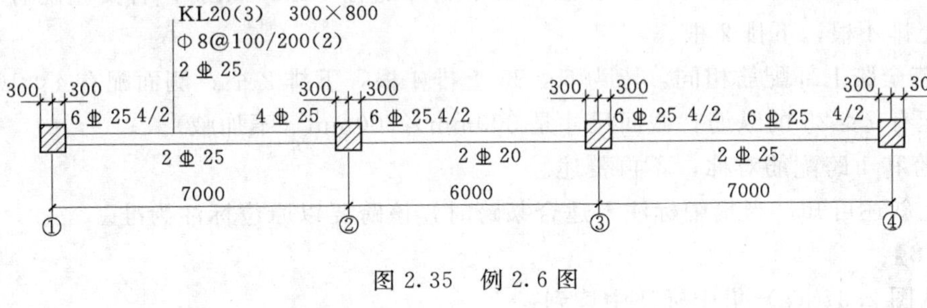

图 2.35　例 2.6 图

（1）从集中标注中读到：此梁为框架梁，序号 20；3 跨；矩形截面尺寸是 300mm×800mm；箍筋为一级钢筋，直径 8mm，加密区间距是 100mm，非加密区间距是 200mm，双肢箍；上部两根通长筋三级钢筋，直径为 25mm。

（2）从原位标注中读到：从左至右依次称为 1 跨、2 跨、3 跨。

1）1 跨左支座上部有 6 Φ 25 纵筋（包括 2 根通长筋），共两排，上排 4 Φ 25，下排 2 Φ 25；1 跨跨中底部有 2 Φ 25 纵筋；1 跨右支座上部有 4 Φ 25 纵筋（包括 2 根通长筋）。

2）2 跨左支座上部有 6 Φ 25 纵筋（包括 2 根通长筋），共两排，上排 4 Φ 25，下排 2 Φ 25；

2跨跨中底部有2⌀20纵筋；2跨右支座上部和3跨左支座上部配筋相同，配有6⌀25纵筋（包括2根通长筋），上排4⌀25，下排2⌀25。

3）3跨跨中底部有2⌀25纵筋；3跨右支座配有6⌀25纵筋（包括2根通长筋），上排4⌀25下排2⌀25。

从以上叙述可知，原位标注的梁支座上部纵筋应包括集中标注的通长筋。

【例2.7】（1）从图2.36集中标注中读到：

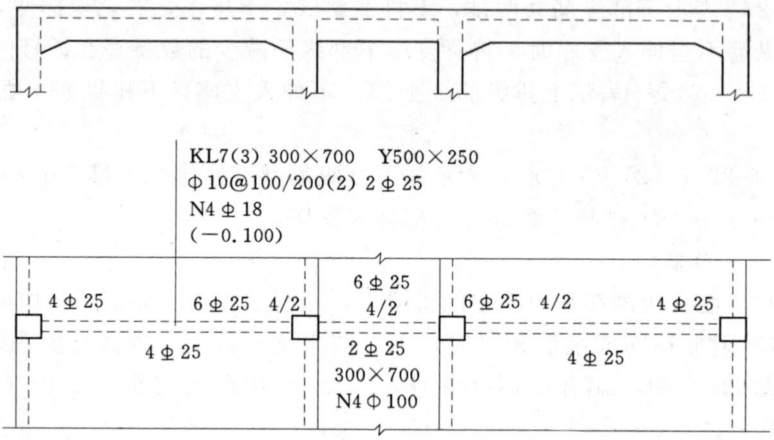

图2.36 例2.7图

此梁为框架梁，序号7；3跨；矩形截面尺寸300mm×700mm，加腋部分，腋长500mm，腋高250mm；箍筋为Φ10，加密区间距100mm，非加密区间距200mm，均为双肢箍；上部通长筋2⌀25；梁中部侧面配有4⌀18的受扭纵筋，即两边各配4⌀18；梁顶面标高比该结构层的楼面标高低0.1m。

（2）从原位标注中读到：

1）1跨左支座上部配有4⌀25纵筋；跨中底部配有4⌀25纵筋；右支座配有6⌀25纵筋，其中上排4根，下排2根。

2）2跨全跨上部配筋相同，皆为6⌀25上排4根，下排2根；侧面配有4Φ10的受扭；纵筋底部配有2⌀25的纵筋；截面尺寸是300mm×700mm（不加腋）。

3）3跨和1跨配筋对称，不再赘述。

从以上叙述可知，当集中标注不适合某跨时，该跨要以原位标注为准。

【例2.8】

（1）从图2.37（a）集中标注中读到：

此梁为非框架梁，序号2，2跨；截面尺寸200mm×400mm；箍筋Φ10，间距200mm，双肢箍。

（2）从图2.37（b）原位标注中读到：

1）1跨左支座上部配有2⌀20纵筋，跨中上部配有2⌀16的架立筋；跨中下部配有2⌀25的纵筋；右支座上部配有2⌀20的纵筋。

2）2跨配筋与1跨相同，截面尺寸位为200mm×200mm；顶面标高比该结构层的楼面标高低0.2m。

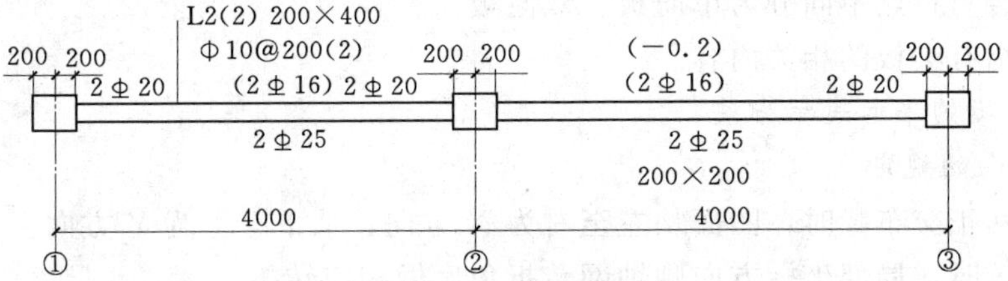

(a) 例 2.8 平法施工图

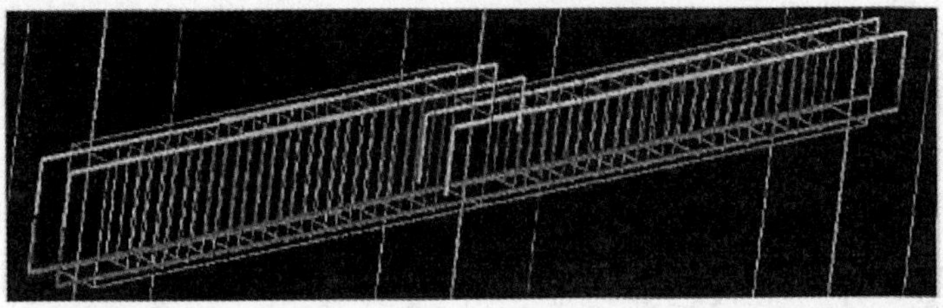

(b) 例 2.8 内部钢筋构造图

图 2.37　例 2.8 图

某建筑梁平法施工图（局部）示例，如图 2.38 所示。

层号	标高(m)	层高(m)
屋面 2	65.670	
塔层 2	62.370	3.30
屋面 1（塔层 1）	59.070	3.30
16	55.470	3.60
15	51.870	3.60
14	48.270	3.60
13	44.670	3.60
12	41.070	3.60
11	37.470	3.60
10	33.870	3.60
9	30.270	3.60
8	26.670	3.60
7	23.070	3.60
6	19.470	3.60
5	15.870	3.60
4	12.270	3.60
3	8.670	3.60
2	4.470	4.20
1	−0.030	4.50
−1	−4.530	4.50
−2	−9.030	4.50

结构层楼面标高
结 构 层 高

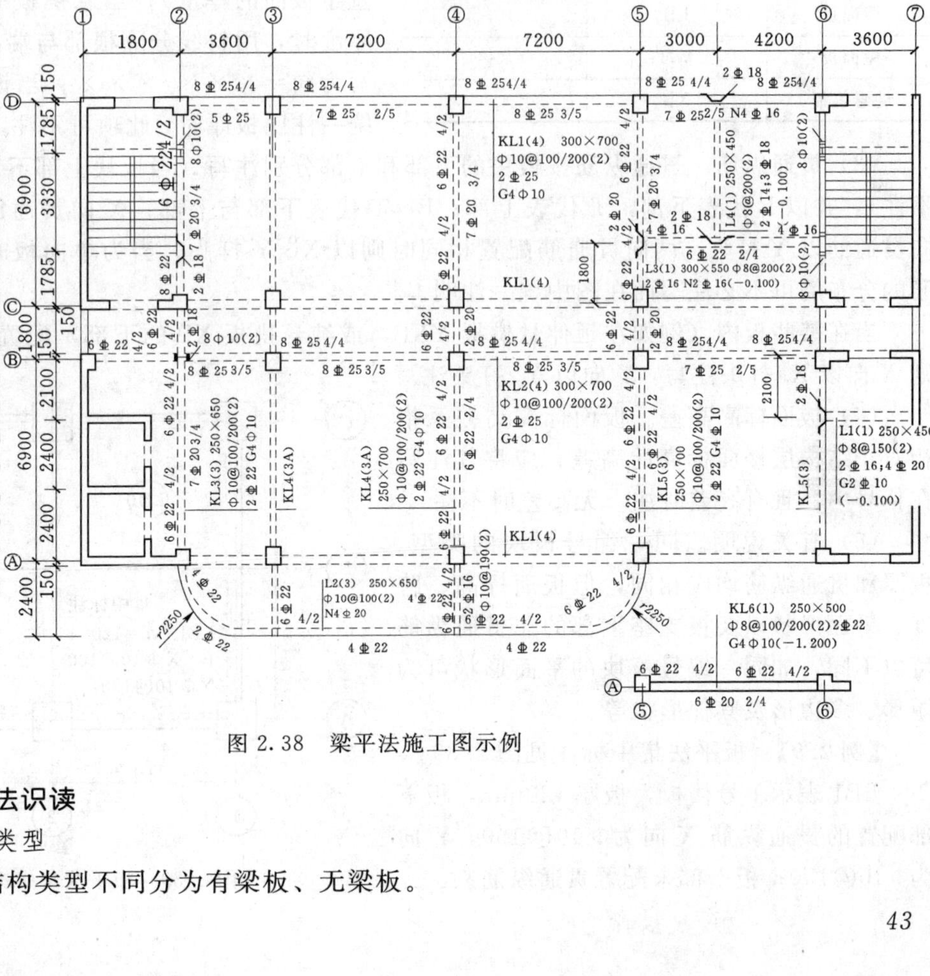

图 2.38　梁平法施工图示例

2.2.2　板的平法识读

2.2.2.1　板的类型

根据板的结构类型不同分为有梁板、无梁板。

根据板的传力特点不同分为单向板、双向板。

本书只介绍有梁板的相关内容。

2.2.2.2 有梁板的平面表示方法

1. 坐标方向的规定

当两向轴网正交布置时，图面从左至右为 X 方向，从下至上为 Y 方向。

当轴网转折时，局部坐标方向顺轴网转折角度做相应转折。

当轴网向心布置时，切向为 X 方向，径向为 Y 方向。

2. 板中钢筋类型

(1) 根据位置不同分为：板下部钢筋（板底筋）、板上部钢筋（板面筋）。

(2) 根据作用不同分为：受力筋、分布筋、其他构造筋。

3. 板块集中标注

板块集中标注的内容为：板块编号、板厚、贯通纵筋以及当板面标高不同时的标高高差。

对于普通楼面，两向均以一跨为一板块；对于密肋楼盖，两向主梁（框架梁）均以一跨为一板块（非主梁密肋不计）。所有板块应逐一编号，相同编号的板块可择其一做集中标注，其仅注写置于圆圈内的板编号，以及当板面标高不同时的标高高差。

表 2.8　　板块编号

板类型	代号	序号
楼面板	LB	××
屋面板	WB	××
纯悬挑板	XB	××

(1) 板块编号见表 2.8。

(2) 板厚。板厚注写为 h=×××（为垂直于板面的厚度）；当悬挑板的端部改变截面厚度时，用斜线分隔根部与端部的高度值，注写为向=×××/×××；当设计已在图注中统一注明板厚时，此项可不注。

(3) 贯通纵筋。贯通纵筋按板块的下部和上部分别注写（当板块上部不设贯通纵筋时则不注），并以 B 代表下部，T 代表上部；B&T 代表下部与上部；X 向贯通筋以 X 打头，Y 向贯通筋以 Y 打头，两向贯通筋配置相同时则以 X&Y 打头。当为单向板时，另一向贯通筋的分布筋可不必注写而在图中统一注明。

当在某些板内（例如在延伸悬挑板 YXB，或纯悬挑板 XB 的下部）配置有构造钢筋时，则 X 向以 X_c 打头注写，Y 向以 Y_c 打头注写。

(4) 板面标高高差。板面标高高差系指相对于结构层楼面标高的高差，应将其注写在括号内，且有高差时注，无高差时不注。

(5) 有关说明。同一编号板块的类型、板厚和贯通纵筋均应相同，但板面标高、跨度、平面形状以及板支座上部的非贯通纵筋可以不同，如同一编号板块的平面形状可为矩形、多边形及其他形状等。

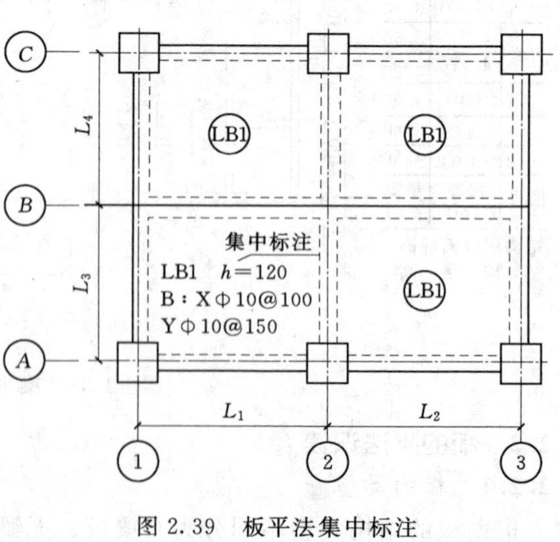

图 2.39 板平法集中标注

【例 2.9】 板平法集中标注见图 2.39。

LB1 表示 1 号楼板，板厚 120mm，板下部配置的贯通纵筋 X 向为Φ10@150，Y 向为Φ10@100；板上部未配置贯通纵筋。

【例 2.10】　悬挑板平法标注，见图 2.40（a）、(b)。

在图 2.40（a）中，XB1 表示延伸悬挑板的编号，$h=150/100$ 表示板的根部厚度为 150mm，板的端部厚度为 100mm，下部构造钢筋 X 方向为Φ 8@150，Y 方向为Φ 8@200，上部 X 方向为Φ 8@150，Y 方向按①号筋布置。

在图 2.40（b）中，XB2 表示纯悬挑板的编号，$h=150/100$ 表示板的根部厚度为 150mm，板的端部厚度为 100mm，下部构造钢筋 X 方向为Φ 8@150，Y 方向为Φ 8@200，上部 X 方向为Φ 8@150，Y 方向按①号筋布置。

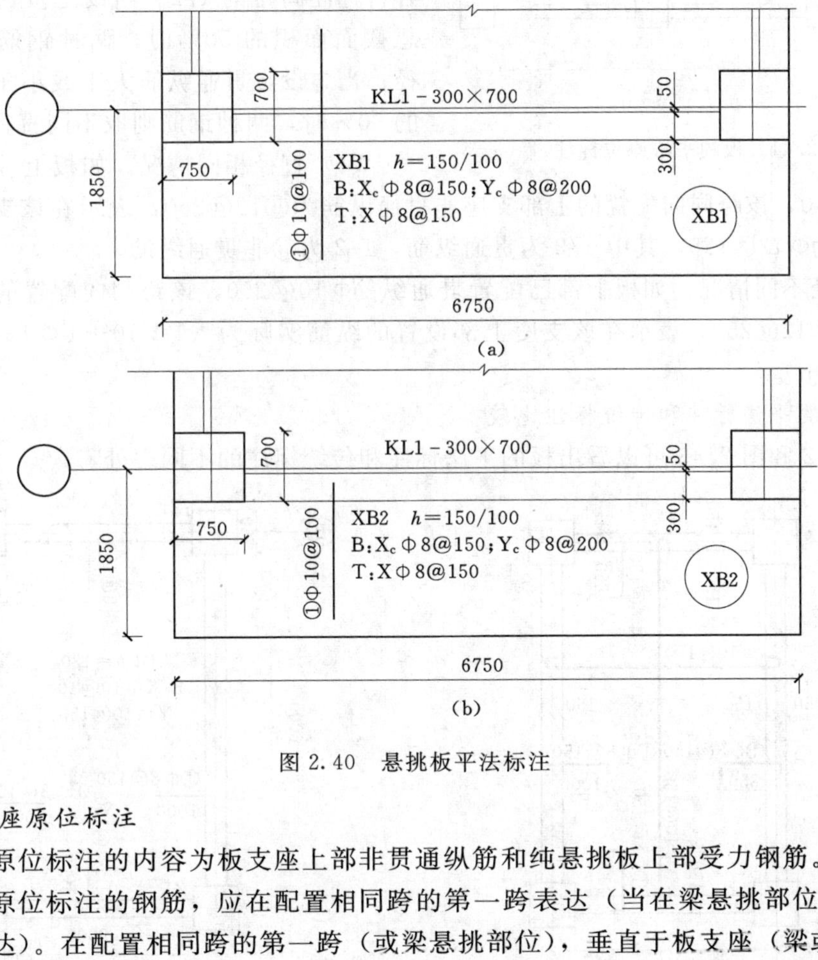

图 2.40　悬挑板平法标注

4. 板支座原位标注

板支座原位标注的内容为板支座上部非贯通纵筋和纯悬挑板上部受力钢筋。

板支座原位标注的钢筋，应在配置相同跨的第一跨表达（当在梁悬挑部位单独配置时，则在原位表达）。在配置相同跨的第一跨（或梁悬挑部位），垂直于板支座（梁或墙）绘制一段适宜长度的中粗实线（当该筋通长设置在悬挑板或短跨板上部时，实线段应画至对边或贯通短跨），以该线段代表支座上部非贯通纵筋；并在线段上方注写钢筋编号（如①、②等）、配筋值、横向连续布置的跨数（注写在括号内，且当为一跨时可不注），以及是否横向布置到梁的悬挑端。例如，(××）为横向布置的跨数，(××A）为横向布置的跨数及一端的悬挑部位，(××B）为横向布置的跨数及两端的悬挑部位。

板的平法原位标注见图 2.41。

图中②表示 2 号筋，Φ 8@150，(2）表示连续布置的跨数位两跨，900、1000 表示自梁支座中线向跨内延伸的长度，当两边对称延伸时，另一侧可不标注。

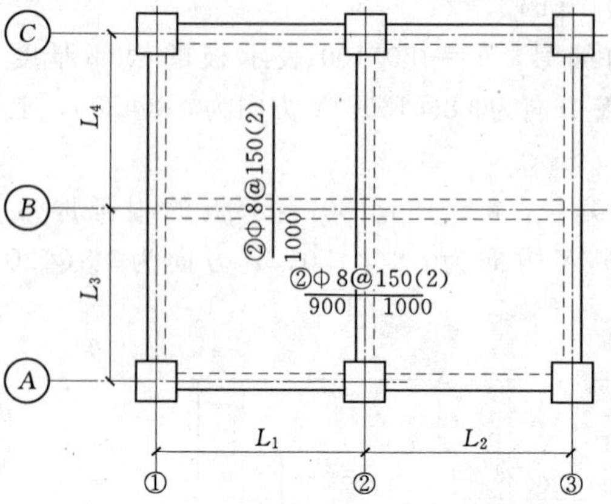

图 2.41 板的平法原位标注

5. 隔一布一筋方式

当板的上部已配置有贯通纵筋，但需增配板支座上部非贯通纵筋时，应结合已配置的同向贯通纵筋的直径与间距采取“隔一布一”方式配置。

“隔一布一”方式为非贯通纵筋的标注间距与贯通纵筋相同，两者组合后的实际间距为各自标注间距的1/2。当设定贯通纵筋为纵筋总截面面积的50%时，两种钢筋应取相同直径；当与设定贯通纵筋大于或小于总截面面积的50%时，两种钢筋则取不同直径。

(1) 直径相同情况。如板上部已配置贯通纵筋Φ12@250，该跨同向配置的上部支座非贯通纵筋为⑤12@250，表示在该支座上部设置的纵筋实际为Φ12@125，其中1/2为贯通纵筋，1/2为⑤非贯通纵筋。

(2) 直径不同情况。如板上部已配置贯通纵筋Φ10@250，该跨同向配置的上部支座非贯通纵筋为⑧12@250，表示在该支座上部设置的纵筋实际为（1Φ10＋1Φ12)/250，实际间距为125mm。

2.2.2.3 板的平法标注和传统标注比较

从图2.42和图2.43可以看出板的平法标注和传统标注的不同之处。

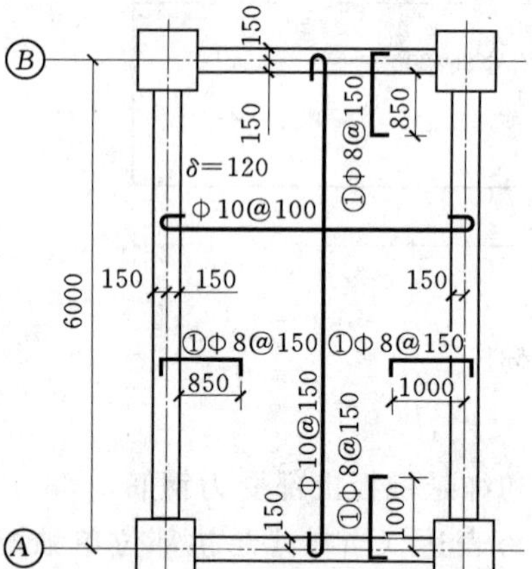

图 2.42 板的传统标注

(注：未注明分布筋间距Φ8@250 温度筋为Φ8@200)

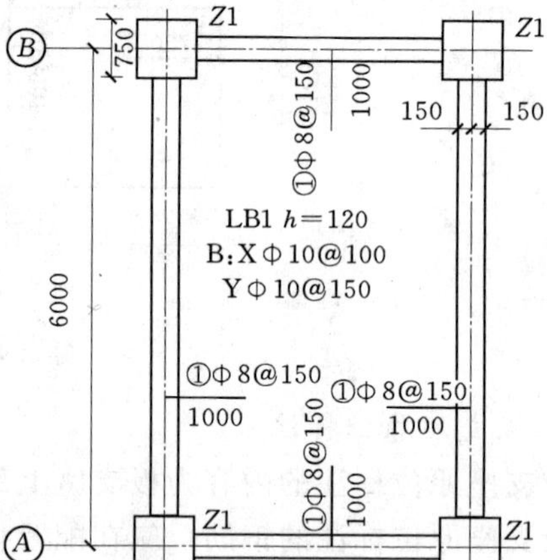

图 2.43 板的平法标注

(注：未注明分布筋间距Φ8@250 温度筋为Φ8@200)

学习情境2.3 梁、板钢筋预算量计算

2.3.1 梁的构造详图

梁的构造详图繁多，在此仅列出常用的几个构造详图（出自16G101—1)，见图2.44～图2.49。

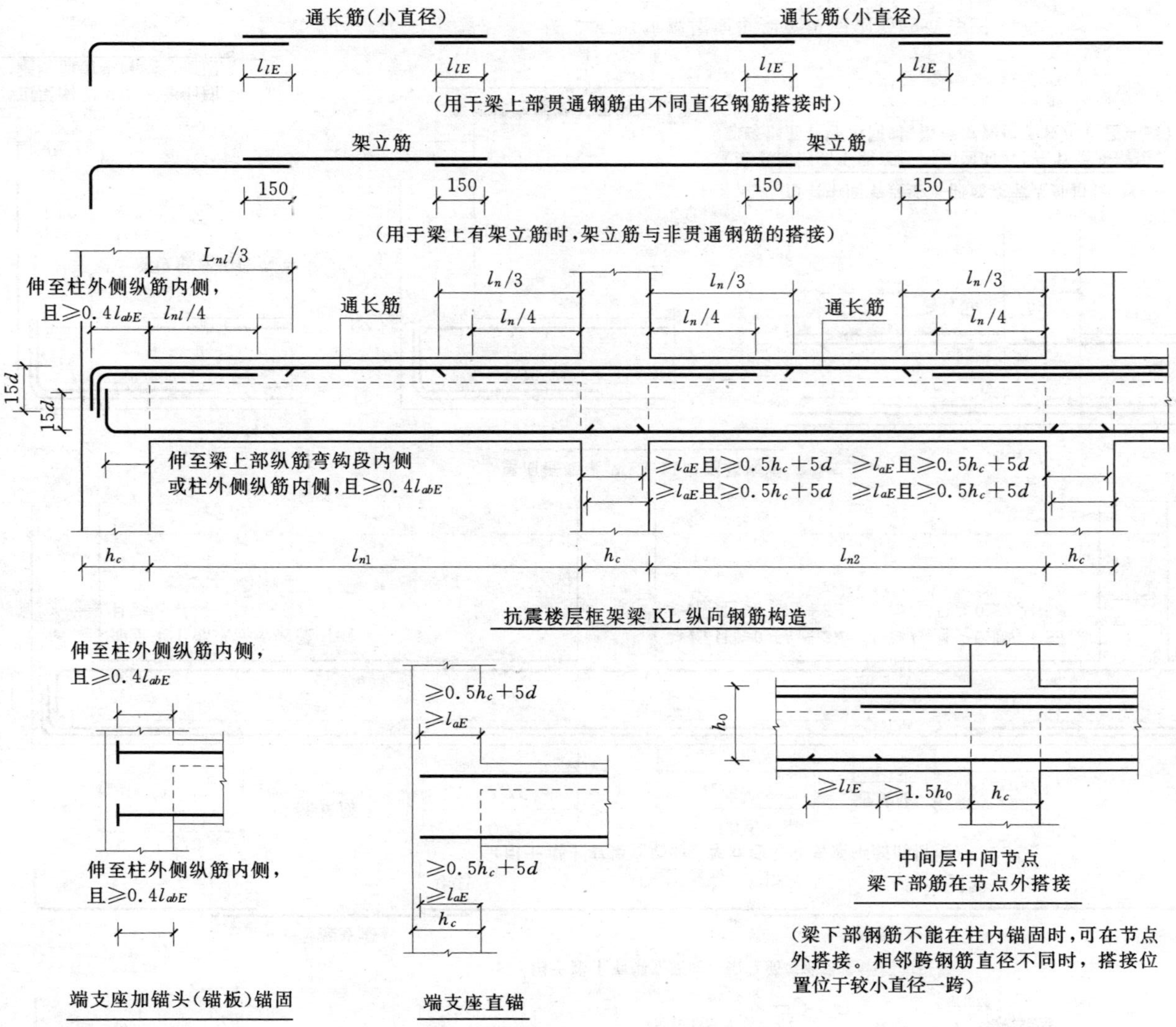

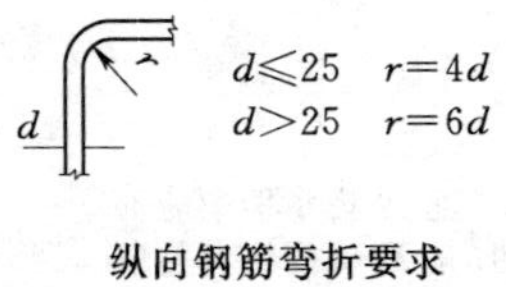

注:1. 跨度值 l_n 为左跨 l_{ni}和右跨 l_{ni+1} 之较大值,其中 $i=1,2,3,\cdots$

2. 图中 h_c 为柱截面沿框架方向的高度。

3. 梁上部通长钢筋与非贯通钢筋直径相同时,连接位置宜位于跨中 $l_{ni}/3$ 范围内;梁下部钢筋连接位置宜位于支 $l_{ni}/3$ 范围内;且在同一连接区段内钢筋接头面积百分率不宜大于 50%。

4. 钢筋连接要求见 16G101 系列平法图集第 59 页。

5. 当梁纵筋(不包括侧面 G 打头的构造筋及架立筋)采用绑扎搭接接长时,搭接区内箍筋直径及间距要求见 16G101 系列平法图集第 59 页。

6. 梁侧面构造钢筋要求见 16G101 系列平法图集 90 页。

7. 当上柱截面尺寸小于下柱截面尺寸时,梁上部钢筋的锚固长度起算位置应为上柱内边缘,梁下纵筋的锚固长度起算位置为下柱内边缘。

图 2.44　抗震楼层框架梁纵向钢筋构造详图

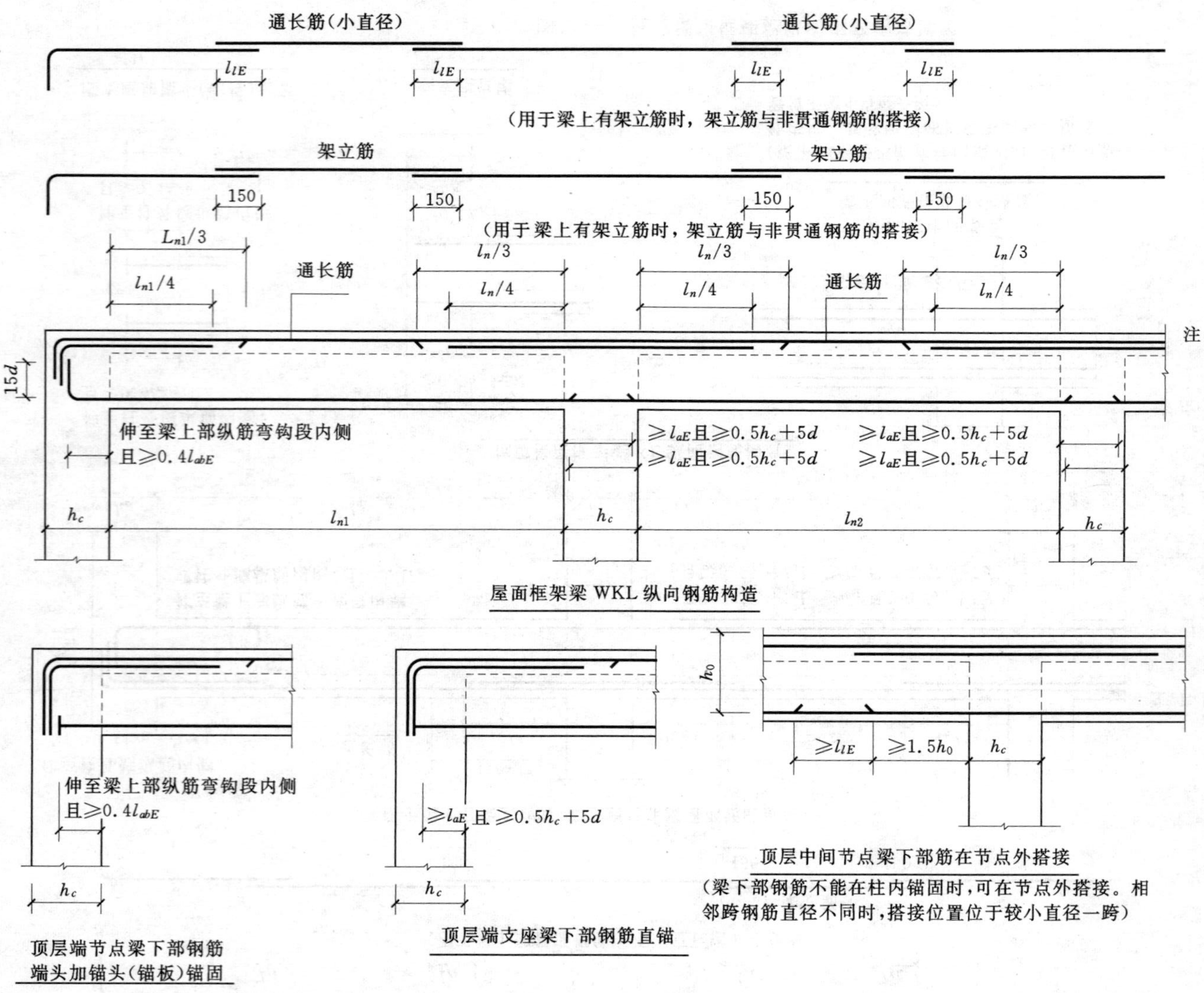

注：1. 跨度值l_n为左跨l_{ni}和右跨l_{ni+1}之较大值，其中$i=1,2,3,\cdots$

2. 图中h_c为柱截面沿框架方向的高度。

3. 梁上部通长钢筋与非贯通钢筋直径相同时，连接位置宜位于跨中$l_{ni}/3$范围内；梁下部钢筋连接位置宜位于支座$l_{ni}/3$范围内；且在同一连接区段内钢筋接头面积百分率不宜大于50%。

4. 钢筋连接要求见16G101系列平法图集第59页。

5. 当梁纵筋(不包括侧面G打头的构造筋及架立筋)采用绑扎搭接接长时，搭接区内箍筋直径及间距要求见16G101系列平法图集第59页。

6. 梁侧面纵向构造钢筋要求见16G101系列平法图集第90页。

7. 顶层端节点处梁上部钢筋与角部附加钢筋构造见16G101系列平法图集第67页。

图2.45　抗震屋面框架梁纵向钢筋构造详图

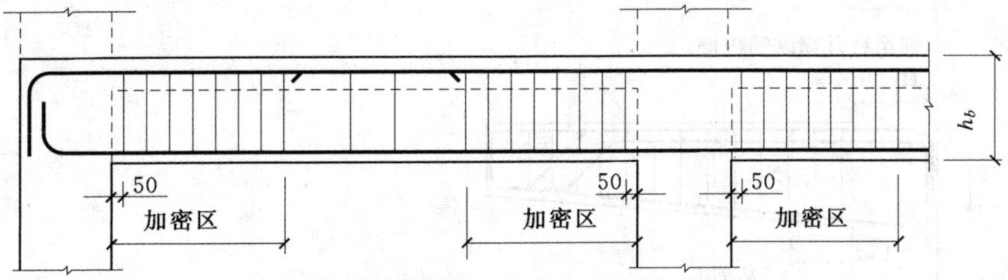

加密区：抗震等级为一级：$\geqslant 2.0h_b$ 且$\geqslant 500$
抗震等级为二～四级：$\geqslant 1.5h_b$ 且$\geqslant 500$

框架梁 KL、WKL 箍筋加密区范围（一）

（弧形梁沿梁中心线展开，箍筋间距
沿凸面线量度。h_b 为梁截面高度）

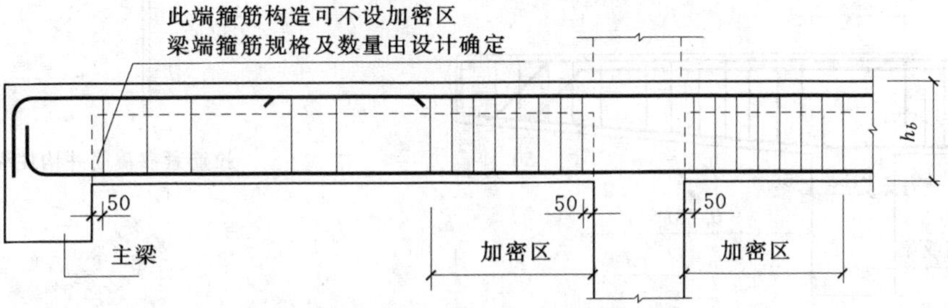

加密区：抗震等级为一级：$\geqslant 2.0h_b$ 且$\geqslant 500$
抗震等级为二～四级：$\geqslant 1.5h_b$ 且$\geqslant 500$

框架梁 KL、WKL 箍筋加密区范围（二）

（弧形梁沿梁中心线展开，箍筋间距
沿凸面线量度。h_b 为梁截面高度）

图 2.46　抗震 KL、WKL 箍筋加密区范围

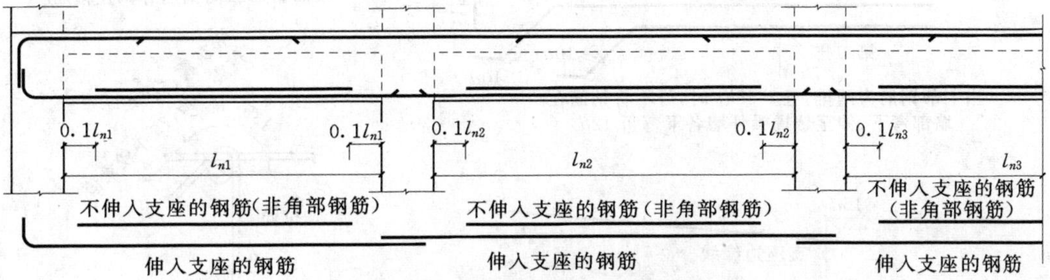

不伸入支座的梁下部纵向钢筋断点位置

（本构造详图不适用于框支梁、框架扁梁；伸入支座的梁下部纵向
钢筋锚固构造见 16G101 系列平法图集第 84、85 页）

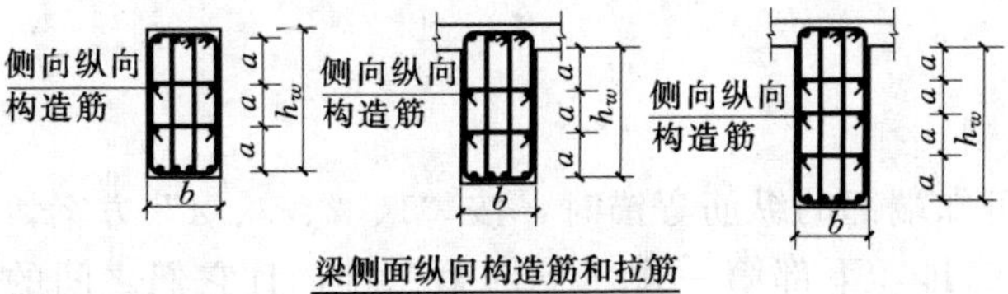

梁侧面纵向构造筋和拉筋

注：1. 当 $h_w \geqslant 450$mm 时，在梁的两个侧面应沿高度配置纵向构造钢筋；纵向构造钢筋间距 $a \leqslant 200$。
2. 当梁侧面配有直径不小于构造纵筋的受扭纵筋时，受钮钢筋可以代替构造钢筋。
3. 梁侧面构造纵筋的搭接与锚固长度可取 $15d$。梁侧面受扭纵筋的塔接长度为 l_{lE} 或 l_l，其锚固长度为 l_{aE} 或 l_a，锚固方式同框架梁下部纵筋。
4. 当梁宽 $\leqslant 350$mm 时，拉筋直径为6；梁宽 >350mm时，拉筋直径为8。接筋间距为非加密区箍筋间距的2倍。当设有多排拉筋时，上下两排拉筋竖向错开设置。

图 2.47　侧面纵向钢筋和拉结筋构造

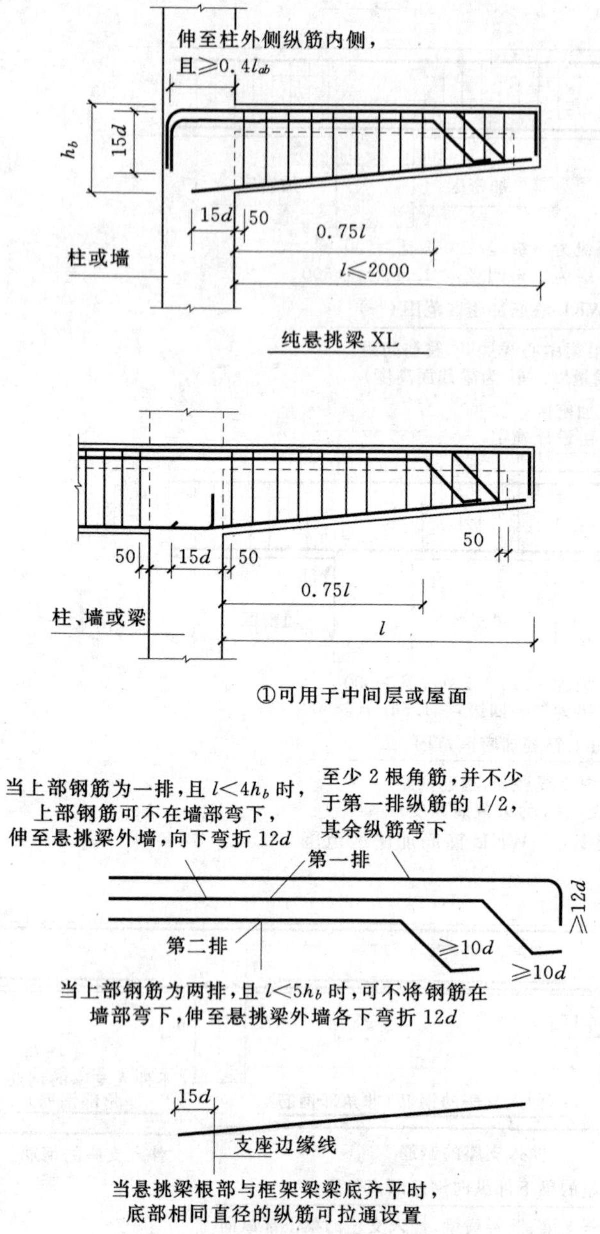

图 2.48 悬挑梁端部钢筋的构造

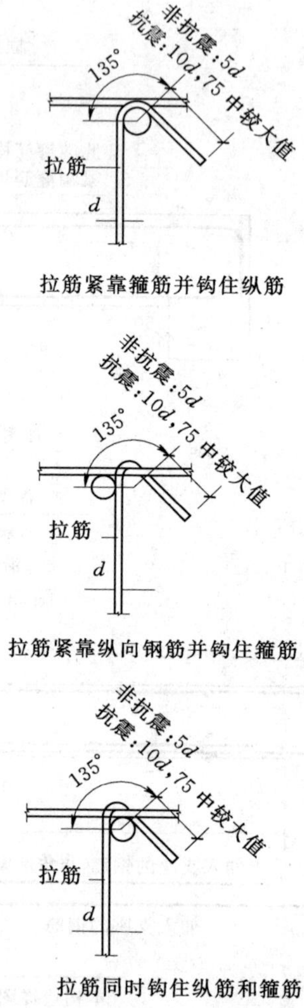

图 2.49 梁中箍筋和拉结筋弯钩构造
（亦适用于柱、剪力墙中箍筋和拉结筋）

2.3.2 梁中钢筋预算量的计算规则

2.3.2.1 一般楼层框架梁中钢筋计算规则

根据抗震楼层框架梁的构造详图，可知端部的纵筋弯锚时，按“1、2、3、4”方案，见图 2.50（a），即按上部第一排，上部第二排，下部第一排，下部第二排，且它们之间的净距不小于 25mm，这样就有可能导致下部纵筋的水平端长度小于 0.4l_{abE}的后果。

后来，根据工程技术人员的实际经验，以及同结构设计人员深入探讨，提出了“1、2、1、2”的垂直层次，见图 2.50（b），即上、下部第一排在同一垂直面弯锚，第二排也在同一垂直面弯锚。这样，可以避免纵筋伸入水平段长度小于 $0.4l_{abE}$ 的现象。

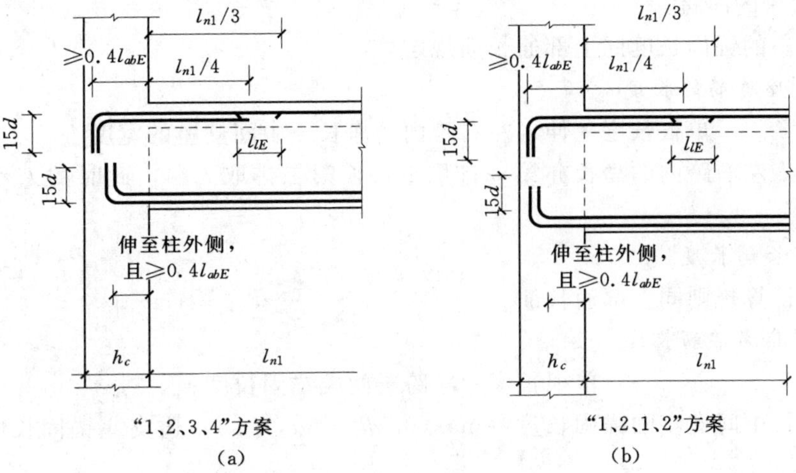

图 2.50　梁端部纵筋的弯锚方案

1. 上部通长筋单根长度计算

若是同一种直径钢筋连接而成，则：

单根长度＝两边支座之间的净长＋伸入两边支座的锚固长度
＋搭接长度×搭接个数（焊接或机械连接为零）

若是不同直径钢筋连接而成，则要分别计算。

边支座锚固长度有两种情况：$h_c - c_{柱} - d_{柱箍} - d_{柱纵} - 25 \geqslant l_{aE}$，是直锚，锚固长度为 $\max(0.5h_c + 5d,\ l_{aE})$；否则为弯锚，弯锚时第一排纵筋锚固长度＝$\max(h_c - c_{柱} - d_{柱箍} - d_{柱纵} - 25,\ 0.4l_{abE}) + 15d$。第一排和第二排的纵筋伸入支座的水平段长度差一个净距，设为 25mm。其中：h_c 为边柱截面顺梁跨度方向长度；$c_{柱}$ 为柱箍筋保护层厚度；l_{aE} 为纵筋抗震直锚长度；l_{abE} 为纵筋抗震基本锚固长度；$d_{柱箍}$ 为柱的箍筋直径；$d_{柱纵}$ 为柱纵筋直径；d 为梁中锚固纵筋的直径；25 为柱纵筋与梁锚固纵筋端头之间的净距。

搭接长度取值见表 2.9 和表 2.10，接头个数取决于钢筋总长和一根钢筋标出长度。

表 2.9　　纵向钢筋搭接长度

纵向受拉钢筋绑扎搭接长度 l_{lE}，l_l	
抗震	非抗震
$l_{lE} = \zeta l_{aE}$	$l_l = \zeta l_a$

注　1. 当不同直径的钢筋搭接时，其 l_{lE} 与 l_l 值按最小直径计算。
2. 在任何情况下 l_l 不得小于 300mm。
3. ζ 为搭接长度修正系数。

表 2.10　　搭接长度系数

纵向钢筋搭接长度修正系数 ζ			
纵向钢筋搭接接头面积百分率/%	≤25	50	100
ζ	1.2	1.4	1.6

2. 边支座负筋的长度

单根长度＝延伸到跨内的净长＋伸入边支座的锚固长度

其中，延伸到跨内的净长按梁的构造详图规定取值，即第一排取 $l_{n1}/3$，第二排取 $l_{n1}/4$，此时的 l_{n1} 为边跨的净跨。

伸入边支座的锚固长度同上部通长筋规定。

3. 中间支座负筋的长度

单根长度＝伸入左右跨内的净长＋中间支座的宽度

其中，伸入左右跨内的净长亦第一排取 $l_n/3$，第二排取 $l_n/4$，此时的 l_n 为支座左右净跨的较大值。

4. 下部通长筋长度

单根长度计算规则同上部通长筋。

5. 梁下部非通常筋长度

单根长度＝净跨＋两端锚固长度

锚固长度：中间支座的锚固长度＝$\max(0.5h_c+5d, l_{aE})$；边支座锚固长度同上部通长筋中的规定。

6. 腰部构造筋长度

单根长度＝净长＋两端锚固长度（$15d\times2$）

7. 腰部抗扭钢筋的长度

同下部通长筋长度计算规则。

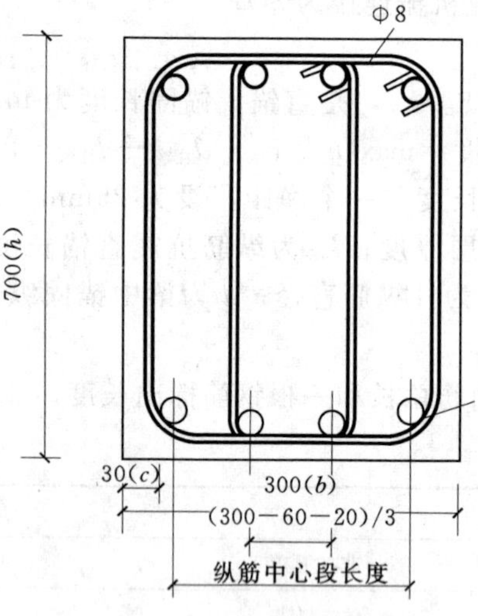

图 2.51 梁中箍筋示意图

8. 箍筋计算

梁中箍筋示意图见图 2.51，计算规则如下。

(1) 箍筋长度计算。

$$外围大箍筋单根长度=(b+h)\times2-8c+1.9d\times2+\max(10d,75\text{mm})\times2$$

里面小箍筋单根长度计算时，只要把水平长度重新计算，高度和弯钩长度不变，而水平长度＝两边纵筋中心线长度/纵筋间距数＋纵筋的直径＋$2d$。

图 2.51：假设 $h=700$mm、$b=300$mm、$c=30$mm、纵筋直径为 20mm，其中，b、h 分别为梁的宽度和高度；c 为梁纵筋保护层厚度；d 为箍筋直径；$1.9d$ 为箍筋 135°圆弧长度差值（见表 2.11 表下注）；$\max(10d, 75\text{mm})$ 为 135°弯钩直段长度。

有关钢筋端部弯钩长度见图 2.52。

常用钢筋端部弯钩长度见表 2.11。

(2) 箍筋根数计算。

每跨箍筋根数＝加密区根数＋非加密区根数

加密区根数＝[(加密区长度－50)/加密区箍筋间距＋1]×2

非加密根数＝非加密区长度/非加密区箍筋间距－1

加密区长度、非加密区长度见梁构造详图或根据施工图规定。

注意：附加箍筋另外计算。

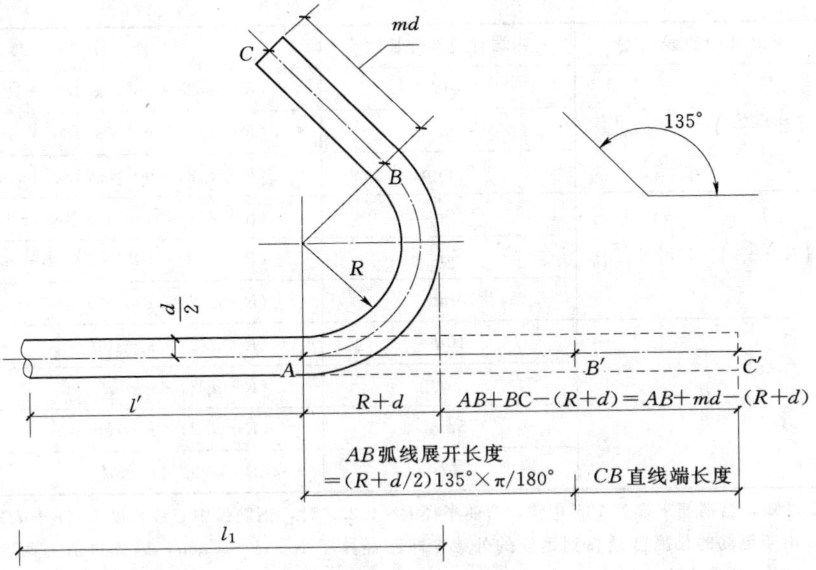

(a) 135°弯钩长度示意图

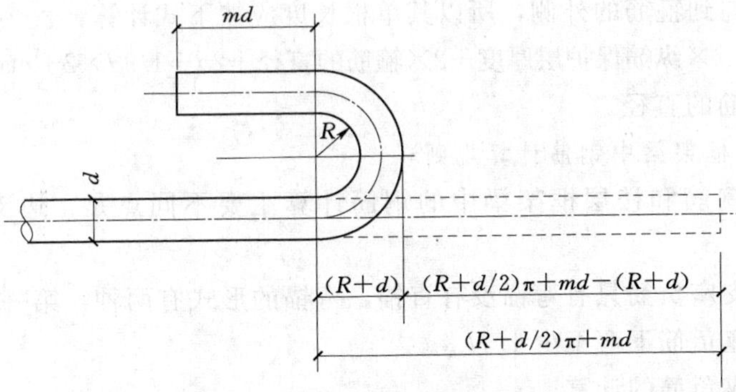

(b) 180°弯钩长度示意图

图 2.52　弯钩长度示意图

表 2.11　常用弯钩端部长度

弯起角度	钢筋弧中心线长度	钩端直线部分长度	合　计　长　度
30°	$\left(R+\frac{d}{2}\right)\times30°\times\frac{\pi}{180°}$	10d	$(R+d/2)\times30°\times\pi/180°+10d$
		5d	$(R+d/2)\times30°\times\pi/180°+5d$
		75mm	$(R+d/2)\times30°\times\pi/180°+75$mm
45°	$\left(R+\frac{d}{2}\right)\times45°\times\frac{\pi}{180°}$	10d	$(R+d/2)\times45°\times\pi/180°+10d$
		5d	$(R+d/2)\times45°\times\pi/180°+5d$
		75mm	$(R+d/2)\times45°\times\pi/180°+75$mm
60°	$\left(R+\frac{d}{2}\right)\times60°\times\frac{\pi}{180°}$	10d	$(R+d/2)\times60°\times\pi/180°+10d$
		5d	$(R+d/2)\times60°\times\pi/180°+5d$
		75mm	$(R+d/2)\times60°\times\pi/180°+75$mm

续表

弯起角度	钢筋弧中心线长度	钩端直线部分长度	合计长度
90°	$\left(R+\frac{d}{2}\right)\times 90°\times\frac{\pi}{180°}$	$10d$	$(R+d/2)\times 90°\times\pi/180°+10d$
		$5d$	$(R+d/2)\times 90°\times\pi/180°+5d$
		75mm	$(R+d/2)\times 90°\times\pi/180°+75\text{mm}$
135°	$\left(R+\frac{d}{2}\right)\times 135°\times\frac{\pi}{180°}$	$10d$	$(R+d/2)\times 135°\times\pi/180°+10d$
		$5d$	$(R+d/2)\times 135°\times\pi/180°+5d$
		75mm	$(R+d/2)\times 135°\times\pi/180°+75\text{mm}$
180°	$\left(R+\frac{d}{2}\right)\times\pi$	$10d$	$(R+d/2)\times\pi+10d$
		$5d$	$(R+d/2)\times\pi+5d$
		75mm	$(R+d/2)\times\pi+75\text{mm}$
		$3d$	$(R+d/2)\times\pi+3d$

注 由表2.11可知，当钢筋末端为135°弯钩，弯曲半径$R=1.25d$时，钢筋弧中心线长度为$(R+d/2)\times 135°\times\pi/180°=4.12d$，由于钢筋的长度已经算到钢筋的外缘，即已经算了$R+d=2.25d$，因此再加上两者的差值$4.12d-2.25d=1.87d$，可取为$1.9d$。

9. 拉结筋长度计算

由于拉结筋要勾到箍筋的外侧，所以其单根长度应按下式计算：

单根长度＝梁宽－2×纵筋保护层厚度＋2×箍筋的直径＋$2d+1.9d\times 2+\max(10d,75\text{mm})\times 2$

此时的d是指拉结筋的直径。

2.3.2.2 一般屋面框架梁中钢筋计算规则

屋面框架梁中钢筋和楼层框架梁中的钢筋计算主要不同点是：边支座处的支座负筋计算。

屋面框架梁边支座负筋只有弯锚没有直锚，弯锚的形式有两种：第一种是支座负筋弯至梁底；第二种是支座负筋下弯至少$1.7l_{aE}$。

第一种情况支座负筋的计算。

$$单根长度=\max(h_c-c_{柱}-d_{柱箍}-d_{柱纵}-25,0.4l_{abE})+h_b+伸入跨内净长$$

第二种情况支座负筋的计算。

$$单根长度=h_c-c_{柱}-d_{柱箍}-d_{柱纵}-25+1.7l_{abE}+伸入跨内净长$$

对于第二种情况，当梁上部配筋率＞1.2%时，梁上部纵筋分两批截断，相隔至少$20d$。

上述情况是一般梁的钢筋计算，对于特殊情况的梁，如梁的高度或宽度有变化时，梁中钢筋应如何处理，见图集16G101—1，在此不再赘述。

2.3.3 梁中钢筋预算量的计算

【例2.11】 计算多跨楼层框架梁KL1的钢筋量，如图2.53所示。

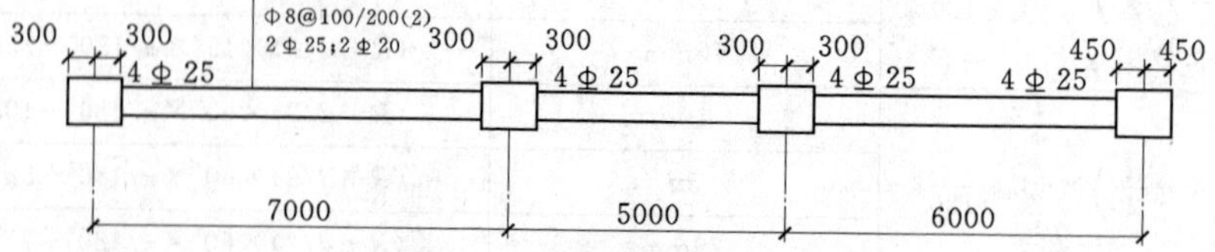

图2.53 某建筑KL1的平法图

计算条件见表 2.12 和表 2.13。

表 2.12　　例 2.11 计算条件

混凝土强度等级	梁纵筋保护层厚度	柱纵筋保护层厚度	抗震等级	钢筋连接方式	钢筋类型
C30	25	30	一级抗震	对焊	普通钢筋

表 2.13　　单位长度钢筋重量

直　径	6	8	10	20	22	25
单位长度钢筋理论重量/(kg/m)	0.222	0.395	0.617	2.47	2.980	3.850

钢筋单根长度值按实际计算值取定，总长值保留两位小数，总重量值保留三位小数。

解： 钢筋预算量计算结构见表 2.14。

表 2.14　　例 2.11 钢筋预算量计算结构

钢　筋　号	直径 /mm	单根钢筋长度 /m	根数	总长 /m	单位长度钢筋理论重量 /(kg/m)	总重 /kg
1. 上部通长钢筋	25	18.975	2		3.850	146.108
2. 下部通长钢筋	20	18.735	2		2.470	92.551
3. 一跨左支座负筋	25	3.033	2		3.850	23.354
4. 一跨箍筋	8	1.454	43		0.395	24.696
5. 二跨左支座负筋	25	4.867	2		3.85	37.476
6. 二跨右支座负筋	25	4.100	2		3.85	31.570
7. 二跨箍筋	8	1.454	23		0.395	13.210
8. 三跨右支座负筋	25	2.575	2		3.850	19.828
9. 三跨箍筋	8	1.454	38		0.395	21.824
合　计						410.617

计算过程如下：

根据已知条件可得 $l_{aE}=33d$。

(1) 上部通长钢筋长度 2Φ25。

单根长度　　　　$l_1=l_n$＋左锚固长度＋右锚固长度

判断是否弯锚：

左支座直段长度＝600－30－20－25＝525(mm)＜$l_{aE}=33d=33\times25=825$(mm)，所以左支座应弯锚。

右支座直段长度＝525＋300＝825(mm)＝l_{aE}＝825mm，所以右支座为直锚。

当弯锚时锚固长度＝600－30－20－25＋15d＝525＋15×25＝900(mm)

当直锚时锚固长度＝max(l_{aE}, 0.5h_c＋5d)＝max(825, 0.5×900＋5×25)＝825(mm)

单根长度　　l_1＝7000＋5000＋6000－300－450＋900＋825

＝18975(mm)＝18.975m

(2) 下部通长钢筋长度 2Φ20。

单根 $l_2=l_n$＋左锚固长度＋右锚固长度

左支座为弯锚，右支座为直锚。

单根长度 $l_2=7000+5000+6000-300-450+525+15\times20+33\times20$

$=17250+825+660$

$=18735(mm)=18.735m$

（3）一跨左支座负筋长度 2⌀25。根据以上计算可知该筋在支座处也为弯锚，且锚固长度为 600－30－20－25＋15×25＝900(mm)。

单根长度 $l_3=l_n/3+$锚固长度$=(7000-600)/3+900=3033(mm)=3.033m$

（4）一跨箍筋Φ8@100/200（2）按外皮长度。

单根箍筋的长度 $l_4=[(b-2c+2d)+(h-2c+2d)]\times2+2\times[\max(10d,75)+1.9d]$

$=[(200-2\times25+2\times8)+(500-2\times25+2\times8)]\times2$

$+2\times[\max(10\times8,75)+1.9\times8]$

$=932+332+190.4$

$=1454.4(mm)=1.4544m$

箍筋加密区的长度$=\max(2h_b, 500)=1000(mm)$

箍筋的根数＝加密区箍筋的根数＋非加密区箍筋的根数

$=[(1000-50)/100+1]\times2+(7000-600-2000)/200-1$

$=11\times2+21$

$=43$(根)

（5）二跨左支座负筋 2⌀25。

单根长度 $l_5=l_n/3\times2+$支座宽度$=(7000-600)/3\times2+600=4867(mm)=4.867m$

（6）二跨右支座负筋 2⌀25。

单根长度 $l_6=l_n/3\times2+$支座宽度$=5250/3\times2+600=4100(mm)=4.1m$

（7）二跨箍筋Φ8@100/200(2)。

单根长度 $l_7=1.4544m$

根数$=[(1000-50)/100+1]\times2+(5000-600-2000)/200-1$

$=22+11=23$(根)

（8）三跨右支座负筋 2⌀25。

$l_8=5250/3+825$

$=2575(mm)$

$=2.575m$

（9）三跨箍筋Φ8@100/200（2）。

$l_9=1.4544m$，根数＝38 根。

【例 2.12】 计算多跨楼层框架梁 KL2 的钢筋量，如图 2.54 所示。

计算条件见表 2.15，计算结果见表 2.16。

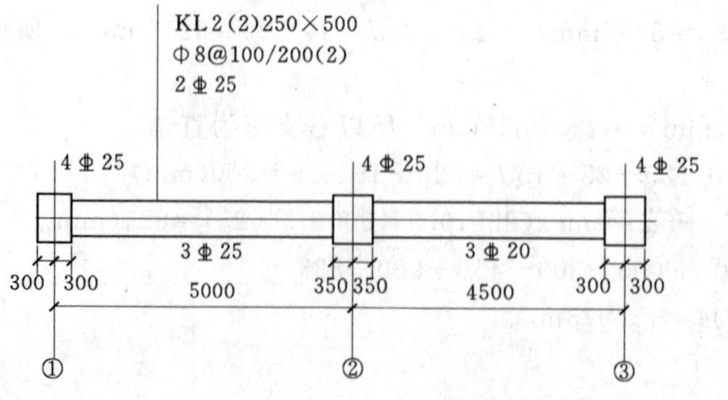

图 2.54 某建筑 KL2 的平法图

表 2.15　　　　　　　　　　**计　算　条　件**

混凝土强度等级	梁保护层厚度/mm	柱保护层厚度/mm	抗震等级	连接方式	钢筋类型	锚固长度
C30	20	20	二级抗震	对焊	普通钢筋	按 16G101—1 图集及钢筋单根长度值按实际计算值取定，总重量值保留三位小数

表 2.16　　　　　　　　**例 2.12 的钢筋预算量计算结果**

钢筋名称	直径/mm	根　数	形式	单根长度/m	总质量/kg
上部通长筋	25	2		5000＋4500－600＋900×2＝10700(mm)＝10.700	3.85×10.700×2＝82.390
①支座上部非通长筋	25	2	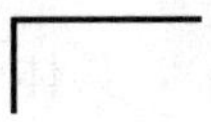	(5000－650)/3＋900＝2350(mm)＝2.350	3.850×2.350×2＝18.095
②支座上部非通长筋	25	2		[(5000－650)/3]×2＋700＝3600(mm)＝3.600	3.850×3.600×2＝27.720
③支座上部非通长筋	25	2		(4500－6500)/3＋900＝2183(mm)＝2.183	3.850×2.183×2＝16.809
①～②支座下部纵筋	25	3		900＋5000－650＋33×25＝6075(mm)＝6.075	3.850×6.200×3＝72.188
②～③支座下部纵筋	20	3		900＋4500－650＋825＝5575(mm)＝5.575	3.850×5.575×3＝64.391
①～②跨箍筋	8	[(1.5×500－50)/100＋1]×2＋[(4350－750×2)/200－1]＝30	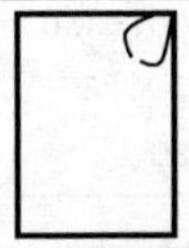	(250－20×2＋500－20×2)×2＋11.9×8×2＝1530(mm)＝1.530	1.530×0.395×30＝18.131
②～③跨箍筋	8	[(1.5×500－50)/100＋1]×2＋[(3850－750×2)/200－1]＝27	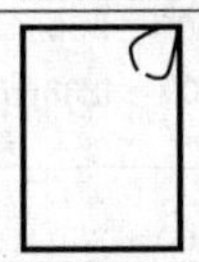	(250－20×2＋500－20×2)×2＋11.9×8×2＝1530(mm)＝1.530	1.530×0.395×27＝16.317
合计					314.019

【例 2.13】　计算多跨楼层框架梁 KL13 的钢筋量，如图 2.55 所示。

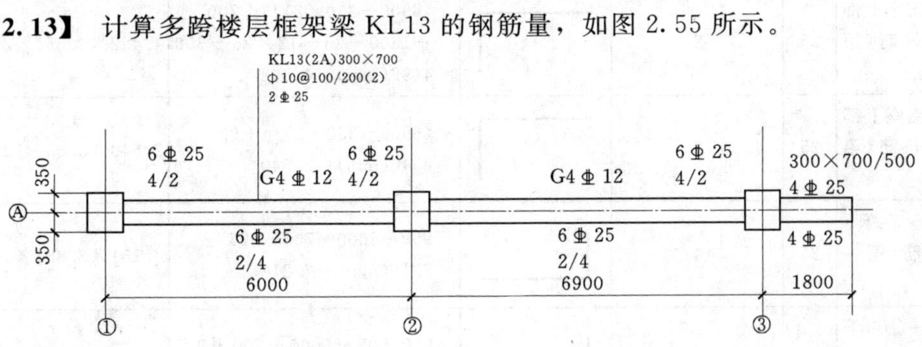

图 2.55　某建筑 KL13 的平法图

柱的截面尺寸为700mm×700mm，轴线与柱中线重合。

计算条件见表2.17。

表2.17 **例2.13 计算条件**

混凝土强度等级	梁保护层厚度	柱保护层厚度	抗震等级	连接方式	钢筋类型	锚固长度
C30	25	30	三级抗震	对焊	普通钢筋	按16G101—1图集及钢筋单根长度按实际计算值取定，总重量值保留三位小数

计算顺序从上、中、下依次计算，先纵筋后箍筋。

解：首先判断钢筋是否弯锚，即深入支座的水平长度<max（l_{aE}，$0.5h+5d$），则弯锚，否则直锚。700－30－10－20－25＝615(mm)<max(37×25)＝925，0.5×700＋5×25＝475(mm)。

所以弯锚，弯锚长度＝615＋15×25＝990(mm)，具体计算见表2.18。

表2.18 **钢筋预算量计算结果**

序号	钢筋名称	直径/mm	根数	形式	单根长度/m	总质量/kg
1	上部通长筋	25	2	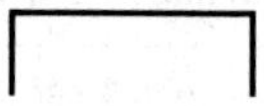	6000－350＋6900＋1800－25＋615＋15×25＋12×25＝15615(mm)＝15.615	15.615×3.851×2＝120.267
2	①支座上部非通长筋（第一排）	25	2	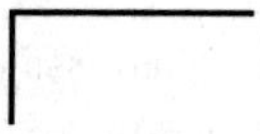	(6000－350×2)/3＋615＋15×25＝2757(mm)＝2.757	2.757×3.851×2＝21.234
3	①支座上部非通长筋（第二排）	25	2	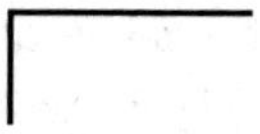	(6000－350×2)/4＋615＋15×25－25＝2290(mm)＝2.290	2.290×3.851×2＝17.638
4	②支座上部非通长筋（第一排）	25	2		(6900－350×2)/3×2＋700＝4833(mm)＝4.833	4.833×3.851×2＝37.224
5	②支座上部非通长筋（第二排）	25	2		(6900－350×2)/4×2＋700＝3800(mm)＝3.800	3.800×3.851×2＝29.268
6	③支座上部非通长筋（第一排）	25	2	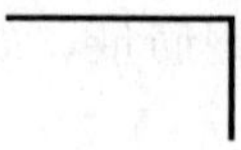	(6900－350×2)/3＋700＋1800－25＋12×25－350＝4492(mm)＝4.492	4.492×3.851×2＝34.597
7	③支座上部非通长筋（第二排）	25	2	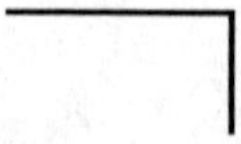	(6900－350×2)/4＋990＝2540(mm)＝2.540	2.540×3.851×2＝19.563
8	①～②跨下部纵筋（第一排）	25	4		990＋6000－700＋925＝7215(mm)＝7.215	7.251×3.851×4＝111.694
9	①～②跨下部纵筋（第二排）	25	2		990－25＋6000－700＋925＝7190(mm)＝7.190	7.190×3.851×2＝55.377

续表

序号	钢筋名称	直径/mm	根　数	形　式	单根长度/m	总质量/kg
10	②～③跨下部纵筋（第一排）	25	4		990＋6900－700＋925＝8115(mm)＝8.115	8.115×3.851×4＝125.003
11	②～③跨下部纵筋（第二排）	25	2		990－25＋6900－700＋925＝8090(mm)＝8.090	8.090×3.851×2＝62.309
12	悬挑端底部纵筋	25	4		1800－350－25＋15×25＝1800(mm)＝1.800	1.800×3.851×4＝27.727
13	①～②跨箍筋	10	{(1.5×700－50)/100＋1}×2＋(6000－700－2100)/200－1＝37	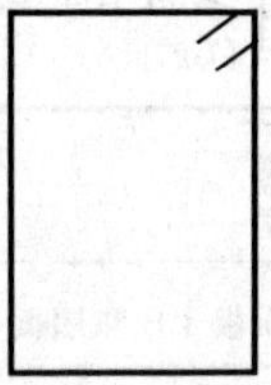	(300－25×2＋700－25×2)×2＋11.9×10×2＝2038(mm)＝2.038	2.038×0.616×37＝46.450
14	②～③跨箍筋	10	{(1.5×700－50)/100＋1}×2＋(6900－700＋2100)/200－1＝42	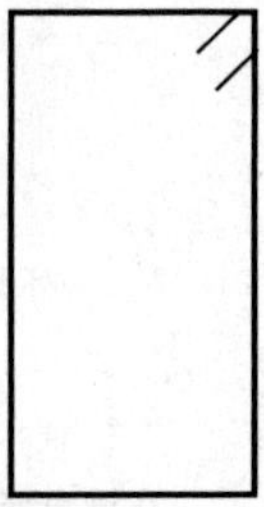	(300－25×2＋700－25×2)×2＋11.9×10×2＝2038(mm)＝2.038	2.038×0.616×42＝52.727
15	悬挑端箍筋	10	(1800－350－25－50)/100＋1＝15	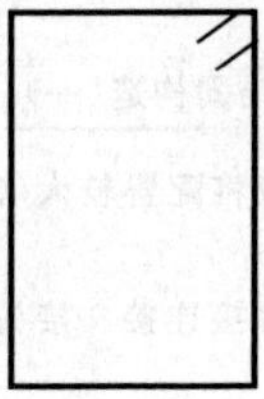	(300－25×2＋600－25×2)×2＋11.9×10×2＝1838(mm)＝1.838	1.838×0.616×15＝16.983
16	①～②腰部构造筋	12	4		6000－350×2＋15×12×2＝5660(mm)＝5.660	5.660×0.887×4＝20.081
17	②～③腰部构造筋	12	4		6900－350×2＋15×12×2＝6560(mm)＝6.560	6.560×0.887×4＝23.275
	合　计					821.417

2.3.4　板的构造详图

板构造详图见图 2.56～图 2.61。

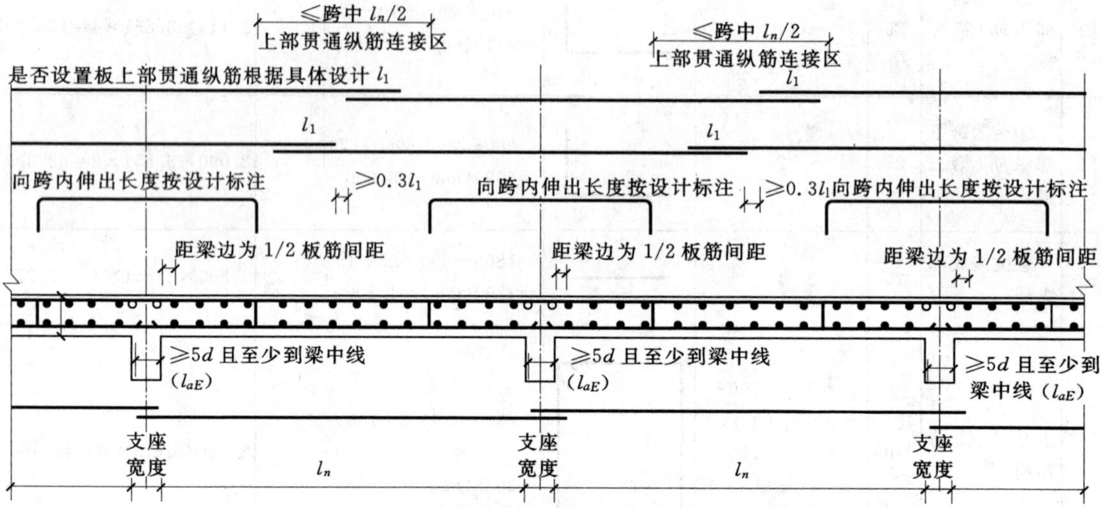

有梁楼盖楼面板 LB 和屋面板 WB 钢筋构造

（括号内的锚固长度 l_{aE} 用于梁板式转换层的板）

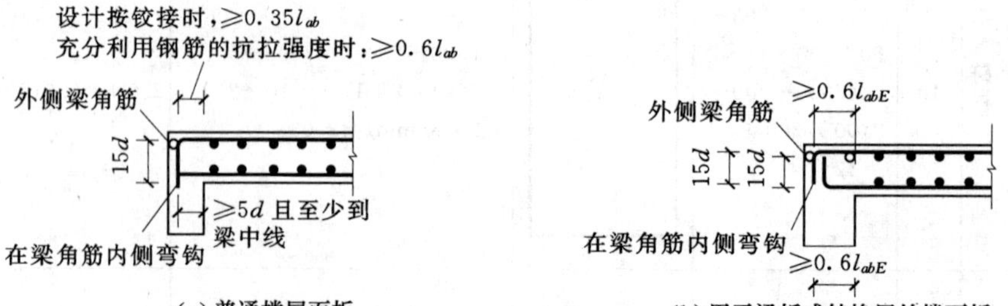

(a) 普通楼屋面板　　(b) 用于梁板式转换层的楼面板

板在端支座的锚固构造(一)

注：1. 当相邻等跨或不等跨的上部贯通纵筋配置不同时，应将配置较大者越过其标注的跨数终点或起点伸至相邻跨出的跨中连接区域连接。

2. 除本图所示搭接连接外，板纵筋可采用机械连接或焊接连接。接头位置：上部钢筋见本图所示连接区，下部钢筋宜在距支座 1/4 净跨内。

3. 板贯通纵筋的连接要求见 16G101 系列平法图集第 59 页，且同一连接区段内钢筋接头百分率不宜大于50%。不等跨板上部贯通纵筋连接构造详见 16G101 系列平法图集第 101 页。

4. 当采用非接触方式的绑扎搭接连接时，要求见本图集第 102 页。

5. 板位于同一层面的两向交叉纵筋何向在下何向在上，应按具体设计说明。

6. 图中板的中间支座均按梁绘制，当支座为混凝土剪力墙时，其构造相同。

7. 图(a)、(b)中纵筋在端支座应伸至梁支座外侧纵筋内侧后弯折 15d，当平直段长度分别≥l_a、≥l_{aE}时可不弯折。

8. 图中“设计按铰接时”、“充分利用钢筋的抗拉强度时”由设计指定。

9. 梁板式转换层的板中 l_{abE}、l_{aE} 按抗震等级四级取值，设计也可根据实际工程情况另行指定。

图 2.56　LB、WB 钢筋构造

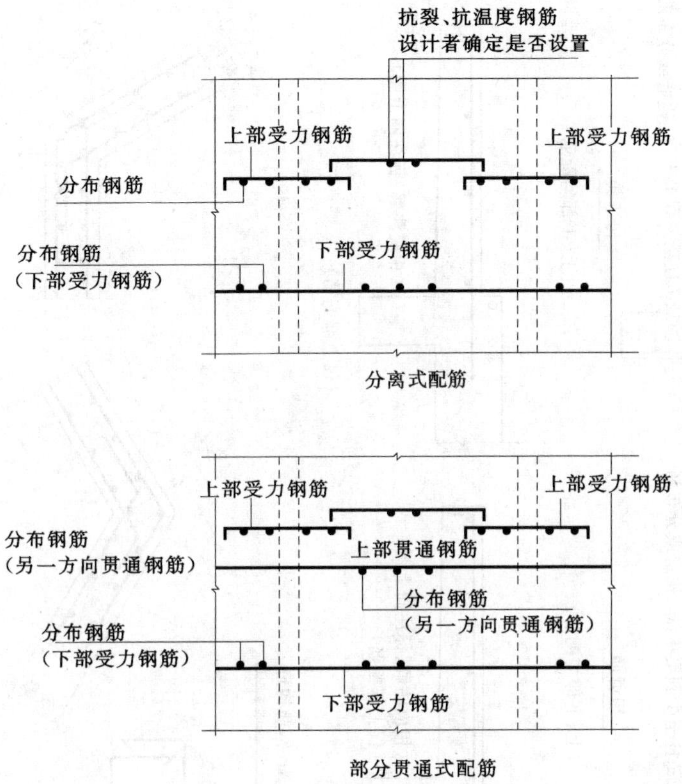

图 2.57　板配筋示意图

2.3.5　LB 和 WB 中钢筋计算规则

1. 板底筋（X、Y 两方向）

（1）单根长度＝跨内净长＋伸入两边支座的锚固长度＋端头弯钩长度。

1）伸入支座的锚固长度：若是梁、剪力墙、圈梁，锚固长度＝max(5d，支座宽度/2)；若是砌体墙，锚固长度＝max(120，h/2)。d 是底筋的直径，h 是板厚。

2）端头弯钩长度：是指当钢筋是一级光圆钢筋时，设 180°弯钩，一个弯钩长度加 6.25d。

（2）根数＝布筋范围/钢筋间距＋1，见图 2.62。

其中：布筋范围＝板净长－板筋间距。

2. 板顶贯通（面）筋

（1）单根长度＝跨内净长＋伸入两边支座的锚固长度＋(搭接长度)＋(端头弯钩长度)。

其中，伸入边支座锚固长度的取值：当伸入支座的水平段长度在满足 0.35l_{ab} 或 0.6l_{ab} 的情况下，大于或等于 l_a 时不弯折，小于 l_a 时弯下 15d。可见直锚时锚固长度＝伸入支座水平段的长度＝支座宽度－保护层厚度－梁角筋的直径（或剪力墙外侧水平筋直径），弯锚时的锚固长度＝伸入支座水平段的长度＋15d。

一级光圆钢筋末端带 180°弯钩，除此之外不带。

板的直锚长度用 l_a 而不用 l_{aE}，原因就是板的设计中不考虑抗震。

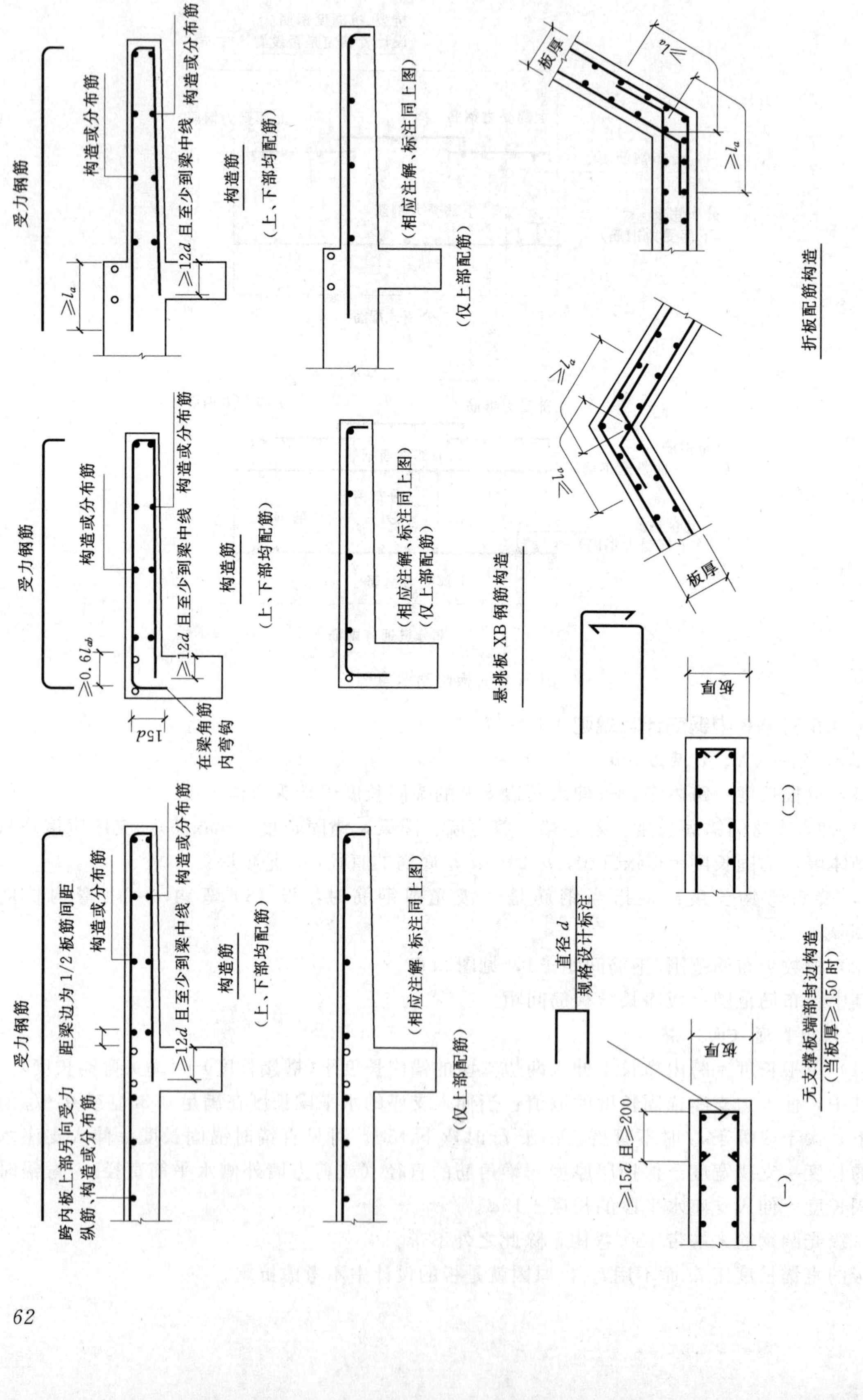

图 2.58 部分板端部钢筋构造

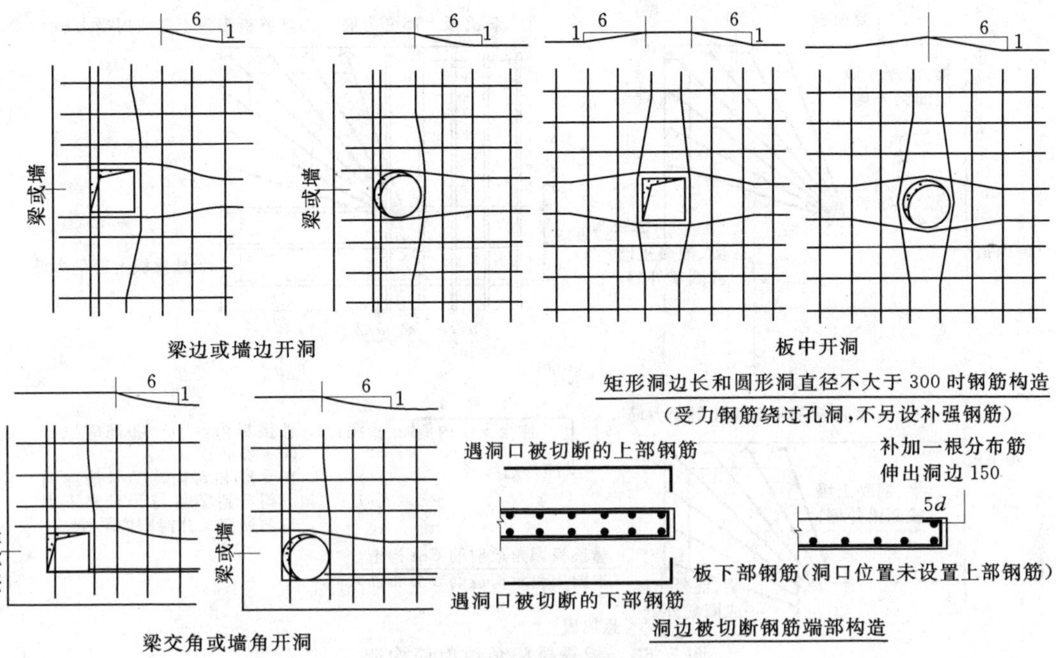

(a)板洞边加强筋的构造一

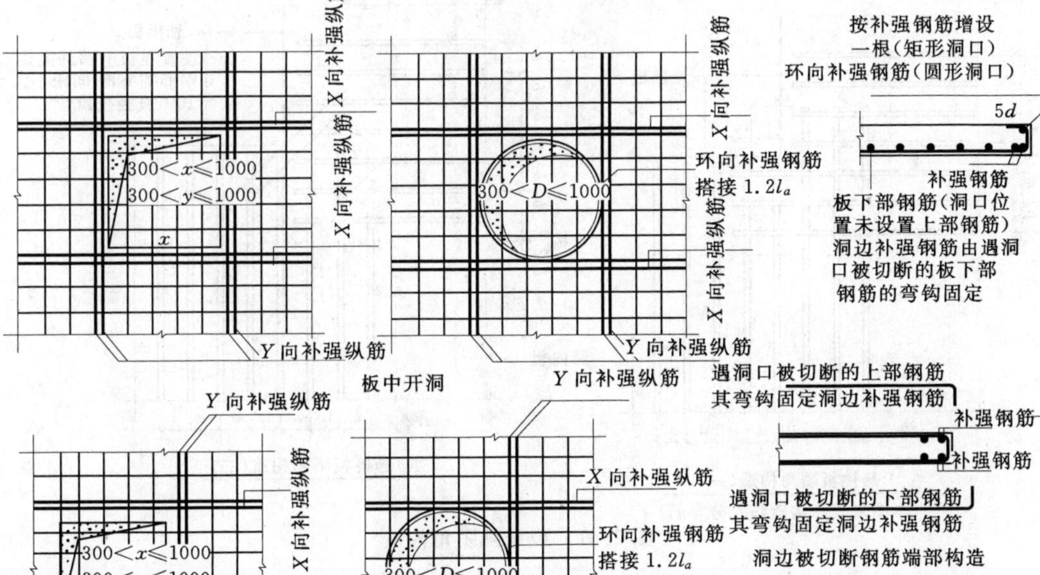

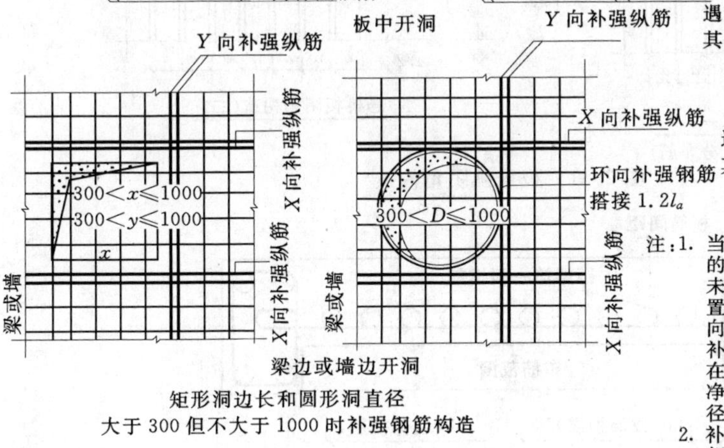

注：1. 当设计注写补强钢筋时，应按注写的规格、数量与长度值补强，当设计未注写时，X 向、Y 向分别按每边配置两根直径不小于 12 且不小于同向被切断纵向钢筋总面积的 50% 补强，补强钢筋与被切断钢筋布置在同一层面，两根补强钢筋之间的净距为 30；环向上下各配置一根直径不小于 10 的钢筋补强。

2. 补强钢筋的强度等级与被切断钢筋相同。

3. X 向、Y 向补强纵筋伸入支座的锚固方式同板中钢筋，当不伸入支座时，设计应标注。

(b)板洞边加强筋的构造二

图 2.59　板洞边加强筋的构造

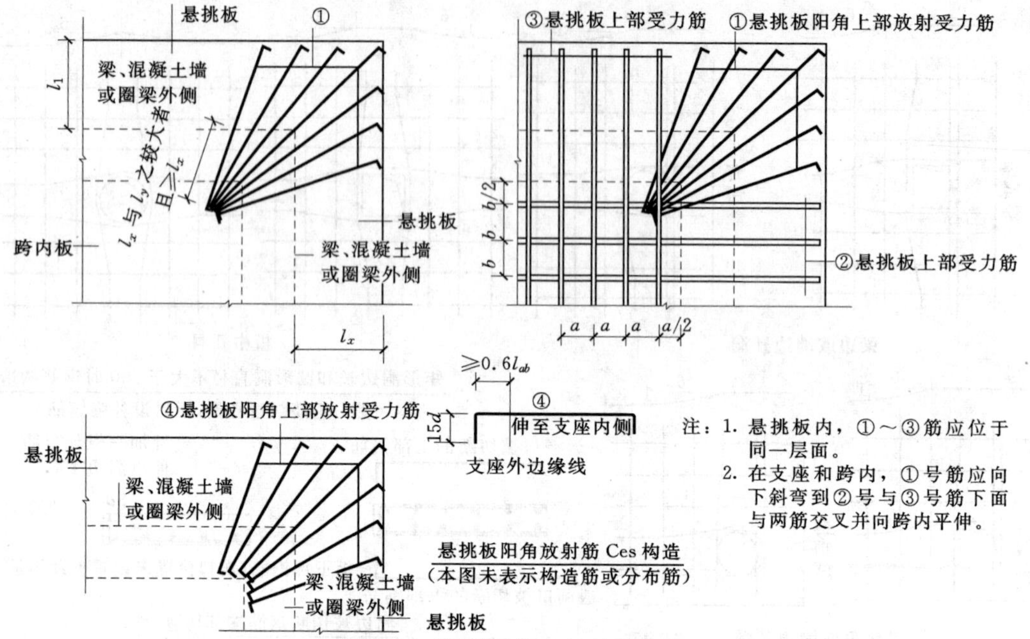

图 2.60　板悬挑阳角放射筋构造

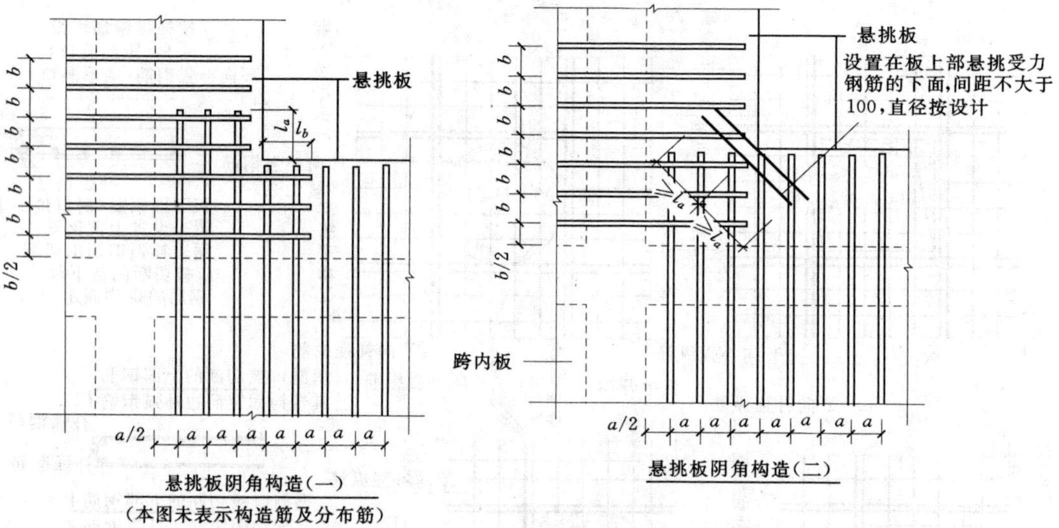

图 2.61　板悬挑阴角构造

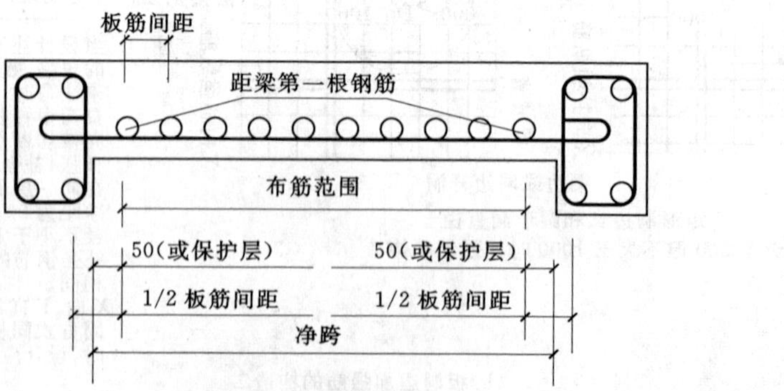

图 2.62　板底筋布置范围

(2) 根数计算同板底筋根数计算。

3. 板（顶）支座负筋

板（顶）支座负筋见图 2.63 和图 2.64。

(1) 单根长度。

端支座负筋单根长度＝伸到边支座的锚固长度＋(端头弯钩长度)
＋跨内延伸净长＋板厚－保护层厚度

中间支座负筋单根长度＝两个标注长度之和＋(板厚－保护层厚度)×2

(2) 根数计算同板底筋根数计算。

4. 支座负筋分布筋

支座负筋分布筋见图 2.65。

单根长度＝相邻支座中线间距离－两支座负筋标注长度
＋交叉(搭接)长度 150×2＋(板厚－保护层厚度)×2

根数＝支座负筋跨内净长/分布筋间距

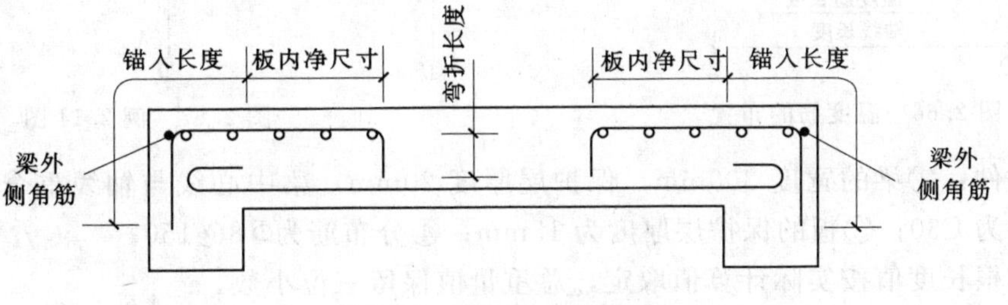

图 2.63　端支座负筋构造

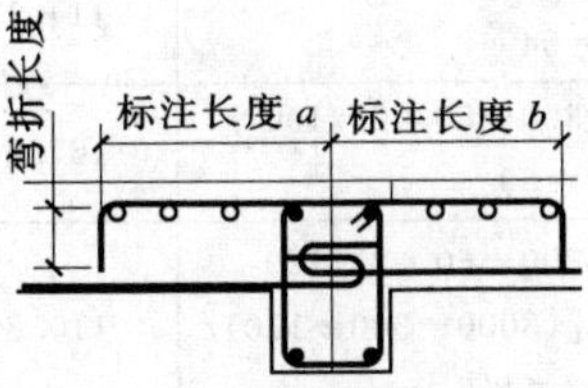

图 2.64　中间支座负筋构造

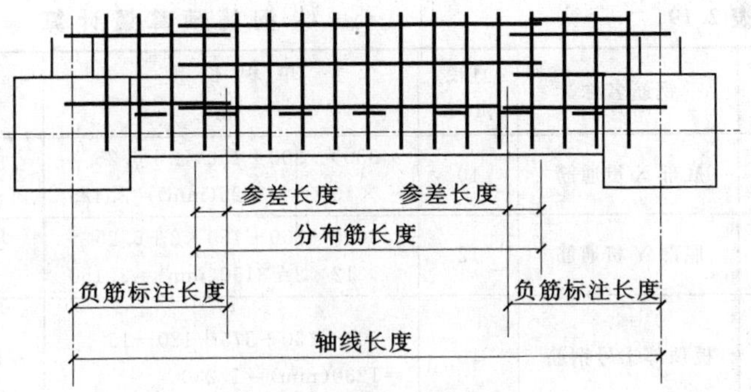

图 2.65　负筋分布筋布置

5. 温度筋

为防止板受热胀冷缩的影响而产生裂缝，通常在板的上部负筋中间设置温度筋，如图 2.66 所示。

单根长度的计算同支座负筋分布筋。

根数＝(相邻支座中线间距离－两支座负筋标注长度)/温度筋间距－1

注意，板中的分布筋、温度筋一般不直接标注在图中，而是用文字写在图的底部，但这些钢筋不能漏算。

2.3.6　板中钢筋预算量的计算

【例 2.14】　某楼层板的平法图如图 2.67 所示。

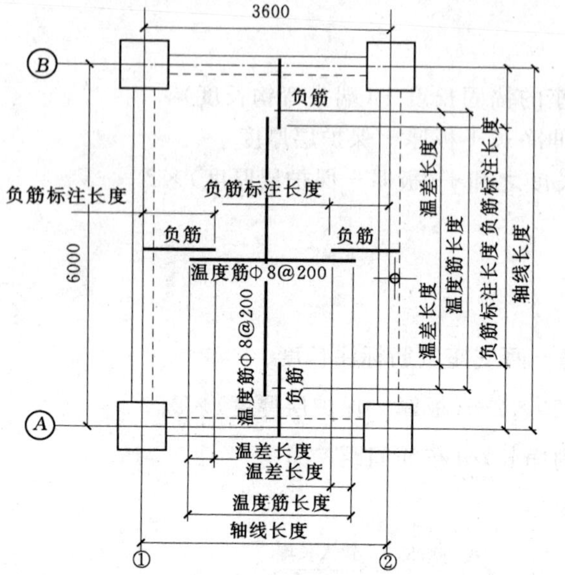

图 2.66　温度筋的布置

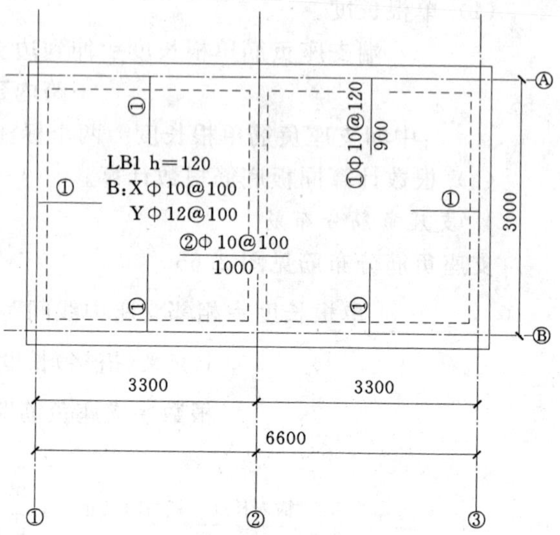

图 2.67　例 2.14 图

计算条件：①梁的宽度 300mm，保护层厚度 20mm，梁中心线与轴线重合；②混凝土强度等级皆为 C30；③板的保护层厚度为 15mm；④分布筋为Φ8@150。

钢筋单根长度值按实际计算值取定，总重量值保留三位小数。

解：见表 2.19。

表 2.19　　**钢筋预算量计算**

序号	钢筋名称	直径/mm	单根长度/m	根数	总质量/kg
1	底部 X 贯通筋	10	3300−300+150×2+6.25×10×2=3425(mm)=3.425	[(3000−300−50×2)/100+1]×2=54	114.114
2	底部 Y 贯通筋	12	3000−300+150×2+6.25×12×2=3150(mm)=3.150	[(3300−300−50×2)/100+1)]×2=60	167.643
3	板顶部①号钢筋	10	900−150+375+120−15=1230(mm)=1.230	[(3300−300−60×2)/120+1)]×4+[(3000−300−120)/120+1)]×2=146	110.801
4	板顶部②号钢筋	10	(1000+120−15)×2=2210(mm)=2.210	(3000−300−2×50)/100+1=27	36.816
5	①号筋在 *A*—*B* 轴的分布筋	8	3000−900×2+150×2+(120−15)×2=1710(mm)=1.710	[(900−150−75)/150]×2=10	6.737
6	①号筋的在①—③轴的分布筋	8	3300−900−1000+150×2+(120−15)×2=1910(mm)=1.910	[(900−150−75)/150]×4=20	15.051
7	②号筋在轴的分布筋	8	3000−900×2+150×2+(120−15)×2=1710(mm)=1.710	[(1000−150−75)/150]×2=12	8.085
	合计				459.247

计算过程如下。

(1) 底部 X 贯通筋。

单根长度＝3300－300＋max(150,5×10)×2＋6.25×10×2＝3425(mm)＝3.425m

根数＝[(3000－300－50×2)/100＋1]×2＝54(根)

(2) 底部 Y 贯通筋。

单根长度＝3000－300＋150×2＋6.25×12×2＝3150(mm)＝3.150m

根数＝[(3300－300－100)/100＋1]×2＝60(根)

(3) ①号钢筋。

伸入梁中的水平段长度＝300－20－10－20－25＝225(mm)

其中，第一个 20mm 是箍筋的保护层厚度，10mm 指的是假定的梁箍筋直径，第二个 20mm 是指假定的梁纵筋直径，25mm 是假定的梁与板筋之间的净距。

直锚长度 $l_a=\zeta a l_{ab}=1.0\times 30d=30\times 10=300$(mm)

因为 225mm＜300mm，故钢筋要弯锚。

所以　　弯锚长度＝225＋15×10＝375(mm)

单根长度＝900－150＋375＋120－15＝1230(mm)＝1.230(m)

根数＝[(3300－300－120)/120＋1]×4＋[(3000－300－120)/120＋1]×2
＝100＋46＝146(根)

(4) ②号钢筋。

单根长度＝1000×2＋(120－15)×2＝2210(mm)＝2.210m

根数＝(3000－300－100)/100＋1＝27(根)

(5) ①号钢筋在 $A\sim B$ 轴线的分布筋。

单根长度＝3000－900×2＋150×2＋(120－15)×2＝1710(mm)＝1.710m

根数＝[(900－150－75)/150]×2＝10(根)

(6) ①号钢筋在①～②轴线和②～③轴线的分布筋。

单根长度＝3300－900－1000＋150×2＋(120－15)×2＝1910(mm)＝1.910m

根数＝[(900－150－75)/150]×4＝20(根)

(7) ②号钢筋的分布筋。

单根长度＝3000－900×2＋150×2＋(120－15)×2＝1710(mm)＝1.710m

根数＝[(1000－150－75)/150]×2＝12(根)

【例 2.15】 计算如图 2.68 所示中的⑤钢筋预算量，其他钢筋略。板的混凝土强度为 C25，保护层厚度 20mm，梁纵筋的保护层厚度 30mm，梁角筋的直径 20mm，长度保留三位小数，重量保留三位小数。

解：

单根长度＝3600×2＋1850＋50－20＋300－30－20－25＋15×10＋120－20
＝9555(mm)＝9.555m

$$根数=6000/200+1=31(根)$$

$$质量=9.555\times31\times0.617=182.758(kg)$$

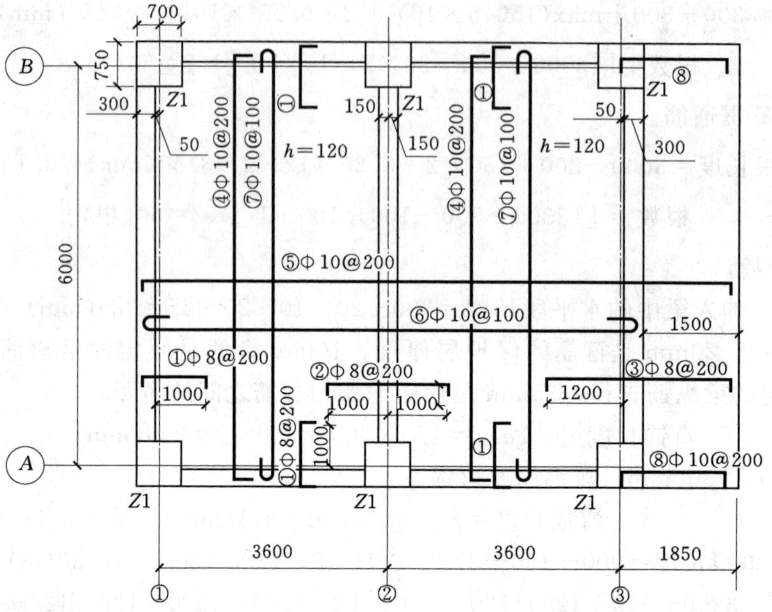

(a)平面配筋图

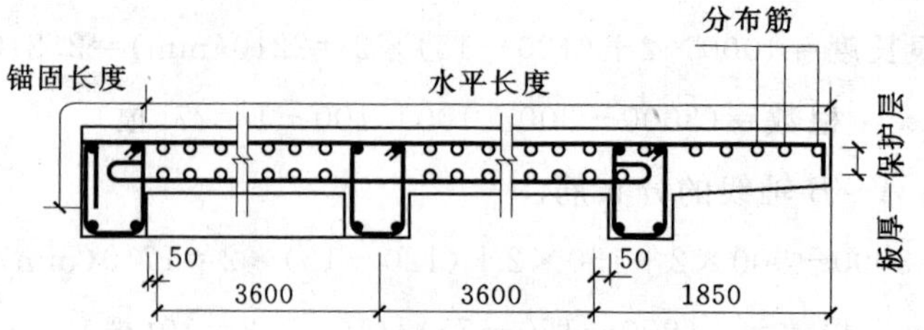

(b)剖面配筋图

图 2.68 一端延伸悬挑板传统配筋图

学习项目3　钢筋混凝土柱、剪力墙

【学习目标】学生通过本学习项目的学习，能够掌握受压构件的受力特征、破坏类型、正截面和斜截面承载力计算公式及应用、一般构造要求、柱、剪力墙的平法制图规则、构造详图和钢筋算量规则。

学习情境3.1　柱的配筋计算

3.1.1　概述

钢筋混凝土柱在混凝土结构体系的各种构件中属于典型的受压构件，受压构件在荷载作用下其截面上一般作用有轴力、弯矩和剪力。在计算受压构件时，常将作用在截面上的弯矩化为等效的、偏离截面中心的轴向力考虑。

当轴向力作用线与构件截面中心重合时，称为轴心受压构件；当弯矩和轴力共同作用于构件上或当轴向力作用线与构件截面中心轴不重合时，称为偏心受压构件。

当轴向力作用线与截面中心轴平行且沿某一主轴偏离重心时，称为单向偏心受压构件；当轴向力作用线与截面中心轴平行且偏离两个主轴时，称为双向偏心受压构件，见图3.1。

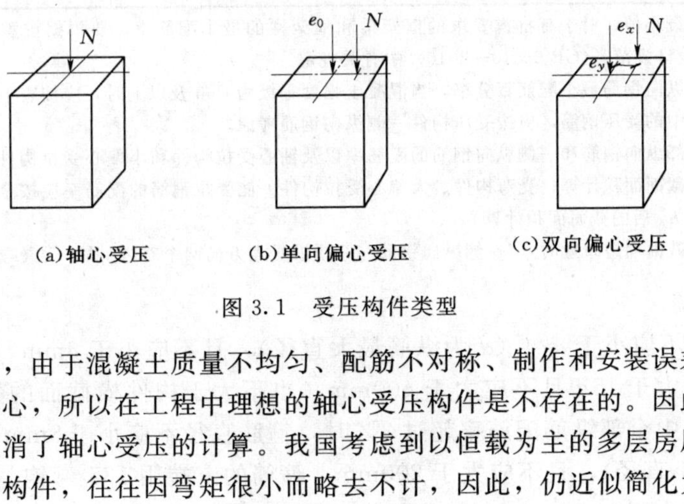

图3.1　受压构件类型

在实际结构中，由于混凝土质量不均匀、配筋不对称、制作和安装误差等原因，往往存在着或多或少的偏心，所以在工程中理想的轴心受压构件是不存在的。因此，目前有些国家的设计规范中已取消了轴心受压的计算。我国考虑到以恒载为主的多层房屋的内柱、屋架的斜压腹杆和压杆等构件，往往因弯矩很小而略去不计，因此，仍近似简化为轴心受压构件进行计算。

钢筋混凝土受压构件通常都配有纵向受力钢筋和箍筋。纵筋的作用有：抗拉、抗压、与箍筋一起形成骨架约束核心区混凝土、提高混凝土的抗压能力、提高构件的延性、增强其抗震能力。箍筋的作用有：抗剪、骨架、提高构件延性等。

3.1.2　柱的一般构造要求

3.1.2.1　截面形式及尺寸

柱的截面多采用方形或矩形，有时也采用圆形或多边形。矩形柱最小截面尺寸不宜小于

300mm，圆柱的截面直径不宜小于 350mm，柱的长边与短边的边长之比不宜大于 3。

柱截面尺寸宜符合模数，800mm 及以下的取 50mm 的倍数，800mm 以上的可取 100mm 的倍数。

3.1.2.2　柱中纵筋

(1) 轴心受压柱的纵向受力钢筋应沿截面的四周均匀放置，钢筋根数不得少于 4 根。偏心受压柱的纵向受力钢筋应放置在偏心方向截面的两边。当截面高度 $h \geqslant 600$mm 时，在侧面应设置直径为 10～16mm 的纵向构造钢筋，并相应地设置附加箍筋或拉筋。

(2) 柱纵筋直径不宜小于 12mm，通常在 16～32mm 范围内选用。为了减少钢筋在施工时可能产生的纵向弯曲，宜采用较粗的钢筋。纵筋的配筋率不应小于最小配筋率的要求，最小配筋率见表 3.1，也不宜大于 5%。

(3) 圆柱中纵向钢筋不宜多于 8 根，不应少于 6 根，且宜沿周边均匀布置。

(4) 柱中纵向钢筋的净距不应小于 50mm，且不宜大于 300mm。

表 3.1　钢筋混凝土结构构件中纵向受力钢筋的最小配筋百分率 ρ_{min}

<table>
<tr><th colspan="3">受力类型</th><th>最小配筋率/%</th></tr>
<tr><td rowspan="4">受压构件</td><td rowspan="3">全部纵向钢筋</td><td>强度等级 500MPa</td><td>0.50</td></tr>
<tr><td>强度等级 400MPa</td><td>0.55</td></tr>
<tr><td>强度等级 300MPa、335MPa</td><td>0.60</td></tr>
<tr><td colspan="2">一侧纵向钢筋</td><td>0.2</td></tr>
<tr><td colspan="3">受弯构件、偏心受拉、轴心受拉构件一侧的受拉钢筋</td><td>0.2 和 $45f_t/f_y$ 中的较大值</td></tr>
</table>

注　1. 表中配筋率是最小值，对于有抗震要求的框架梁和框架柱的最小配筋率，要根据抗震等级分别确定，具体见《混凝土结构设计规范》(GB 50010—2010) 中有关规定。
2. 受压构件全部纵向钢筋最小配筋百分率，当混凝土强度等级为 C60 及以上时，应按表中规定增大 0.1。
3. 偏心受拉构件中的受压钢筋，应按受压构件一侧纵向钢筋考虑。
4. 受压构件的全部纵向钢筋和一侧纵向钢筋的配筋率以及轴心受拉构件和小偏心受拉构件一侧受拉钢筋的配筋率应按构件的全截面面积计算；受弯构件、大偏心受拉构件一侧受拉钢筋的配筋率应按全截面面积扣除受压翼缘面积 $(b'_f-b)h'_f$ 后的截面面积计算。
5. 当钢筋沿构件截面周边布置时，"一侧纵向钢筋"系指沿受力方向两个对边中的一边布置的纵向钢筋。

3.1.2.3　柱中箍筋

(1) 箍筋直径不应小于 $d/4$ (d 为纵筋最大直径)，且不应小于 6mm。

(2) 间距不应大于 $15d$ 且不应大于 400mm，也不大于构件横截面的短边尺寸 (d 为纵筋最小直径。当柱中全部纵筋配筋率超过 3%时，箍筋直径不应小于 8mm，其间距不应大于 $10d$ (d 为纵筋最小直径)，且不应大于 200mm，箍筋的末端用 135°弯钩。

(3) 当截面短边不大于 400mm，且纵筋不多于 4 根时，可不设置复合箍筋；当构件截面各边纵筋多于 4 根时，应设置复合箍筋。

(4) 截面形状复杂的构件，不可采用具有内折角的箍筋，避免产生向外的拉力，致使折角处的混凝土破损，见图 3.2。

3.1.3　轴心受压构件的承载力计算

钢筋混凝土轴心受压构件箍筋的配置方式有两种：普通箍筋和螺旋箍筋（或焊接环式箍筋）。由于这两种箍筋对混凝土的约束作用不同，因而相应的轴心受压构件的承载力也不同。

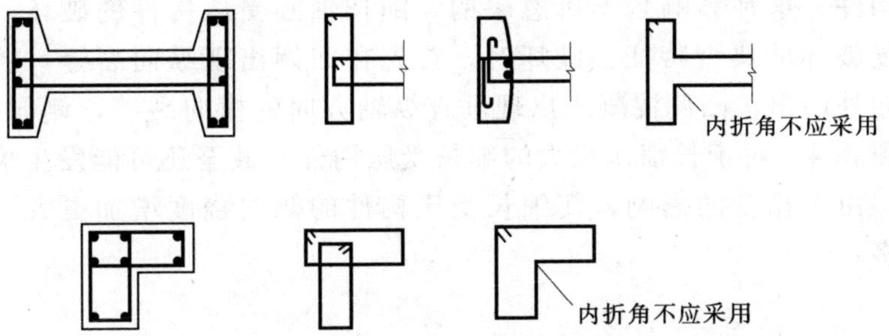

图 3.2 工形及 L 形截面柱的箍筋形式

习惯上把配有普通箍筋的柱称为普通箍筋柱，配有螺旋箍筋（或焊接环式箍筋）的柱称为螺旋箍筋柱。

3.1.3.1 普通箍筋柱的承载力计算

1. 短柱的受力特点和破坏特征

典型的钢筋混凝土轴心受压短柱荷载—应力曲线见图 3.3（a），破坏示意见图 3.3（b）。在轴心荷载作用下，截面应变基本是均匀分布的。由于钢筋与混凝土之间黏结力的存在，使两者的应变基本相同，即 $\varepsilon_c=\varepsilon_s'$。当荷载较小时，混凝土和钢筋均处于弹性工作阶段，柱子压缩变形的增加与荷载的增加成正比，混凝土压应力 σ_c 和钢筋压应力 σ_s' 增加与荷载增加也成正比；当荷载较大时，由于混凝土塑性变形的发展，压缩变形的增加速度快于荷载增加速度，另外，在相同荷载增量下，钢筋压应力 σ_s' 比混凝土压应力 σ_c 增加得快，亦即钢筋和混凝土之间的应力出现了重分布现象；随着荷载的继续增加，柱中开始出现微细裂缝，在临近破坏荷载时，柱四周出现明显的纵向裂缝，箍筋间纵筋压屈，向外凸出，混凝土被压碎，柱子即告破坏。

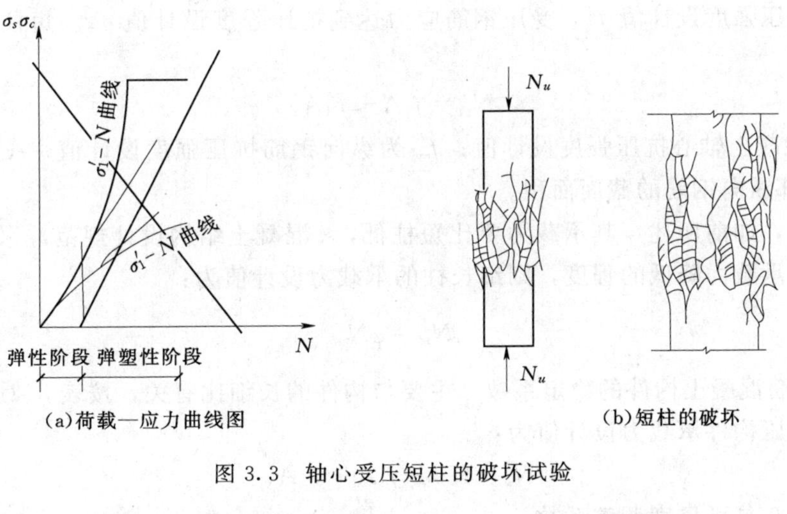

图 3.3 轴心受压短柱的破坏试验

2. 细长轴心受压构件的承载力降低现象

如前所述，由于材料本身的不均匀性、施工的尺寸误差等原因，轴心受压构件的初始偏心是不可避免的。初始偏心距的存在，必然会在构件中产生附加弯矩和相应的侧向挠度，而侧向挠度又加大了原来的初始偏心距。这样相互影响的结果，必然导致构件承载能力的降低。试验表明，对粗短受压构件，初始偏心距对构件承载力的影响并不明显，而对细长受压构件，这种影响是不可忽略的。细长轴心受压构件的破坏，实质上已具偏心受压构件强度破坏的典型特征。破坏时，首先在凹侧出现纵向裂缝，随后混凝土被压碎，纵筋压屈向外凸出；凸侧混凝土出现垂直纵轴方向的横向裂缝，侧向挠度迅速增大，构件破坏，见图3.4。对于长细比很大的细长受压构件，甚至还可能发生失稳破坏。在长期荷载作用下，由于徐变的影响，使细长受压构件的侧向挠度增加更大，因而，构件的承载力降低更多。

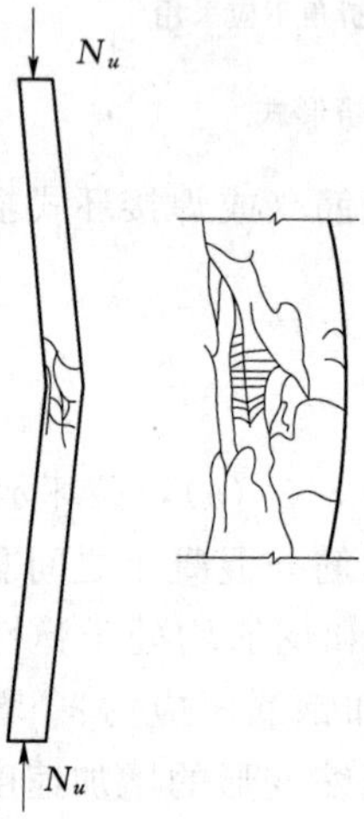

图3.4 长柱的破坏

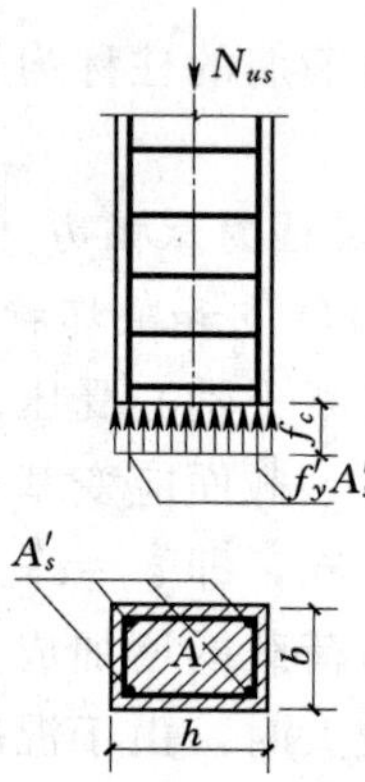

图3.5 轴心受压构件应力图

3. 轴心受压构件的承载力计算

轴心受压构件在承载能力极限状态时的截面应力情况如图3.5所示，此时，混凝土应力达到其轴心抗压强度设计值 f_c，受压钢筋应力达到抗压强度设计值 f_y。短柱的承载力设计值为：

$$N_{us}=f_cA+f'_yA'_s \tag{3.1}$$

式中：f_c 为混凝土轴心抗压强度设计值；f'_y 为纵向钢筋抗压强度设计值；A 为构件截面面积；A'_s 为全部纵向钢筋的截面面积。

对细长柱，如前所述，其承载力要比短柱低，《混凝土结构设计规范》采用稳定系数 φ 来表示细长柱承载力降低的程度，则细长柱的承载力设计值为：

$$N_{ul}=\varphi N_{us} \tag{3.2}$$

式中：φ 为钢筋混凝土构件的稳定系数，主要与构件的长细比有关，按表3.2采用。

则轴心受压构件承载力设计值为：

$$N_u=0.9\varphi(f_cA+f'_yA'_s) \tag{3.3}$$

式中：系数0.9是可靠度调整系数。

当纵向钢筋配筋率大于3%时，式（3.1）和式（3.3）中的 A 应改用（$A-A'_s$）代替。将式（3.3）设计表达式写成：

$$N\leqslant N_u=0.9\varphi(f_cA+f'_yA'_s) \tag{3.4}$$

式中：N 为轴向压力设计值。

表 3.2 钢筋混凝土轴心受压构件稳定系数

$\frac{l_0}{b}$	$\frac{l_0}{d}$	$\frac{l_0}{i}$	φ	$\frac{l_0}{b}$	$\frac{l_0}{d}$	$\frac{l_0}{i}$	φ
≤8	≤7	≤28	≤1.0	30	26	104	0.52
10	8.5	35	0.98	32	28	111	0.48
12	10.5	42	0.95	34	29.5	118	0.44
14	12	48	0.92	36	31	125	0.40
16	14	55	0.87	38	33	132	0.36
18	15.5	62	0.81	40	34.5	139	0.32
20	17	69	0.75	42	36.5	146	0.29
22	19	76	0.70	44	38	153	0.26
24	21	83	0.65	46	40	160	0.23
26	22.5	90	0.60	48	41.5	167	0.21
28	24	97	0.56	50	43	174	0.19

注 表中 l_0 为构件计算长度；b 为矩形截面的短边尺寸；d 为圆形截面的直径；i 为截面最小回转半径。

4. 设计方法

轴心受压构件的设计问题可分为截面设计和截面复核两类。

(1) 截面设计。一般已知轴心压力设计值 (N)，材料强度设计值 (f_c、f'_y)，构件的计算长度 l_0，求构件截面面积 (A 或 $b\times h$) 及纵向受压钢筋面积 (A'_s)。

(2) 截面复核。截面复核比较简单，只需将有关已知数据代入式 (3.4)，如果式 (3.4) 成立，则满足承载力要求。

【例 3.1】 某钢筋混凝土轴心受压柱，计算长度 $l_0=4.9\text{m}$，承受轴向力设计值 $N=1580\text{kN}$，采用 C25 级混凝土和 HRB400 级钢筋，求柱截面尺寸 $b\times h$ 及纵筋截面面积 A'_s。

解：(1) 估算截面尺寸。假定：$\rho'=\frac{A'_s}{A}=1\%$，$\varphi=1.0$，代入式 (3.4) 得：

$$A\geqslant\frac{N}{0.9\varphi(f_c+\rho' f'_y)}=\frac{1580\times10^3}{0.9\times1.0\times(11.9+0.01\times360)}=113262(\text{mm}^2)$$

$$b=h=\sqrt{A}=336.54(\text{mm})$$

实取：$b=h=350\text{mm}$，$A=122500\text{mm}^2$。

(2) 求稳定系数。

$$\frac{l_0}{b}=\frac{4900}{350}=14，\varphi=0.92$$

(3) 求纵筋面积。

$$A'_s\geqslant\frac{\frac{N}{0.9\varphi}-f_cA}{f'_y}=\frac{\frac{1580\times10^3}{0.9\times0.92}-11.9\times350\times350}{360}=1251(\text{mm}^2)$$

(4) 验算配筋率。

总配筋率：$\rho'=\frac{1251}{350\times350}=1.02\%>\rho'_{\min}=0.5\%$满足要求。

实选 4 ⌀ 20 钢筋，$A'_s=1256\text{mm}^2$。

3.1.3.2　螺旋箍筋柱的承载力计算

配置有螺旋箍筋或焊接环形钢筋的柱用钢量大，施工复杂，造价较高，一般较少采用。当柱子需要承受较大的轴向压力，而截面尺寸又受到限制，增加钢筋和提高混凝土强度均无法满足要求的情况下，可以采用螺旋箍筋或焊接环形箍筋（统称为间接钢筋）以提高柱子的承载力。螺旋箍筋柱的构造形式见图 3.6。间接钢筋的间距不应大于 80mm 及 $d_{cor}/5$（d_{cor} 为按间接钢筋内表面确定的核心截面直径），且不小于 40mm；间接钢筋的直径要求与普通柱箍筋相同。

1. 受力特点及破坏特征

螺旋箍筋柱的受力性能与普通箍筋柱有很大不同，图 3.7 为螺旋箍筋柱与普通箍筋柱的荷载—应变曲线的对比。图中可见，荷载不大（$\sigma_c \leqslant 0.8f_c$）时，两条曲线并无明显区别，当荷载增加至应变达到混凝土的峰值应变 ε_0 时，混凝土保护层开始剥落，由于混凝土截面减小，荷载有所下降，且由于核芯部分混凝土产生较大的横向变形，使螺旋箍筋产生环向拉力，亦即核芯部分混凝土受到螺旋箍筋的径向压力，处在三向受压的状态，其抗压强度超过了 f_c，曲线逐渐回升。随着荷载的不断增大，箍筋的环向拉力随核芯混凝土横向变形的不断发展而提高，对核芯混凝土的约束也不断增大。当螺旋箍筋达到屈服时，不再对核芯混凝土有约束作用，混凝土抗压强度也不再提高，混凝土被压碎，构件破坏。破坏时，螺旋箍筋柱的承载力及应变都要比普通箍筋柱大（压应变达到 0.01 以上）。试验资料表明，螺旋箍筋的配箍率越大，柱的承载力越高，延性越好。

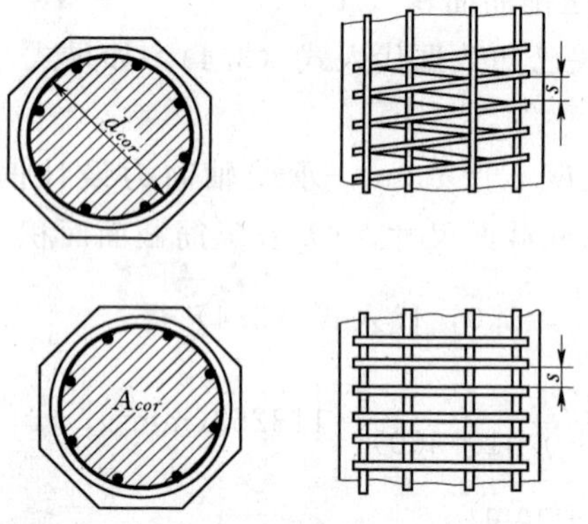

图 3.6　螺旋箍筋和焊接环形箍筋柱

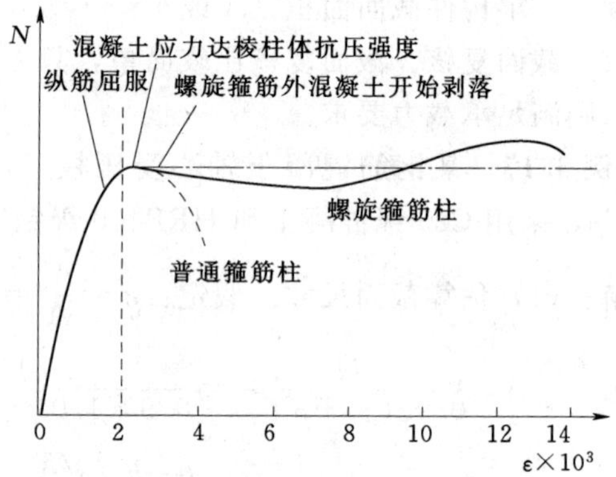

图 3.7　轴心受压柱的荷载—应变曲线

2. 承载力计算

根据混凝土圆柱体在三向受压状态下的试验结果，约束混凝土的轴心抗压强度 f_{cc} 可近似按下式计算：

$$f_{cc} = f_c + 4\sigma_c \tag{3.5}$$

式中：f_c 为混凝土轴心抗压强度设计值；σ_c 为混凝土的径向压应力。

设螺旋箍筋的截面面积为 A_{ss1}，间距为 s，螺旋箍筋的内径为 d_{cor}（即核芯混凝土截面的直径）。螺旋箍筋柱达到轴心受压极限状态时，螺旋箍筋达到屈服，其对核芯混凝土约束产生的径向压应力 σ_c 可由图 3.8 所示的隔离体平衡条件得到：

$$\sigma_c = \frac{2f_y A_{ss1}}{s d_{cor}} \tag{3.6}$$

代入式（3.5）得：

$$f_{cc}=f_c+\frac{8f_yA_{ss1}}{sd_{cor}} \tag{3.7}$$

由于箍筋屈服时，混凝土保护层已经剥落，所以混凝土的截面面积应取核芯混凝土的截面面积 A_{cor}。由轴向力的平衡条件得螺旋箍筋柱的承载力为：

$$\begin{aligned}N_u&=f_{cc}A_{cor}+f'_yA'_s\\&=f_cA_{cor}+f'_yA'_s+\frac{8f_yA_{ss1}}{sd_{cor}}A_{cor}\end{aligned} \tag{3.8}$$

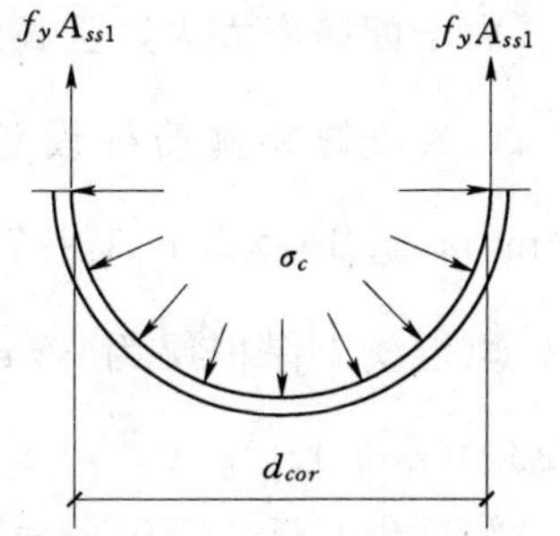

图 3.8 螺旋箍筋受力情况

按体积相等的原则将间距 s 范围内的螺旋箍筋换算成相当的纵向钢筋面积 A_{ss0}，即：

$$\pi d_{cor}A_{ss1}=sA_{ss0}$$

$$A_{ss0}=\frac{\pi d_{cor}A_{ss1}}{s} \tag{3.9}$$

式（3.8）可写成：

$$N_u=f_cA_{cor}+f'_yA'_s+2f_yA_{ss0} \tag{3.10}$$

试验表明，当混凝土强度等级大于C50时，径向压应力对构件承载力的影响有所降低，因此，上式中的第3项应乘以折减系数 α。另外，与普通箍筋柱类似，取可靠度调整系数为0.9。于是，螺旋箍筋柱承载能力极限状态设计表达式为：

$$N\leqslant N_u=0.9(f_cA_{cor}+2\alpha f_yA_{ss0}+f'_yA'_s) \tag{3.11}$$

式中：N 为轴向压力设计值；α 为螺旋箍筋对混凝土约束的折减系数：当混凝土强度等级不大于C50时，取1.0，当混凝土强度等级为C80时，取0.85，其间按直线内插法确定。

应用式（3.11）设计时，应注意以下几个问题：

（1）按式（3.11）算得的构件受压承载力不应比按式（3.4）算得的大50%。这是为了保证混凝土保护层在标准荷载下不过早剥落，不会影响正常使用。

（2）当 $l_0/d>12$ 时，不考虑螺旋箍筋的约束作用，应用式（3.4）进行计算。这是因为长细比较大时，构件破坏时实际处于偏心受压状态，截面不是全部受压，螺旋箍筋的约束作用得不到有效发挥。由于长细比较小，故式（3.11）没考虑稳定系数 φ。

（3）当螺旋箍筋的换算截面面积 A_{ss0} 小于纵向钢筋的全部截面面积的25%时，不考虑螺旋箍筋的约束作用，应用式（3.4）进行计算。这是因为螺旋箍筋配置得较少时，很难保证它对混凝土发挥有效的约束作用。

（4）按式（3.11）算得的构件受压承载力不应小于按式（3.4）算得的受压承载力。

【例3.2】 某展示厅内一根钢筋混凝土柱，按建筑设计要求截面为圆形，直径不大于500mm。该柱承受的轴心压力设计值 $N=5000\text{kN}$，柱的计算长度 $l_0=5.25\text{m}$，混凝土强度等级为C25，纵筋用HRB335级钢筋，箍筋用HPB300级钢筋。试进行该柱的设计。

解：（1）按普通箍筋柱设计。由 $l_0/d=5250/500=10.5$，查表3.2得 $\varphi=0.95$，代入式（3.4）得：

$$A'_s=\frac{1}{f'_y}\left(\frac{N}{0.9\varphi}-f_cA\right)=\frac{1}{300}\left(\frac{5000\times10^3}{0.9\times0.95}-11.9\times\frac{\pi\times500^2}{4}\right)=11708(\text{mm}^2)$$

$$\rho'=\frac{A'_s}{A}=\frac{11708}{\frac{\pi\times500^2}{4}}=0.0597=5.97\%$$

由于配筋率太大，且长细比又满足 $l_0/d<12$ 的要求，故考虑按螺旋箍筋柱设计。

（2）按螺旋箍筋柱设计。假定纵筋配筋率 $\rho'=4\%$，则 $A'_s=0.04\times\frac{\pi\times500^2}{4}=7850$（$mm^2$），选 16 Φ 25，$A'_s=7854.4mm^2$。

取混凝土保护层为 30m，则 $d_{cor}=500-30\times2=440(mm)$，$A_{cor}=\frac{\pi d_{cor}^2}{4}=\frac{\pi\times440^2}{4}=152053(mm^2)$。

混凝土 C25<C50，$\alpha=1.0$。

由式（3.11）得：

$$A_{ss0}=\frac{\frac{N}{0.9}-(f_cA_{cor}+f'_yA'_s)}{2f_y}=\frac{\frac{5000\times10^3}{0.9}-(11.9\times152053+300\times7854.4)}{2\times270}=2573(mm^2)$$

$A_{ss0}=2573mm^2>0.25A'_s=1964mm^2$，满足要求。

假定螺旋箍筋直径 $d=10mm$，则 $A_{ss1}=78.5mm^2$，由式（3.9）得：

$$s=\frac{\pi d_{cor}A_{ss1}}{A_{ss0}}=\frac{\pi\times440\times78.5}{2573}=42(mm)$$

实取螺旋箍筋为Φ 10@45。

按式（3.4）求普通箍筋柱的承载力为：

$$N_u=0.9\varphi(f_cA+f'_yA'_s)=0.9\times0.95\left(11.9\times\frac{\pi\times500^2}{4}+300\times7854.4\right)=4011.4\times10^3(N)$$

$1.5\times4011.4=6017.1>5000kN$，满足设计要求。

3.1.4 偏心受压构件正截面承载力计算

工程中偏心受压构件应用颇为广泛，如常见的多高层框架柱、单层刚架柱、单层厂房排架柱；大量的实体剪力墙和联肢剪力墙中的相当一部分墙肢；水塔、烟囱的筒壁和屋架、托架的上弦杆以及某些受压腹杆等均为偏心受压构件。

偏心受压构件大部分只考虑轴向压力 N 沿截面一个主轴方向的偏心作用，即按单向偏心受压进行截面设计。离偏心压力 N 较近一侧的纵向钢筋受压，其截面面积用 A'_s 表示；而另一侧的纵向钢筋则随轴向压力 N 偏心距的大小可能受拉也可能受压，其截面面积用 A_s 表示。

3.1.4.1 偏心受压构件正截面的破坏特征

偏心受压构件截面上同时作用有弯矩 M 和轴向压力 N，轴向压力对截面重心的偏心距 $e_0=M/N$。我们可把偏心受压状态视为轴心受压与受弯之间的过渡状态，故能断定，偏心受压截面中的应变和应力分布特征将随着偏心距 e_0 值的逐渐减小而从接近于受弯构件的状态过渡到接近于轴心受压状态。

钢筋混凝土偏心受压构件正截面的受力特点和破坏特征与轴向压力偏心距大小、纵向钢筋的数量、钢筋强度和混凝土强度等因素有关，一般可分为以下两类：第一类——受拉破坏，亦称为“大偏心受压破坏”；第二类——受压破坏，亦称为“小偏心受压破坏”。

1. 大偏心受压破坏

当构件截面中轴向压力的偏心距较大，而且没有配置过多的受拉钢筋时，就将发生这种类型的破坏。这类构件由于 e_0 较大，即弯矩 M 的影响较为显著，它具有与适筋受弯构件类似的受力特点。在偏心距较大的轴向压力 N 作用下，远离纵向偏心力一侧截面受拉。当 N 增大到一定程度时，受拉边缘混凝土将达到极限拉应变，出现垂直于构件轴线的裂缝。这些裂缝将随着荷载的增大而不断加宽并向受压一侧发展，裂缝截面中的拉力将全部转由受拉钢筋承担。随着荷载的增大，受拉钢筋将首先屈服。随着钢筋屈服后的塑性伸长，裂缝将明显加宽并进一步向受压一侧延伸，从而使受压区面积减小，受压边缘的压应变逐步增大。最后当受压边缘混凝土达到其极限压应变 ε_{cu} 时，受压区混凝土被压碎而导致构件的最终破坏。这类构件的混凝土压碎区一般都不太长，破坏时受拉区形成一条较宽的主裂缝。试验所得的典型破坏状况如图 3.9（a）所示。只要受压区相对高度不致过小，混凝土保护层不是太厚，即受压钢筋不是过分靠近中和轴，而且受压钢筋的强度也不是太高，则在混凝土开始压碎时，受压钢筋应力一般都能达到屈服强度。

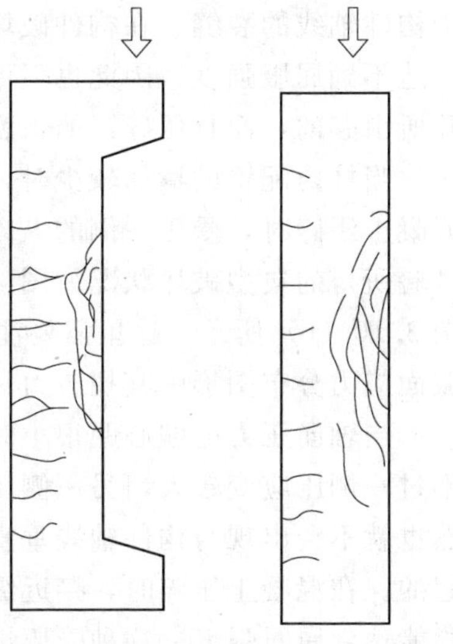
(a)大偏心受压　　(b)小偏心受压

图 3.9　偏心受压构件的破坏

大偏心受压关键的破坏特征是受拉钢筋首先屈服，然后受压钢筋也能达到屈服，最后由于受压区混凝土压碎而导致构件破坏，这种破坏形态在破坏前有明显的预兆，属于塑性破坏。破坏阶段截面中的应变及应力分布图形如图 3.10（a）所示。这类破坏也称为“受拉破坏”。

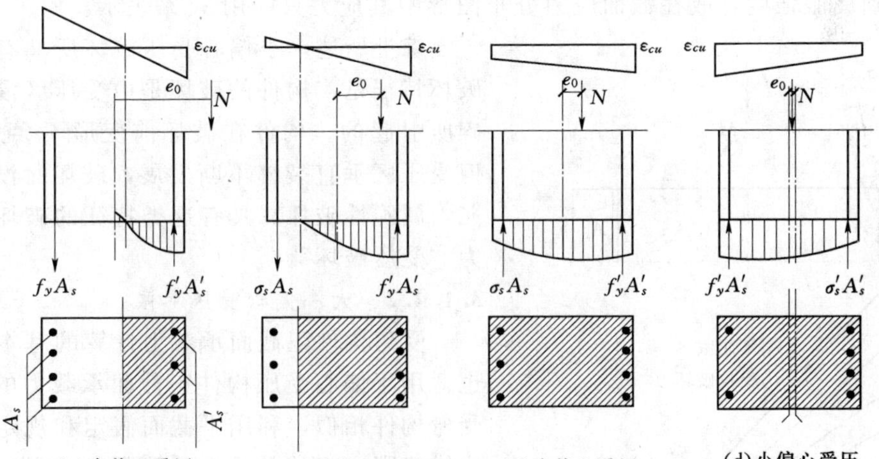

(a)大偏心受压　(b)小偏心受压　(c)小偏心受压　(d)小偏心受压

图 3.10　偏心受压构件破坏时截面中的应变及应力分布图

2. 小偏心受压破坏

若构件截面中轴向压力的偏心距较小或虽然偏心距较大，但配置过多的受拉钢筋时，构件就会发生这种类型的破坏。此时，截面可能处于大部分受压而少部分受拉状态。当荷载增加到一定程度时，受拉边缘混凝土将达到其极限拉应变，从而沿构件受拉边将出现一些垂直于构件轴线的裂缝。在构件破坏时，中和轴距受拉钢筋较近，钢筋中的拉应力较小，受拉钢筋达不到屈服强度，因此也不可能形成明显的主拉裂缝。构件的破坏是由受压区混凝土的压碎所引起的，而且压碎区的长度往往较大。

当柱内配置的箍筋较少时，还可能于混凝土压碎前在受压区内出现较长的纵向裂缝。在混凝土压碎时，受压一侧的纵向钢筋只要强度不是过高，其压应力一般都能达到屈服强度。试验所得的典型破坏状况如图 3.9（b）所示。破坏阶段截面中的应变及应力分布图形则如图 3.10（b）所示。这里需要注意的是，由于受拉钢筋中的应力没有达到屈服强度，因此在截面应力分布图形中其拉应力只能用 σ_s 来表示。

当轴向压力的偏心距很小时，也发生小偏心受压破坏。此时，构件截面将全部受压，只不过一侧压应变较大，另一侧压应变较小。这类构件的压应变较小一侧在整个受力过程中自然也就不会出现与构件轴线垂直的裂缝。构件的破坏是由压应变较大一侧的混凝土压碎所引起的。在混凝土压碎时，接近纵向偏心力一侧的纵向钢筋只要强度不是过高，其压应力一般均能达到屈服强度。这种受压情况破坏阶段截面中的应变及应力分布图形如图 3.10（c）所示。由于受压较小一侧的钢筋压应力通常也达不到屈服强度，故在应力分布图形中它的应力也用 σ_s 表示。

此外，小偏心受压的一种特殊情况是：当轴向压力的偏心距很小，而远离纵向偏心压力一侧的钢筋配置得过少，靠近纵向偏心压力一侧的钢筋配置较多时，截面的实际重心和构件的几何形心不重合，重心轴向纵向偏心压力方向偏移，且越过纵向压力作用线。此时，破坏阶段截面中的应变和应力分布图形如图 3.10（d）所示。可见远离纵向偏心压力一侧的混凝土的压应力反而大，出现远离纵向偏心压力一侧边缘混凝土的应变先达到极限压应变，混凝土被压碎，导致构件破坏的现象。由于压应力较小一侧钢筋的应力通常也达不到屈服强度，故在截面应力分布图形中其应力只能用 σ_s' 来表示。

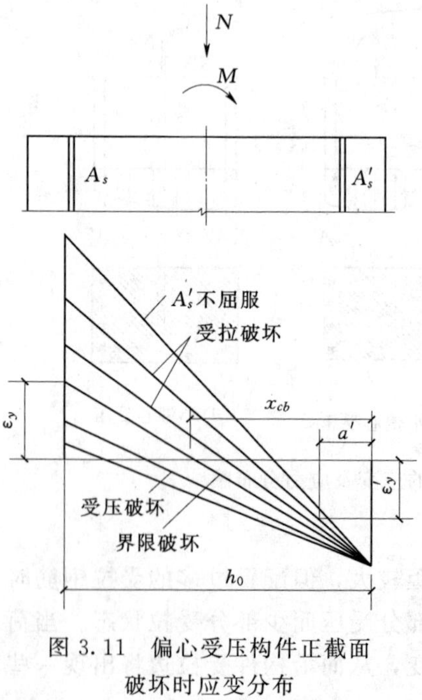

图 3.11　偏心受压构件正截面破坏时应变分布

综上所述，小偏心受压破坏所共有的关键性破坏特征是：构件的破坏是由受压区混凝土的压碎所引起的。构件在破坏前变形不会急剧增长，但受压区垂直裂缝不断发展，破坏时没有明显预兆，属脆性破坏。具有这类特征的破坏形态统称为“受压破坏”。

3.1.4.2　大小偏心受压界限

受弯构件正截面承载力计算的基本假定同样也适用于偏心受压构件正截面承载力的计算。与受弯构件相似，利用平截面假定和规定了受压区边缘极限应变的数值后，就可以求得偏心受压构件正截面在各种破坏情况下，沿截面高度的平均应变分布，见图 3.11。

在图 3.11 中，ε_y 表示受拉纵筋在屈服点时的应变值；ε_y' 表示受压纵筋屈服时的应变值，$\varepsilon_y' = f_y'/E_s$；$x_{cb}$ 表示界限状态时截面受压区的实际高度。

从图3.11可看出，当受压区太小，混凝土达到极限应变值时，受压纵筋的应变很小，以致达不到屈服强度。当受压区达到 x_{cb} 时，混凝土和受拉筋分别达到极限压应变值和屈服点应变值即为界限破坏形态。相应于界限破坏形态的相对受压区高度 ξ_b 与受弯构件相同。

当 $\xi \leqslant \xi_b$ 时为大偏心受压破坏形态，$\xi \leqslant \xi_b$ 时为小偏心受压破坏形态。

3.1.4.3 附加偏心距和初始偏心距

因荷载的作用位置和大小的不定性、施工误差以及混凝土质量的不均匀性等原因，以致轴向力产生附加偏心距 e_a，e_a 取20mm和偏心方向截面尺寸的1/30两者中的较大值。

因此，轴向力的初始偏心距 e_i 按下式计算：

$$e_i = e_0 + e_a \tag{3.12}$$

3.1.4.4 偏心受压构件初始弯矩的调整

钢筋混凝土受压构件承受偏心荷载，产生纵向弯曲变形，即产生侧向挠度。对长细比小的短柱，侧向挠度小，计算时一般可忽略其影响。而对长细比较大的长柱，由于侧向挠度的影响，各个截面所受的弯矩不再是 Ne_0，而变为 $N(e_9+y)$，y 为构件任意点的水平侧向挠度，在柱高中点处，侧向挠度最大的截面中的弯矩为 $N\ (e_0+\Delta)$，Δ 是随着荷载的增大而不断加大，因而弯矩的增长也就越来越快。偏心受压构件中的弯矩受轴向压力和构件侧向附加挠度影响的现象称为“细长效应”或“压弯效应”，并把截面弯矩中的 Ne_0 称为初始弯矩或一阶弯矩（不考虑细长效应时构件截面中的弯矩），将 Ny 或 $N\Delta$ 称为附加弯矩或二阶弯矩。

对于细长偏心受压构件中的二阶效应，是偏心受压构件中轴向压力产生的挠曲变形引起的曲率和弯矩的增量。目前，在一般情况下，对于二阶效应的计算，各国规范均采用近似法。我国《混凝土结构设计规范》（GB 50010—2010）规定沿用我国处理这个问题使用的传统极限曲率表达式，结合国际先进的经验提出了新方法，就是对初始弯矩进行调整，调整的过程如下。

对于除排架结构外的其他偏心受压构件。

（1）判断是否对初始弯矩进行调整。当 $\frac{N}{f_cA} \leqslant 0.9$ 且 $\frac{M_1}{M_2} \leqslant 0.9$ 且构件长细比 $\frac{l_c}{i} \leqslant 34-12\left(\frac{M_1}{M_2}\right)$ 时，可以不考虑二阶效应对偏心距的影响，即不对初始弯矩进行调整。

其中，M_2、M_1 为柱两端截面按结构弹性分析确定的对同一主轴的组合弯矩设计值，绝对值较大端为 M_2，绝对值较小端弯矩为 M_1，当构件按单曲率弯曲时，$\frac{M_1}{M_2}$ 为正值，否则，为负值；l_c 为柱的计算长度，可近似取偏心受压柱相对于主轴方向上下支撑点之间的距离；i 为偏心方向的截面回转半径。

（2）调整初始弯矩。

$$M = C_m \eta_{ns} M_2 \tag{3.13}$$

$$C_m = 0.7 + 0.3\frac{M_1}{M_2} \tag{3.14}$$

$$\eta_{ns} = 1 + \frac{1}{1300\left(\frac{M_2}{N}+e_a\right)/h_0}\left(\frac{l_c}{h}\right)^2 \zeta_c \tag{3.15}$$

$$C_m \eta_{ns} \geqslant 1.0$$

$$\zeta_c = \frac{0.5 f_c A}{N} \tag{3.16}$$

式中：η_{ns} 为弯矩增大系数；N 为与弯矩设计值 M_2 相应的轴向力设计值；C_m 为构件端截面偏心距调节系数，当小于 0.7 时取 0.7；ζ_c 为截面曲率修正系数，当计算值大于 1.0 时取 1.0；h_0 为截面有效高度。

3.1.4.5　矩形截面偏心受压构件正截面承载力计算公式

1. **大偏心受压**

大偏心受压破坏时，承载能力极限状态下截面的实际应力和应变图如图 3.12（a）所示。与受弯构件的处理方法相同，将受压区混凝土曲线应力图用等效矩形应力分布图来代替，应力值为 $\alpha_1 f_c$，受压区高度为 x，则大偏心受压破坏的截面计算图如图 3.12（b）所示。

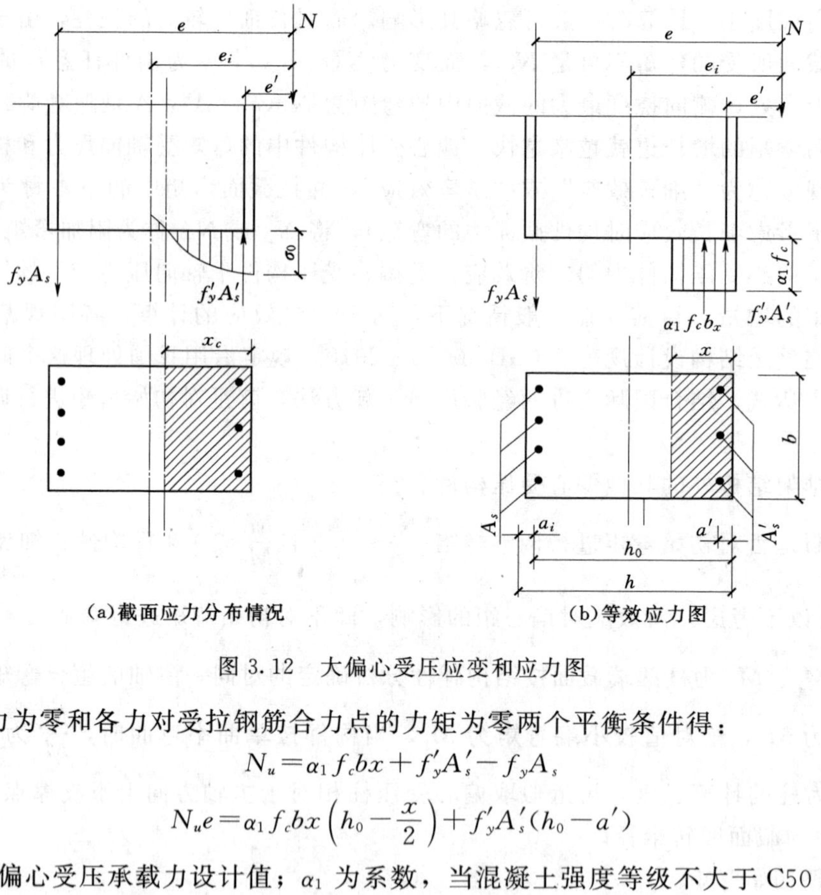

图 3.12　大偏心受压应变和应力图

由轴向力为零和各力对受拉钢筋合力点的力矩为零两个平衡条件得：

$$N_u = \alpha_1 f_c b x + f'_y A'_s - f_y A_s \tag{3.17}$$

$$N_u e = \alpha_1 f_c b x \left(h_0 - \frac{x}{2}\right) + f'_y A'_s (h_0 - a') \tag{3.18}$$

式中：N_u 为偏心受压承载力设计值；α_1 为系数，当混凝土强度等级不大于 C50 时，取 1.0；混凝土强度等级为 C80 时，取 0.94；其间按线性内插法确定；x 为受压区计算高度；e 为轴向力作用点到受拉钢筋 A_s 合力点之间的距离。

$$e = e_i + \frac{h}{2} - a \tag{3.19}$$

$$e' = e_i - \frac{h}{2} + a' \tag{3.20}$$

$$e_i = e_0 + e_a$$

$$e_0=\frac{M}{N}$$

适用条件如下。

(1) 为保证为大偏心受压破坏，亦即破坏时受拉钢筋应力先达到屈服强度，必须满足 $x\leqslant\xi_b h_0$（或 $\xi\leqslant\xi_b$）。

(2) 为了保证构件破坏时，受压钢筋应力能达到抗压强度设计值 f'_y，应满足 $x\geqslant 2a'$。当 $x<2a'$ 时，表明受压钢筋达不到抗压强度设计值 f'_y，偏于安全起见，取 $x=2a'$ 并对受压钢筋的合力点取矩，得：

$$Ne'=f_yA_s(h_0-a') \tag{3.21}$$

2. 小偏心受压

小偏心受压破坏时，承载能力极限状态下截面的应力图形如图 3.13 所示。受压区的混凝土曲线应力图仍然用等效矩形应力图来代替。

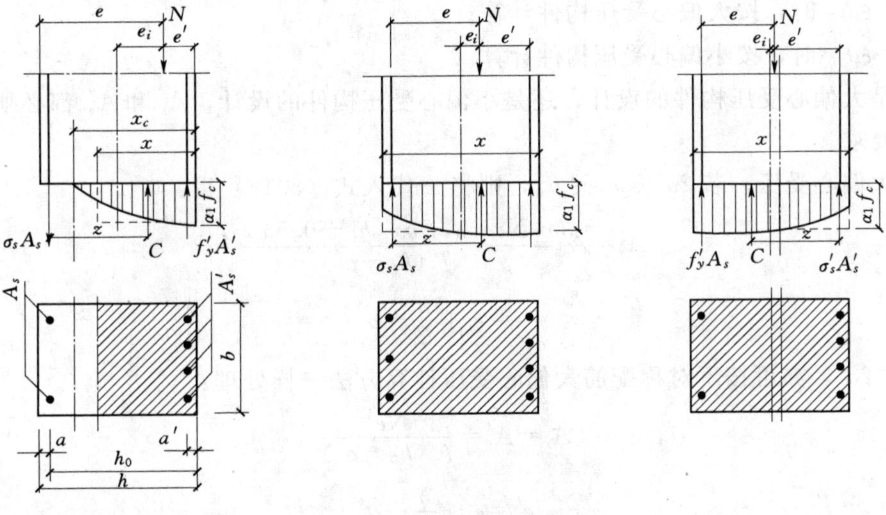

(a) A_s 受拉不屈服　　(b) A_s 受压不屈服　　(c) A_s 受压屈服

图 3.13 小偏心受压应力图

根据力的平衡条件及力矩平衡条件得：

$$N_u=\alpha_1 f_c bx+f'_yA'_s-\sigma_sA_s \tag{3.22}$$

$$N_ue=\alpha_1 f_c bx\left(h_0-\frac{x}{2}\right)+f'_yA'_s(h_0-a') \tag{3.23}$$

或

$$N_ue'=\alpha_1 f_c bx\left(\frac{x}{2}-a'\right)-\sigma_sA_s(h_0-a') \tag{3.24}$$

式中：σ_s 为钢筋 A_s 的应力值。

σ_s 可根据应变符合平截面假定的条件得到：

$$\sigma_s=\varepsilon_{cu}E_s\left(\frac{\beta_1}{\xi}-1\right) \tag{3.25}$$

也可根据截面应力的边界条件（$\xi=\xi_b$ 时，$\sigma_s=f_y$；$\xi=\beta_1$ 时，$\sigma_s=0$），近似取为：

$$\sigma_s=\frac{\xi-\beta_1}{\xi_b-\beta_1}f_y \tag{3.26}$$

3.1.4.6 对称配筋矩形截面偏心受压构件正截面承载力计算方法

根据受力情况，偏心受压构件正截面配筋可分为对称配筋和不对称配筋。所谓对称配筋是指在偏心力作用方向截面的两边配筋的面积和强度等级都相同，否则，为非对称配筋。

实际工程中，偏心受压构件截面在各种不同内力组合下，可能承受方向相反的弯矩，当两个方向的弯矩相差不大，或即使相差较大，但按对称配筋设计算得的纵向钢筋总用量比按不对称配筋设计增加不多时，均宜采用对称配筋。装配式偏心受压构件为避免吊装出错，一般也采用对称配筋。

1. 截面设计

即：根据已知条件，求 $A_s=A'_s=?$

(1) 判别大小偏心类型。对称配筋时，$A_s=A'_s$，$f_y=f'_y$，代入式 (3.17) 得：

$$x=\frac{N}{\alpha_1 f_c b} \tag{3.27}$$

当 $x\leqslant\xi_b h_0$ 时，按大偏心受压构件计算；

当 $x>\xi_b h_0$ 时，按小偏心受压构件计算。

不论是大偏心受压构件的设计，还是小偏心受压构件的设计，A_s 和 A'_s 都必须满足最小配筋率的要求。

(2) 大偏心受压。若 $2a'\leqslant x\leqslant\xi_b h_0$，则将 x 代入式 (3.18) 得：

$$A_s=A'_s=\frac{Ne-\alpha_1 f_c bx(h_0-0.5x)}{f'_y(h_0-a')} \tag{3.28}$$

其中
$$e=e_i+\frac{h}{2}-a$$

若 $x<2a'$，亦可按不对称配筋大偏心受压计算方法一样处理：

$$A_s=A'_s=\frac{Ne'}{f_y(h_0-a')} \tag{3.29}$$

其中
$$e'=e_i-\frac{h}{2}+a'$$

(3) 小偏心受压。对于小偏心受压破坏，将 $A_s=A'_s$、$f_y=f'_y$ 代入式 (3.18) 可得：

$$N=\alpha_1 f_c bx+f_y A_s-\frac{\frac{x}{h_0}-\beta_1}{\xi_b-\beta_1}f_y A_s \tag{3.30}$$

$$Ne=\alpha_1 f_c bx\left(h_0-\frac{x}{2}\right)+f_y A_s(h_0-a') \tag{3.31}$$

求 x 需求解三次方程，计算复杂。可改用规范给定的 ξ 简化计算：

$$\xi=\frac{N-\xi_b\alpha_1 f_c bh_0}{\frac{Ne-0.43\alpha_1 f_c bh_0^2}{(\beta_1-\xi_b)(h_0-a')}+\alpha_1 f_c bh_0}+\xi_b \tag{3.32}$$

将 ξ 代入式 (3.28) 即可得：

$$A_s=A'_s=\frac{Ne-\alpha_1 f_c bh_0^2\xi(1-0.5\xi)}{f'_y(h_0-a')} \tag{3.33}$$

查表配筋后验算配筋率是否满足要求，再根据构造要求（如柱纵筋的直径、净距、对称均匀等要求）画出包括箍筋在内的柱截面配筋图。

2. 截面复核

根据已知条件，求出构件的承载力 $M_U=$?、$N_U=$?

在此，不再赘述。

【例 3.3】 某矩形截面钢筋混凝土框架柱，截面尺寸 $b=400\text{mm}$，$h=600\text{mm}$，柱的计算长度 $l_c=3.6\text{m}$，$\alpha=\alpha'=40\text{mm}$，承受弯矩设计值，$M_1=405\text{kN}\cdot\text{m}$，$M_2=425\text{kN}\cdot\text{m}$，与 M_2 相对应的轴向力设计值 $N=1030\text{kN}$，混凝土采用C30，纵筋采用HRB400级钢筋，柱为单曲率弯曲。对称配筋，求钢筋截面面积 $A_s=A'_s=$?，并画出配筋图。

解：查表可知：

$$f_c=14.3\text{N/mm}^2 \quad f_y=f'_y=360\text{N/mm}^2 \quad \xi_b=0.518$$

$$h_0=h-a_s=600-40=560(\text{mm})$$

（1）判断是否调整弯矩。

$$\frac{M_1}{M_2}=\frac{405}{425}=0.95>0.9$$

所以需要调整。

（2）计算 M。

$$M=C_m\eta_{ns}M_2$$

$$C_m=0.7+0.3\frac{M_1}{M_2}=0.7+0.3\times0.95=0.985$$

$$\zeta_c=\frac{0.5f_cA}{N}=\frac{0.5\times14.3\times240\times10^3}{1030\times10^3}=1.67>1.0\text{，取 }1.0$$

$$e_a=\max(20\text{mm},h/30)=20\text{mm}$$

$$\eta_{ns}=1+\frac{1}{1300\left(\dfrac{M_2}{N}+e_a\right)/h_0}\left(\frac{l_c}{h}\right)^2\zeta_c$$

$$=1+\frac{1}{1300\times\left(\dfrac{425\times10^6}{1030\times10^3}+20\right)/560}\times\left(\frac{3600}{600}\right)^2\times1.0$$

$$=1+0.036=1.036$$

$$M=0.985\times1.036\times425=434(\text{kN}\cdot\text{m})$$

（3）判断大小的偏心。

$$x=\frac{N}{a_1f_cb}=\frac{1030\times10^3}{1.0\times14.3\times400}=180<\xi_bh_0=0.518\times560=290.08(\text{mm})$$

所以为大偏心受压。

（4）求 $A_s=A'_s=$?

$$e_0=\frac{M}{N}=\frac{434\times10^6}{1030\times10^3}=421(\text{mm})$$

$$e=e_0+e_a+\frac{h}{2}-a_s=421+20+300-40=701(\text{mm})$$

$$A_s=A'_s=\frac{Ne-a_1f_cbx\left(h_0-\dfrac{x}{2}\right)}{f'_y(h_0-a'_s)}$$

$$=\frac{1030\times10^3\times701-1.0\times14.3\times400\times180\times\left(560-\frac{180}{2}\right)}{360\times(560-40)}$$

$$=1272(mm^2)$$

（5）结合构造要求配筋（直径、配筋率、净距等均满足要求）。

5 ⌀ 18：　　$A_s=A_s'=1272mm^2$

$$0.55\%\leqslant\rho=\frac{A_s+A_s'}{A}=\frac{1272\times2}{400\times600}=1.06\%\leqslant5\%$$

如图 3.14 所示。

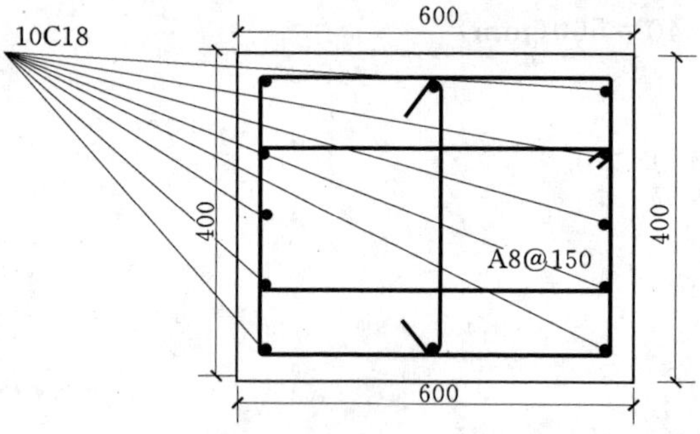

图 3.14　例 3.3 图

【例 3.4】 已知某矩形截面钢筋混凝土框架柱，截面尺寸：400mm×600mm，$l_c=4.2m$，$M_1=235kN\cdot m$，$M_2=245kN\cdot m$，$N=1800kN$，混凝土 C30，钢筋 HRB400，$a_s=a_s'=60mm$，单曲率弯曲，求 A_s、A_s' 并配筋（对称配筋）。

解： 查表可知：

$$f_c=14.3N/mm^2$$

$$f_y=f_y'=360N/mm^2$$

$$\xi_b=0.518$$

$$h_0=h-a_s=600-60=540(mm)$$

（1）判断是否调整弯矩。

$$\frac{M_1}{M_2}=\frac{235}{245}=0.96>0.9$$

所以要调整。

（2）计算 M。

$$M=C_m\eta_{ns}M_2$$

$$C_m=0.7+0.3\frac{M_1}{M_2}=0.7+0.3\times0.96=0.988$$

$$\zeta_c=\frac{0.5f_cA}{N}=\frac{0.5\times14.3\times240\times10^3}{1800\times10^3}=0.953$$

$$e_a=20mm$$

$$\eta_{ns}=1+\frac{1}{1300\times\left(\frac{M_2}{N}+e_a\right)/h_0}\left(\frac{l_c}{h}\right)^2\xi_c$$

$$\eta_{ns}=1+\frac{1}{1300\times\left(\frac{245\times10^6}{1800\times10^3}+20\right)/540}\times\left(\frac{4200}{600}\right)^2\times0.953$$

$$=1.124$$

$$M=0.988\times1.124\times245\times10^3=272.08(kN\cdot m)$$

（3）判断大小偏心。

$$x=\frac{N}{\alpha_1f_cb}=\frac{1800\times10^3}{1.0\times14.3\times400}=315mm>\xi_bh_0=0.518\times540=280(mm)$$

所以为小偏压。

(4) $e_0=\frac{M}{N}=\frac{272.08\times10^6}{1800\times10^3}=151(\text{mm})$

$$e=e_0+e_a+\frac{h}{2}-a_s=151+20+300-40=431(\text{mm})$$

$$\xi=\frac{N-\xi_b\alpha_1 f_c bh_0}{\frac{Ne-0.43\alpha_1 f_c bh_0^2}{(\beta_1-\xi_b)(h_0-a')}+\alpha_1 f_c bh_0}+\xi_b$$

$$=\frac{1800\times1000-0.518\times1.0\times14.3\times400\times540}{\frac{1800\times1000\times431-0.43\times1.0\times14.3\times400\times540^2}{(0.8-0.518)(540-60)}+1.0\times14.3\times400\times540}+0.518$$

$$=0.575$$

$$A_s'=\frac{Ne-\alpha_1 f_c b\xi h_0\left(h_0-\frac{\xi h_0}{2}\right)}{f_y'(h_0-a')}$$

$$=\frac{1800\times10^3\times431-1.0\times14.3\times400\times0.575\times540\times\left(540-\frac{0.575\times540}{2}\right)}{360\times(540-40)}$$

$$=514(\text{mm}^2)$$

按最小配筋率为0.55%，可推出$A_s=A_s'=0.55\%\times400\times600/2=660(\text{mm}^2)$

配置3Φ18，$A_s=A_s'=763\text{mm}^2$。

配筋图见图3.15。

(5) 垂直于弯矩作用平面的轴心受压承载力验算（略）。

3.1.5 偏心受压构件斜截面承载力计算

一般情况下偏心受压构件的剪力值相对较小，可不进行斜截面承载力的验算；但对于有较大水平力作用的框架柱，有横向力作用的桁架上弦压杆等，剪力影响较大，必须进行斜截面受剪承载力计算。

试验表明，轴向压力对构件抗剪起有利作用，主要是因为轴向压力的存在不仅能阻滞斜裂缝的出现和开展，而且能增加混凝土剪压区的高度，使剪压区的面积相对增大，从而提高了剪压区混凝土的抗剪能力。

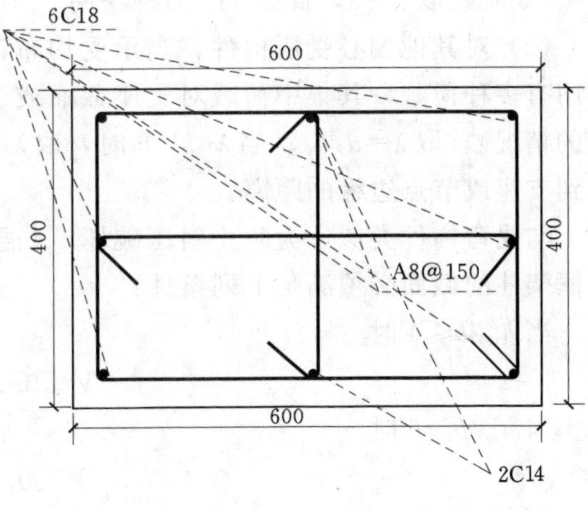

图3.15 例3.4图

轴向压力对构件抗剪承载力的有利作用是有限度的，图3.16为一组构件的试验结果。

在轴压比$\frac{N}{f_c A}$较小时，构件的抗剪承载力随轴压比的增大而提高，当轴压比$\frac{N}{f_c A}=0.3\sim0.5$时，抗剪承载力达到最大值。若再增大轴压力，则构件抗剪承载力反而会随着轴压力的增大而降低，并转变为带有斜裂缝的小偏心受压正截面破坏。

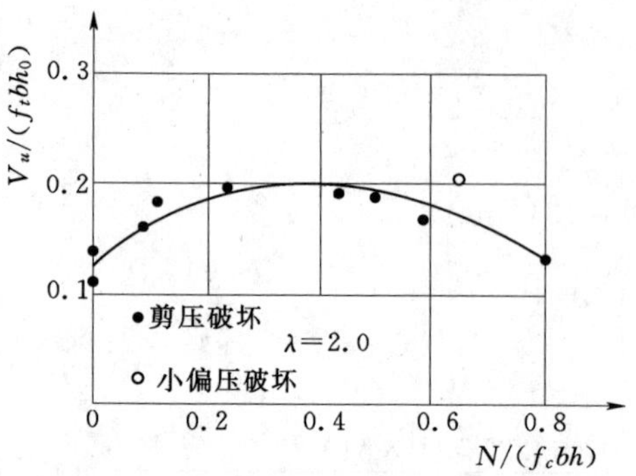

图 3.16　抗剪承载力与轴向压力的关系

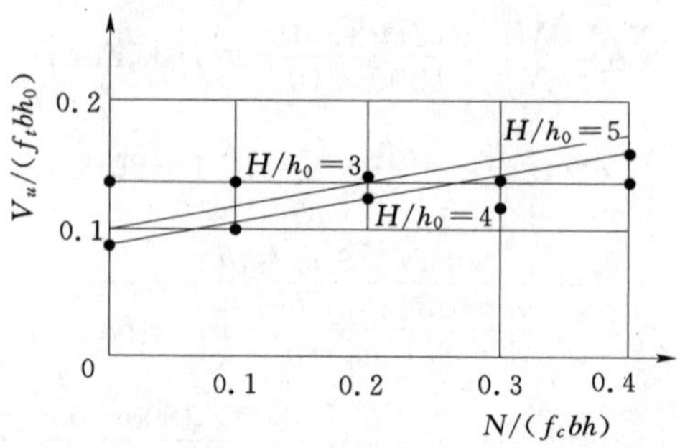

图 3.17　不同剪跨比的 V_c—N 关系

据图 3.16 和图 3.17 所示的试验结果，并考虑一般偏心受压框架柱两端在节点处是有约束的，故在轴向压力作用下的偏心受压构件受剪承载力，采用在无轴力受弯构件连续梁受剪承载力公式的基础上增加一项附加受剪承载力的办法，来考虑轴向压力对构件受剪承载力的有利影响。矩形、T 形和 I 形截面偏心受压构件的受剪承载力计算公式为：

$$V \leqslant \frac{1.75}{\lambda+1.0} f_t b h_0 + 1.0 f_{yv} \frac{A_{sv}}{s} h_0 + 0.07N \tag{3.34}$$

式中：λ 为偏心受压构件计算截面的剪跨比；N 为与剪力设计值 V 相应的轴向压力设计值，当 $N>0.3f_cA$ 时，取 $N=0.3f_cA$，A 为构件截面面积。

计算截面的剪跨比应按下列规定取用：

(1) 对框架柱，当其反弯点在层高范围内时，取 $\lambda=H_n/(2h_0)$；当 $\lambda<1$ 时，取 $\lambda=1$；当 $\lambda>3$ 时，取 $\lambda=3$，此处 H_n 为柱净高。

(2) 对其他偏心受压构件，当承受均布荷载时，取 $\lambda=1.5$；当承受集中荷载时（包括作用有多种荷载，其集中荷载对支座截面或节点边缘所产生的剪力值占总剪力值的 75%以上的情况），取 $\lambda=a/h_0$；当 $\lambda<1.5$ 时，取 $\lambda=1.5$；当 $\lambda>3$ 时，取 $\lambda=3$，此处，a 为集中荷载到支座或节点边缘的距离。

与受弯构件类似，为防止斜压破坏，《混凝土结构设计规范》规定矩形、T 形和 I 形截面框架柱的截面必须满足下列条件：

当 $h_w/b \leqslant 4$ 时

$$V \leqslant 0.25\beta_c f_c b h_0 \tag{3.35}$$

当 $h_w/b \geqslant 6$ 时

$$V \leqslant 0.2\beta_c f_c b h_0 \tag{3.36}$$

当 $4<h_w/b<6$ 时，按线性内插法确定。

式中：β_c 为混凝土强度影响系数：当混凝土强度等级不超过 C50 时，取 $\beta_c=1.0$；当混凝土强度等级为 C80 时，取 $\beta_c=0.8$；其间按线性内插法确定；h_w 为截面的腹板高度，取值同受弯构件。

此外，当符合下面公式要求时，则可不进行斜截面受剪承载力计算，而仅需按构造要求配置箍筋。

$$V \leqslant \frac{1.75}{\lambda+1.0} f_t b h_0 + 0.07N \tag{3.37}$$

【例 3.5】 某偏心受压柱，截面尺寸 $b=400\text{mm}$，$h=600\text{mm}$，柱净高 $H_n=3.2\text{m}$，取 $a=a'=40\text{mm}$，混凝土强度等级 C30，箍筋用 HRB335 钢筋。在柱端作用剪力设计值 $V=280\text{kN}$，相应的轴向压力设计值 $N=750\text{kN}$。确定该柱所需的箍筋数量。

解：（1）验算截面尺寸是否满足要求。

$$\frac{h_w}{b}=\frac{560}{400}=1.4<4$$

$$0.25\beta_c f_c bh_0=0.25\times1.0\times14.3\times400\times560=800800(\text{N})=800.8\text{kN}>V=280\text{kN}$$

截面尺寸满足要求。

（2）验算截面是否需按计算配置箍筋。

$$\lambda=\frac{H_n}{2h_0}=\frac{3200}{2\times560}=2.857\quad 1<\lambda<3$$

$$0.3f_cA=0.3\times14.3\times400\times600=1029600(\text{N})=1029.6\text{kN}>N=750\text{kN}$$

$$\begin{aligned}\frac{1.75}{\lambda+1}f_tbh_0+0.07N&=\frac{1.75}{2.857+1}\times1.43\times400\times560+0.07\times750000=197835.75(\text{N})\\&=197.8\text{kN}<V=280\text{kN}\end{aligned}$$

应按计算配箍筋。

（3）计算箍筋用量。

由 $V\leqslant\frac{1.75}{\lambda+1}f_tbh_0+f_{yv}\frac{A_{sv}}{s}h_0+0.07N$ 得

$$\frac{nA_{sv1}}{s}\geqslant\frac{V-\left(\frac{1.75}{\lambda+1}f_tbh_0+0.07N\right)}{f_{yv}h_0}=\frac{280000-197835.75}{300\times560}=0.489(\text{mm}^2/\text{mm})$$

采用Φ 8@200 双肢箍筋，

$$\frac{nA_{sv1}}{s}=\frac{2\times50.3}{200}=0.503>0.489$$

满足要求。

学习情境 3.2　钢筋混凝土柱施工图识读

3.2.1　柱的类型

根据柱的位置及作用不同分为：框架柱 KZ、转换柱 ZHZ、梁上柱 LZ、墙上柱 QZ、芯柱 XZ，如图 3.18 所示。

根据柱的平面位置不同分为中间柱、角柱和边柱，如图 3.19 所示。

3.2.2　柱的平法识读

混凝土柱的平法表示有列表注写法和截面注写法。

3.2.2.1　列表注写方式

列表注写方式，系在柱平面布置图上，分别在同一编号的柱中选择一个（有时需要选择几个）截面标注几何参数代号，在柱表中注写柱号、柱段起止标高、几何尺寸（含柱截面对轴线的偏心情况）与配筋的具体数值，并配以各种柱截面形状及其箍筋类型图的方式，来说明柱情况的平法施工图（图 3.20）。

1. 柱的编号表示

柱编号是根据柱的类型由字的汉语拼音字母的字头表示。如框架柱的代号 KZ。同类柱

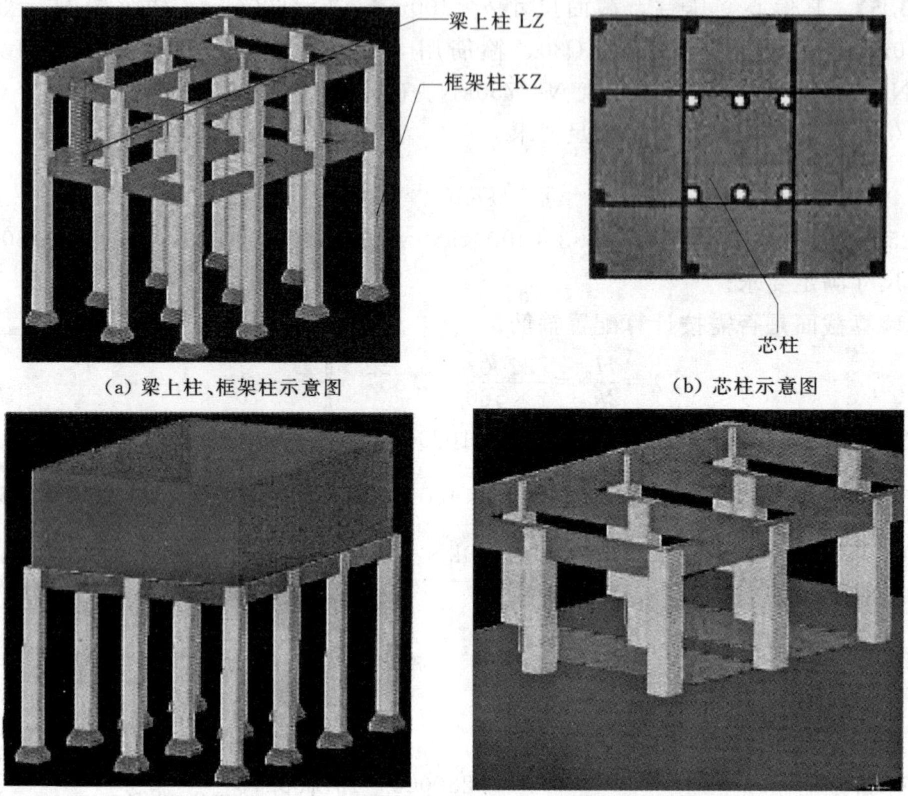

(a) 梁上柱、框架柱示意图　　(b) 芯柱示意图

(c) 转换柱示意图　　(d) 墙上柱示意图

图 3.18　柱类型示意图

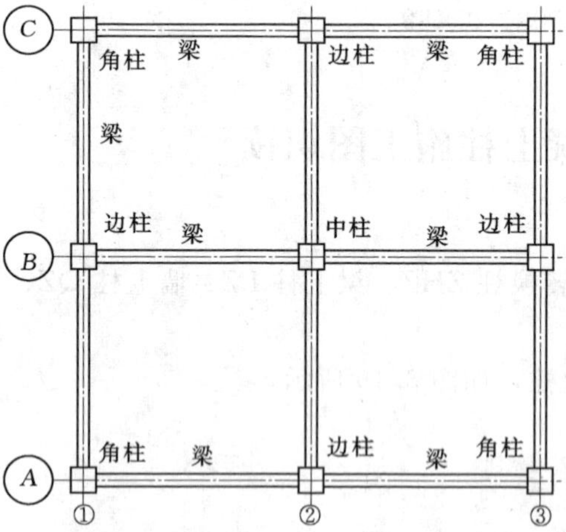

图 3.19　角柱、边柱、中间柱示意图

不同的截面和配筋时，加序号进行区别，如 KZ1、KZ2 等。

2. 柱的标高表示方法

如图 3.20 所示，柱的标高在图的左侧表中表示了各楼层的标高和层高，在图的下侧表中表示了各标高的柱子配筋和截面尺寸的选择。当查看各层柱子的配筋时，要将左侧的表与下侧的表对照进行查找。当同一位置的柱子截面或配筋变化时，图的下侧就会出现与其标高对应的一种柱子截面和配筋表。

3. 柱的截面尺寸表示方法

柱的上下两条边的长度用 b 表示，柱的左右两边的长度用 h 表示。为了区分各边与轴线的关系，柱的上下两条边的长度 $b=b_1+b_2$，b_1 是柱的左边缘到轴心的距离，b_2 是柱的右边缘到轴线的距离。柱的左右两条边的长度 $h=h_1+h_2$，h_1 是柱的上边缘到轴线的距离，h_2 是柱的下边缘到轴线的距离。KZ1 在－0.030～19.470 的标高位置中柱的截面尺寸是 750mm×700mm，柱的左右边缘距轴线都是 375mm。轴线处于 b 边的中间，柱的上边缘距轴线 150mm，柱的下边缘距轴线 550mm，轴线处于 h 边

层号	标高(m)	层高(m)
屋面 2	65.670	
塔层 2	62.370	3.30
屋面 1（塔层 1）	59.070	3.30
16	55.470	3.60
15	51.870	3.60
14	48.270	3.60
13	44.670	3.60
12	41.070	3.60
11	37.470	3.60
10	33.870	3.60
9	30.270	3.60
8	26.670	3.60
7	23.070	3.60
6	19.470	3.60
5	15.870	3.60
4	12.270	3.60
3	8.670	3.60
2	4.470	4.20
1	−0.030	4.50
−1	−4.530	4.50
−2	−9.030	4.50

结构层楼面标高
结构层高

上部结构嵌固部位
−0.030

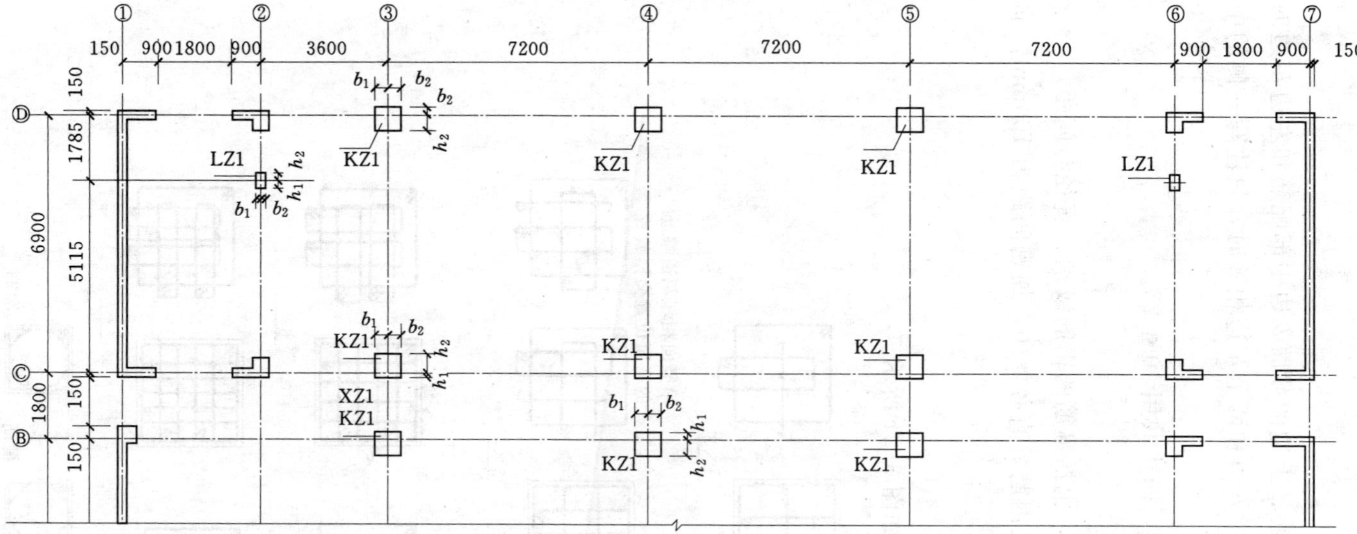

柱表

柱号	标高	$b×h$（圆柱直径 D）	b_1	b_2	h_1	h_2	全部纵筋	角筋	b 边一侧中部筋	h 边一侧中部筋	箍筋类型号	箍筋	备注
KZ1	−0.030～19.470	750×700	375	375	150	550	24 ⌀ 25				1(5×4)	Φ10@100/200	—
	19.470～37.470	650×600	325	325	150	450		4 ⌀ 22	5 ⌀ 22	4 ⌀ 20	1(4×4)	Φ10@100/200	
	37.470～59.070	550×500	275	275	150	350		4 ⌀ 22	5 ⌀ 22	4 ⌀ 20	1(4×4)	Φ8@100/200	
XZ1	−0.030～8.670						8 ⌀ 25				按标准构造详图	Φ10@100	③×Ⓑ轴 KZ1 中设置

−0.030～59.070 柱平法施工图（局部）

注：1. 如采用非对称配筋，需在柱表中增加相应栏目分别表示各边的中部筋。
2. 抗震设计时箍筋对纵筋至少隔一拉一。
3. 类型 1、5 的箍筋肢数可有多种组合，右图为 5×4 的组合，其余类型为固定形式，在表中只注类型号即可。

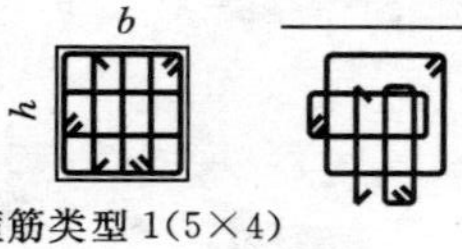

箍筋类型 1(5×4)

图 3.20 柱列表注写方式

是偏心轴，柱子的截面和配筋分别在第 6 层（19.470m）和第 11 层（37.470m）发生改变。

4. 柱的纵向筋表示方法

柱子的纵向筋分别用角筋即柱子四个角的钢筋、上边的截面 b 边中部配筋和左边 h 边的中部配筋进行表示。对称配筋的矩形截面柱，两个 b 边和两个 h 边相等时，只注写一侧的中部配筋。

如 KZ1 的 b 边的一侧中部配筋各自是 5 Φ 22，两边共用 10 Φ 25。

5. 柱箍筋的表示方法

在箍筋的类型栏内注写箍筋的类型号与肢数，包括箍筋的钢筋级别、直径与间距。

如：Φ10@100/250，表示箍筋为 HPB300 级钢筋，直径Φ10，加密间距为 100mm，非加密间距为 250mm。

当圆柱采用螺旋箍筋时，需在箍筋前加“L”。

箍筋有各种的组成方式，矩形箍筋组成方式如图 3.21 所示。

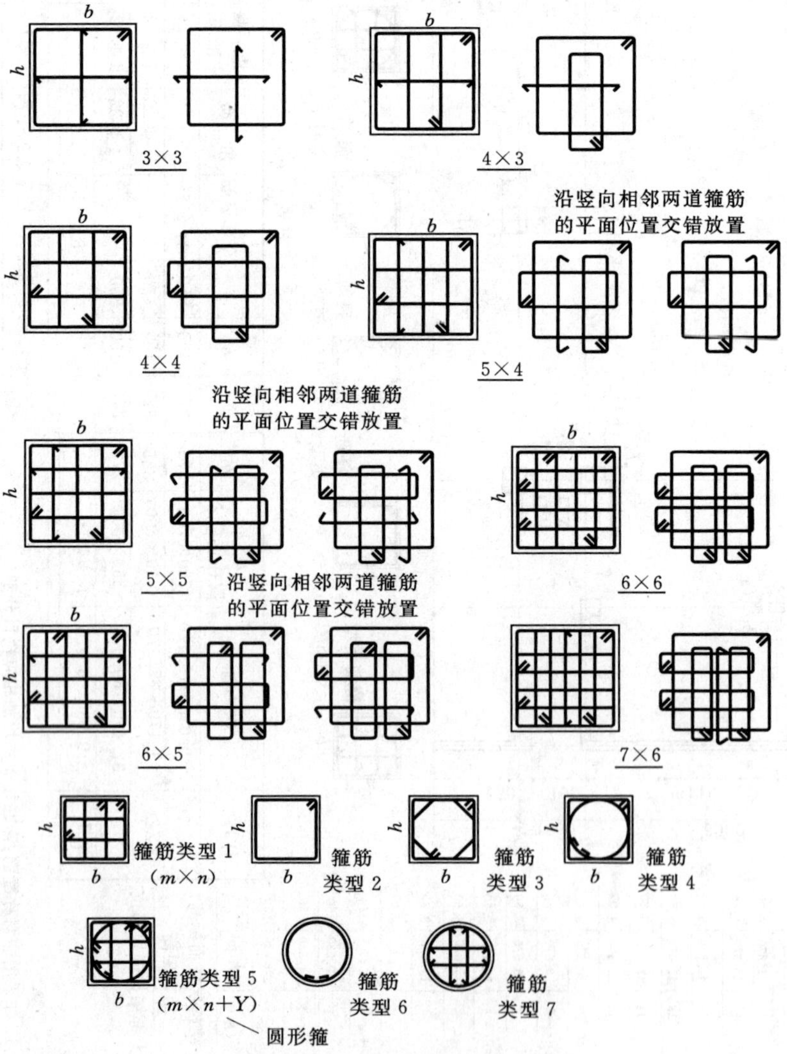

图 3.21 矩形箍筋复合方式

3.2.2.2　截面注写方式

截面注写方式，系在柱平面布置图上，分别在同一编号的柱中选择一个截面，以直接注写截面尺寸和配筋等的方式来表达柱情况的平法施工图（图 3.22）。

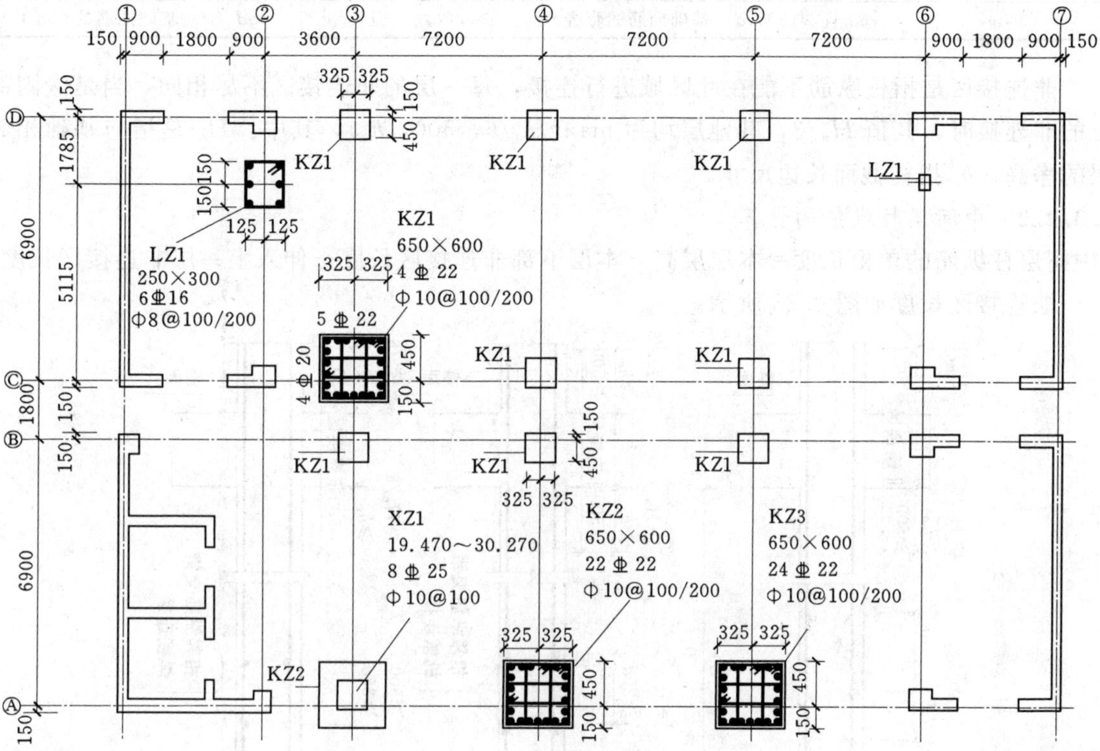

19.470～37.470 柱平法施工图

图 3.22　柱平法施工图截面注写方式示例

学习情境 3.3　钢筋混凝土柱钢筋预算量计算

3.3.1　柱的构造详图

柱的构造详图如图 3.23～图 3.27 所示（出自 16G101—1）。

3.3.2　柱中钢筋预算量计算规则

根据前面内容可知，柱中的钢筋有纵筋、箍筋、拉结筋。而对于柱中钢筋量计算要分层计算，因此柱中钢筋就分为基础层钢筋、一层钢筋、中间层钢筋、顶层钢筋，对于设地下室的还有地下室钢筋分别计算。

3.3.2.1　柱基础插筋量的计算

如图 3.28 所示，柱插入到基础中的预留接头的钢筋称为插筋。在浇筑基础混凝土前，将柱插筋留好，等浇筑完基础混凝土后，从插筋上端往上进行连接，依此类推，逐层连接往上。

柱基础插筋单根长度＝基础内长度(包括基础内竖直长度 h_1 ＋弯折长度)＋伸出基础非连接区高度。

基础内竖直长度，一般情况可以取 h_1 ＝(基础高度－基础钢筋保护层厚度－基础纵筋直径)，弯折长度取值见表 3.3。

表 3.3　　**弯折长度取值**

竖直长度/mm	弯折长度/mm	竖直长度/mm	弯折长度/mm
$>l_{aE}$	$6d$ 且≥150（d—基础插筋的直径）	≥$0.6l_{abE}$，但≤l_{aE}	$15d$（d—基础插筋的直径）

非连接区是指柱纵筋不能在此区域进行连接，每一层的非连接区不尽相同，当是嵌固部位的非连接时，其值 $H_n/3$，其他层均为 $\max(H_n/6, 500, h_c)$，其中：H_n 是指与基础相邻层的净高；h_c 指柱截面长边尺寸。

3.3.2.2　中间层柱纵筋的计算

中间层柱纵筋的单根长度＝本层层高－本层下部非连接区长度＋伸入上一层非连接区长度

非连接区长度如图 3.23 所示。

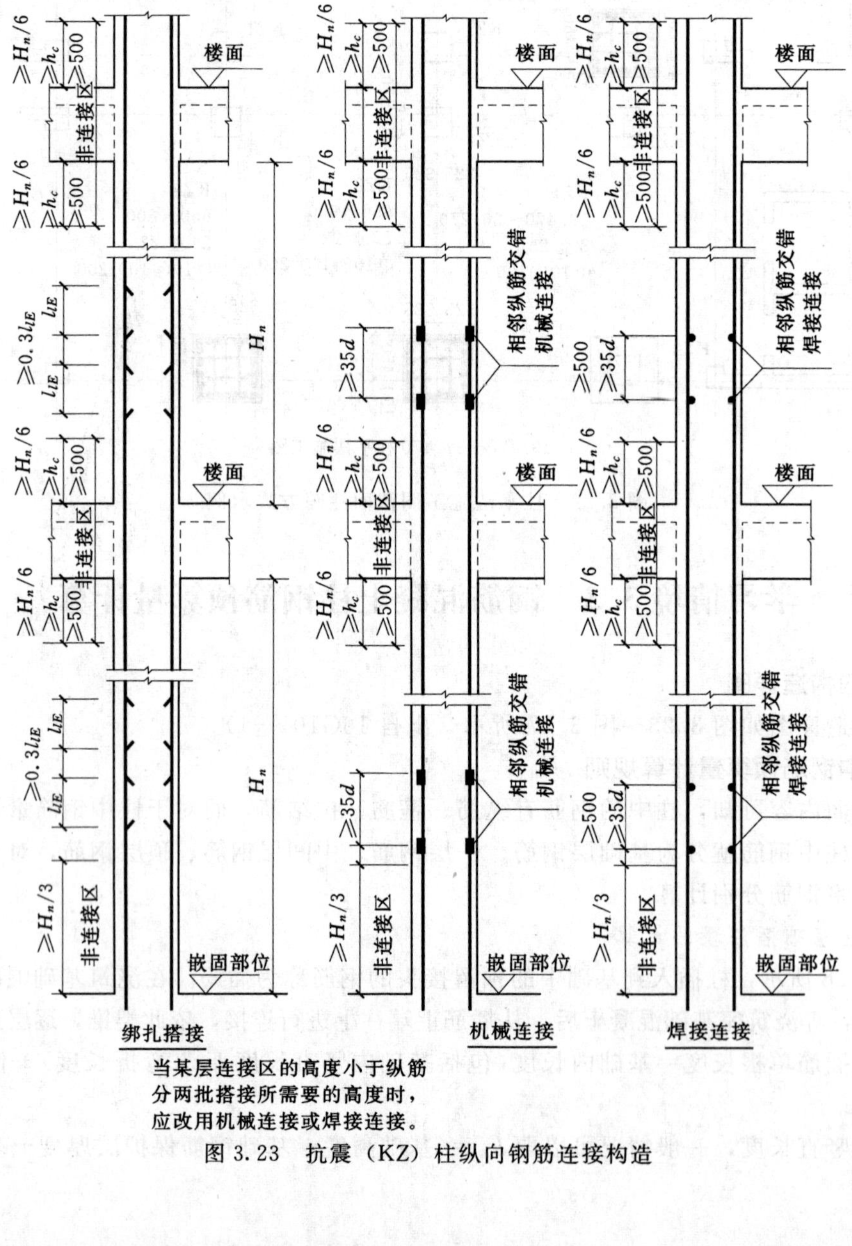

图 3.23　抗震（KZ）柱纵向钢筋连接构造

3.3.2.3　顶层柱的纵筋计算

顶层柱因其所处位置的不同，柱纵筋的顶层锚固长度各不相同，因此有不同的计算规则。

1. 中柱顶层纵筋计算

中柱顶部四面均有梁，其纵向钢筋直接锚入顶层梁内或板内，锚入方式见图 3.25，可见有 4 种情况。

顶层中柱纵筋单根长度＝顶层层高－本层下部非连接区长度－顶部保护层厚度＋$12d$

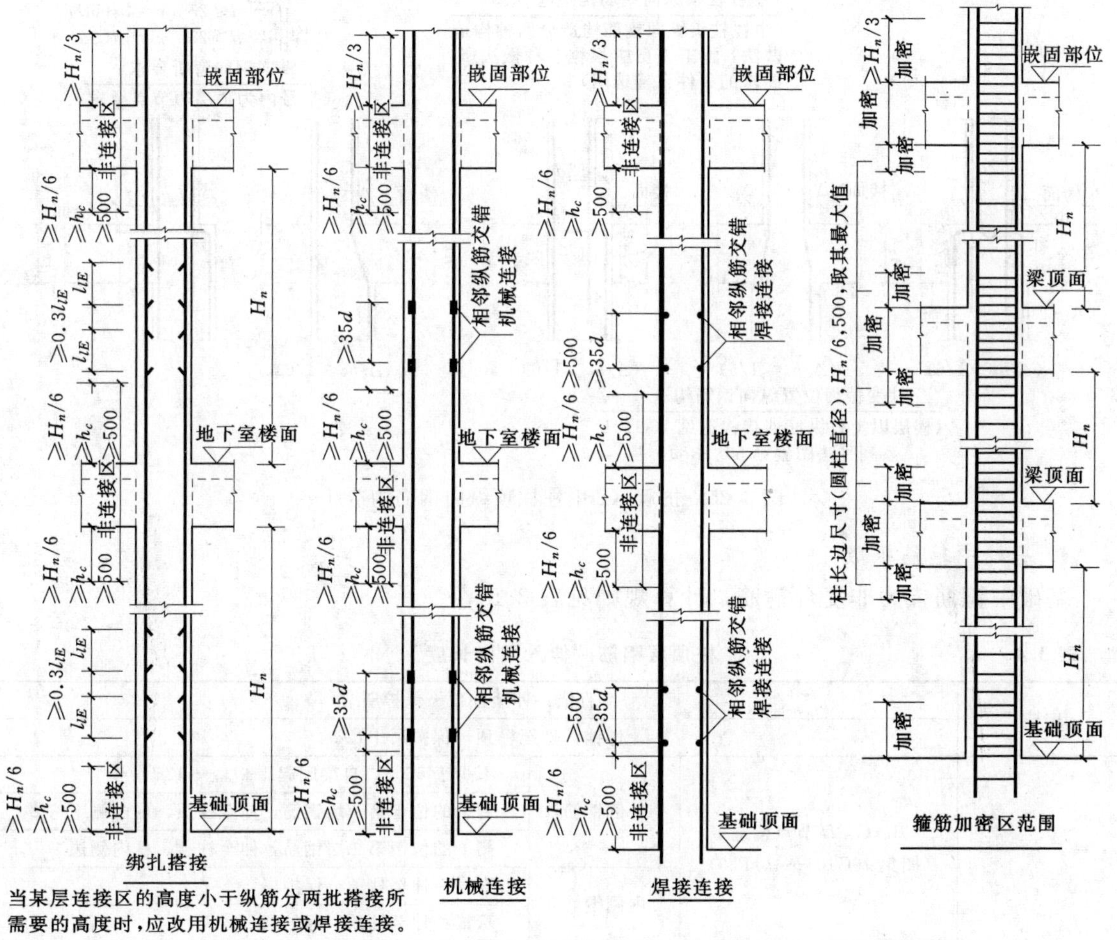

图 3.24　地下室抗震（KZ）柱纵向钢筋连接构造及箍筋加密区范围

2. 顶层边柱、角柱纵筋计算

由图 3.26 可知，顶层边柱、角柱的外侧和内侧纵筋构造不同，外侧和内侧纵筋区别见图 3.29。

顶层边柱、角柱纵筋的单根长度计算公式同顶层中柱单根长度计算公式，只是“伸入梁（板）内长度”不同，见表 3.4。

3.3.2.4　柱中箍筋计算

单根长度计算同梁中箍筋计算规则，但每层柱中箍筋根数不尽相同，要分别计算。

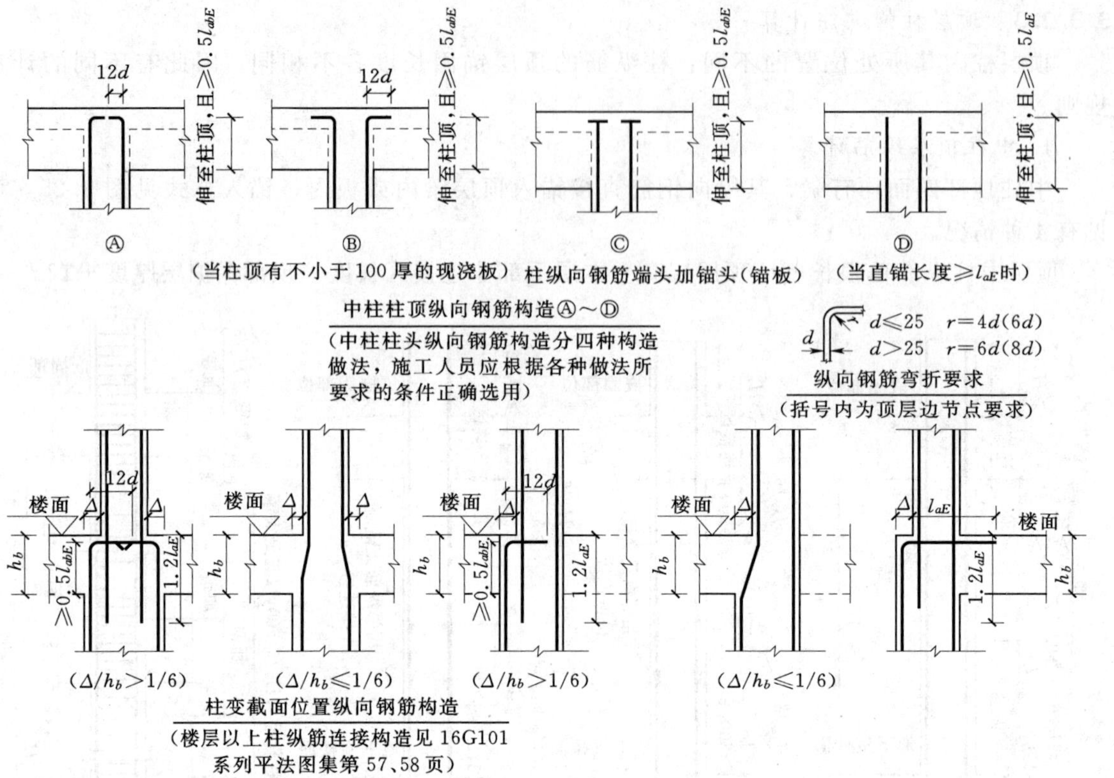

图 3.25　抗震 KZ 中柱柱顶纵向钢筋构造

1. 基础中箍筋根数

基础中箍筋皆为非复合箍筋，计算规则见表 3.5。

表 3.4　　柱顶层钢筋“伸入梁内长度”

中柱	直锚：伸至柱顶－保护层		
	弯锚：伸至柱顶－保护层＋12d		
边柱、角柱	B、C、D 节点构造（图集 16G101—1，P59）	外侧钢筋	不少于 65%，自梁底起 1.5l_{abE}＋12d
			剩下的位于第一层钢筋，伸至柱顶、柱内侧下弯 8d
			剩下的位于第二层钢筋，伸至柱顶、柱内侧边
		内侧钢筋	直锚：伸至柱顶－保护层
			弯锚：伸至柱顶－保护层＋12d
	E 节点构造（图集 16G101—1，P59）	外侧钢筋	伸至柱顶－保护层
		内侧钢筋	直锚：伸至柱顶－保护层
			弯锚：伸至柱顶－保护层＋12d
	A 节点构造（图集 16G101—1，P59）	外侧钢筋	梁顶部钢筋与柱外侧钢筋是贯通的，一起算
		内侧钢筋	直锚：伸至柱顶－保护层
			弯锚：伸至柱顶－保护层＋12d

表 3.5　　基础内箍筋布置

箍筋布置	柱外侧插筋的保护层厚度＞5d 时	间距≤500，且不少于两道封闭箍筋
	柱外侧插筋的保护层厚度≤5d 时	间距≤10d，且≤100mm，（d 为基础插筋最小直径）封闭箍筋

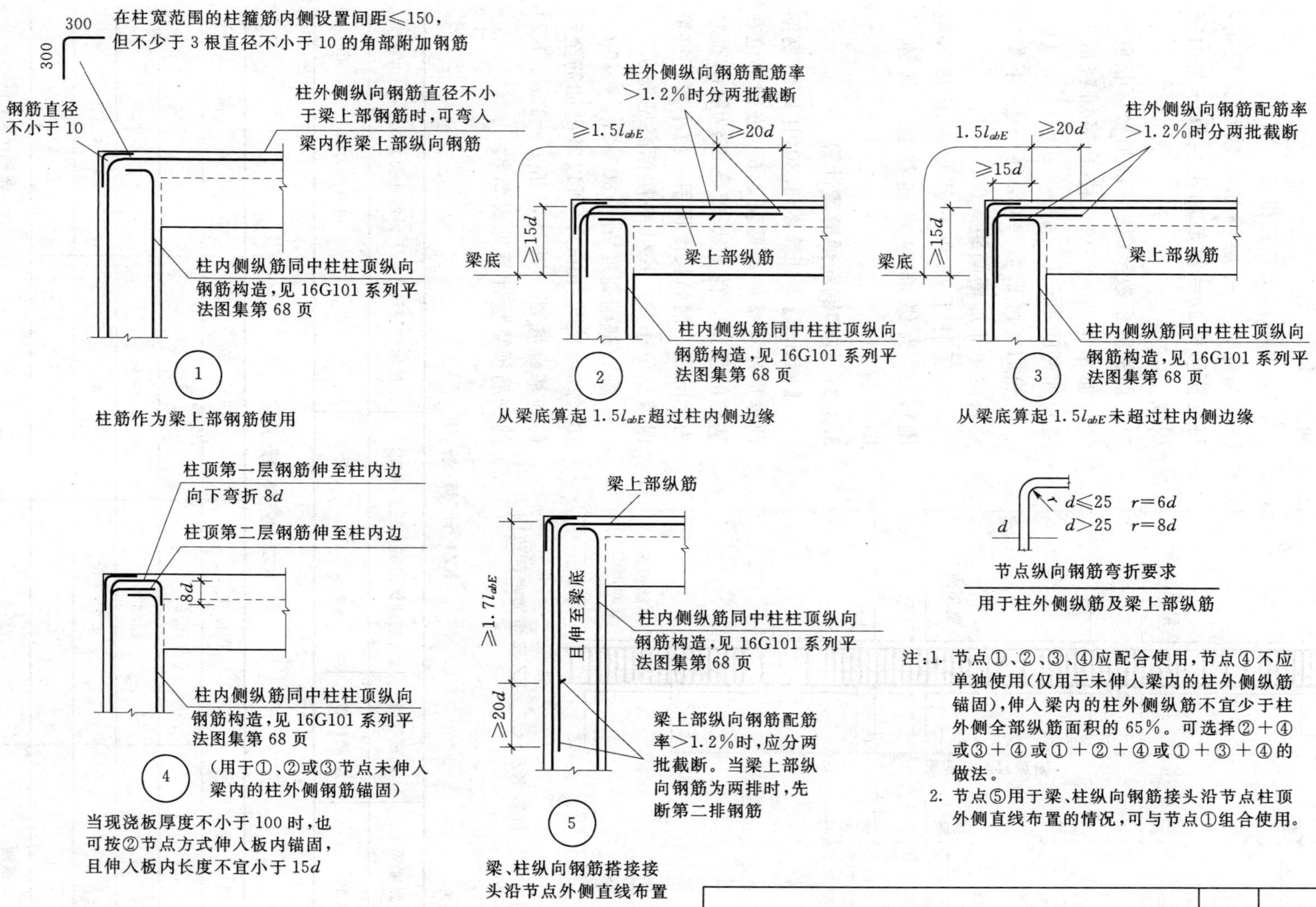

注：1. 节点①、②、③、④应配合使用，节点④不应单独使用（仅用于未伸入梁内的柱外侧纵筋锚固），伸入梁内的柱外侧纵筋不宜少于柱外侧全部纵筋面积的65%。可选择②+④或③+④或①+②+④或①+③+④的做法。

2. 节点⑤用于梁、柱纵向钢筋接头沿节点柱顶外侧直线布置的情况，可与节点①组合使用。

KZ 边柱和角柱柱顶纵向钢筋构造	图集号	16G101－1

图 3.26 KZ 边柱和角柱柱顶纵向钢筋构造

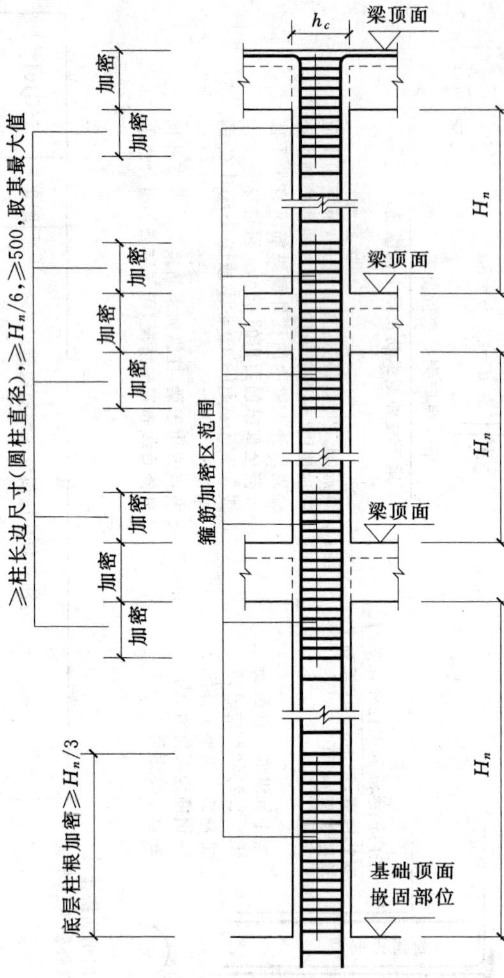

图 3.27 抗震 KZ、QZ、LZ 箍筋加密区范围

基础内箍筋的根数＝(基础高度－基础钢筋保护层厚度－基础纵筋直径－100)/间距＋1

2. 基础以上箍筋根数

基础以上每层箍筋根数计算规则：每层箍筋根数＝箍筋加密根数＋非加密根数

加密区根数＝(柱下部加密区长度－50)/加密间距＋1＋(柱上部加密区长度)/加密间距＋1

非加密区根数＝(层高－上、下加密总长度)/非加密间距－1

每层柱上部和下部加密长度（范围），即为纵筋的非连接区，具体见图 3.27。

3.3.3 柱中钢筋预算量计算

【例 3.6】 计算图 3.30 中 KZ1 钢筋预算量计算条件，见表 3.6。嵌固部位在基础的顶部，假定基础底部纵筋的直径为 20mm，钢筋长度保留三位小数，重量保留三位小数。KZ1 各层标高见表 3.7。

解： 基础高度 $h_j=800<l_{aE}=40d=40\times25=1000$(mm)，所以基础插筋全部伸到基础底部，并且弯折 $a=15d$。KZ1 的钢筋预算量计算见表 3.8。

表 3.6　KZ1 计算条件

混凝土强度等级	抗震等级	基础保护层（独立基础）	柱保护层厚	纵筋连接方式	l_{aE}
C30	一级抗震	40	30	电渣压力焊	$40d$

表 3.7　KZ1 各层标高

层　号	顶标高	层　高	梁　高
4	15.9	3.6	700
3	12.3	3.6	700
2	8.7	4.2	700
1	4.5	4.5	700
基础	－0.8		基础厚度：800

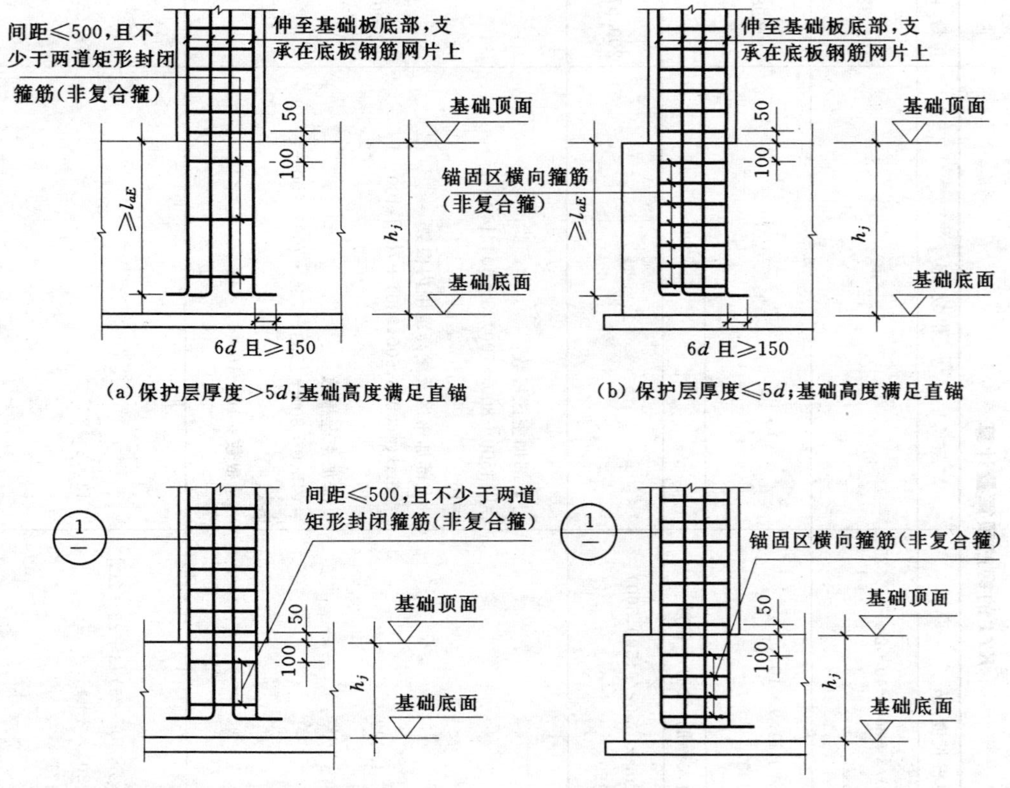

(a) 保护层厚度>5d;基础高度满足直锚　(b) 保护层厚度≤5d;基础高度满足直锚

(c) 保护层厚度>5d;基础高度不满足直锚　(d) 保护层厚度≤5d;基础高度不满足直锚

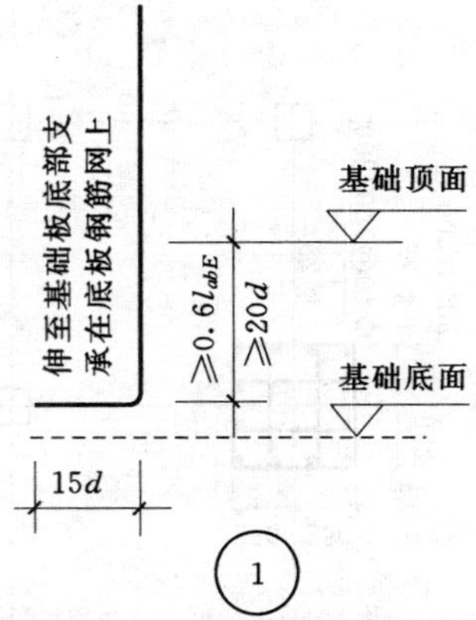

注　1. 图中 h_j 为基础底面至基础顶面的高度,柱下为基础梁时,h_j 为梁底面至顶面的高度。当柱两侧基础梁标高不同时取较低标高。

2. 锚固区横向箍筋应满足直径≥$d/4$(d 为纵筋最大直径),间距≤$5d$(d 为纵筋最小直径)且≤100 的要求。

3. 当柱纵筋在基础中保护层厚度不一致(如纵筋部分位于梁中,部分位于板内),保护层厚度不大于 $5d$ 的部分应设置锚固区横向钢筋。

4. 当符合下列条件之一时,可仅将柱四角纵筋伸至底板钢筋网片上或者筏形基础中间层钢筋网片上(伸至钢筋网片上的柱纵筋间距不应大于 1000),其余纵筋锚固在基础顶面下 l_{aE} 即可。

1)柱为轴心受压或小偏心受压,基础高度或基础顶面至中间层钢筋网片顶面距离不小于 1200;

2)柱为大偏心受压,基础高度或基础顶面至中间层钢筋网片顶面距离不小于 1400。

5. 图中 d 为柱纵筋直径。

柱纵向钢筋在基础中构造	图集号	16G101－3

图 3.28　柱纵向钢筋在基础中构造

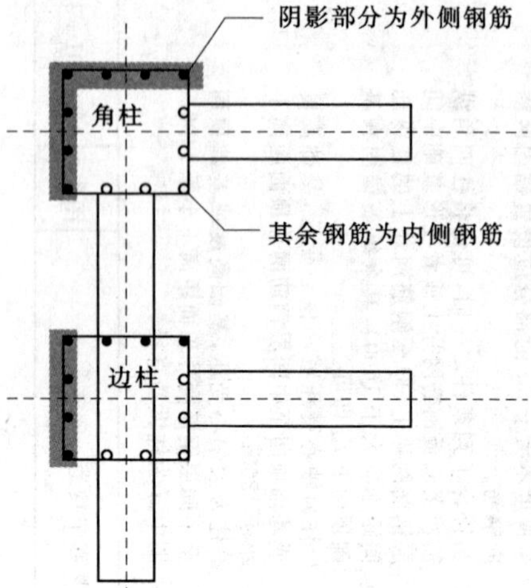

图 3.29 顶层边柱内、外侧钢筋示意图

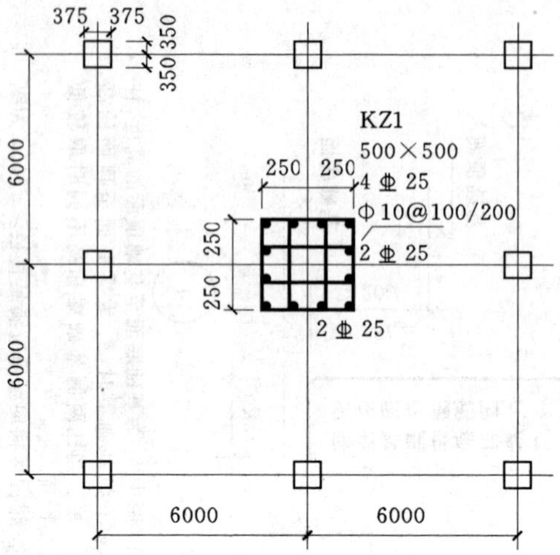

图 3.30 −0.8～15.9 柱平面图

表 3.8 **KZ1 的钢筋预算量计算**

层号	钢筋名称	单根长度/m	根数/根	重量/kg
基础层	基础插筋	(4500＋800－700)/3＋800－40－20＋15×25 ＝2648(mm)＝2.648	12	122.338
	大箍筋	(500－30×2)×4＋11.9×10×2 ＝1998(mm)＝1.998	3	3.698
	小箍筋	基础内只有外围大箍筋，没有小箍筋		
一层	纵筋	5300－4600/3＋max(3500/6,500,500) ＝4350(mm)＝4.350	12	200.970
	大箍筋	1.998	下部加密区根数 ＝[(4500＋800－700)/3－50]/100＋1 ＝16 上部加密区及梁高范围内根数 ＝[max(4600/6,500,500)＋700]/100＋1 ＝16 非加密区根数 ＝(4500＋800－1533－766－700)/200－1 ＝11 总根数＝16＋16＋11＝43	53.009
	小箍筋	[(500－30×2－2×10－25)/3＋25＋20] ×2＋(500－2×30)×2＋11.9×10×2 ＝1471(mm)＝1.471	43×2＝86	78.054

续表

层号	钢筋名称	单根长度/m	根数/根	重量/kg
二层	纵筋	4200－3500/6＋max(2900/6,500,500) ＝4117(mm)＝4.117	12	190.159
	大箍筋	1.998	下部加密区根数 ＝[max(35600/6,500,500)－50]/100＋1 ＝7 上部加密区及梁高范围内根数 ＝[max(3600/6,500,500)＋700]/100＋1 ＝14 非加密区根数 ＝(4200－600－600－700)/200－1 ＝11 总根数＝7＋14＋11＝32	39.449
	小箍筋	1.471	64	58.087
三层	纵筋	3600－500＋max(2900/6,500,500) ＝3600mm＝3.600	12	166.320
	大箍筋	1.998	上部加密区根数 ＝[max(2900/6,500,500)－50]/100＋1 ＝6 上部加密区及梁高范围内根数 ＝[max(2900/6,500,500)＋700]/100＋1 ＝13 非加密区根数 ＝(3600－500－500－700)/200－1 ＝9 总根数＝6＋13＋9＝28	34.517
	小箍筋	1.471	56	50.826
四层	纵筋	3600－500－30＋12×25 ＝3370(mm)＝3.370	12	155.694
	大箍筋	1.998	28	34.517
	小箍筋	1.471	56	50.826
合计				1238.464

【例3.7】 计算图3.31中一根KZ3中顶层纵筋预算量，计算条件见表3.9和表3.10。

表3.9　　**KZ3 计 算 条 件**

梁、柱混凝土强度等级	抗震等级	基础保护层（独立基础）	柱纵筋保护层	钢筋连接方式	顶节点类型
C30	一级抗震	40	30	电渣压力焊	16G101—1

表 3.10 KZ3 各层标高

层号	顶标高	层高	梁高
4	16.8	4.2	700
3	12.6	4.2	700
2	8.4	4.2	700
1	4.2	4.2	700
基础	−0.8		基础厚度：800

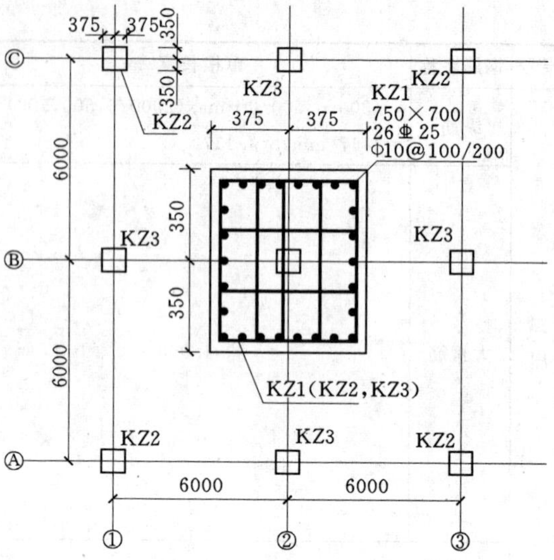

图 3.31 −0.8～16.8 柱平面图

解：根据条件可知，顶层节点采用图中的“节点 B”，计算见表 3.11。

表 3.11 KZ3 顶层纵筋预算量计算

层号	钢筋名称	单根长度/m	总根数
顶层	顶层外侧伸进梁内纵筋	$4200-\max(H_n/6,h_c,500)-700+1.5l_{abE}$ $=4200-(3500/6,750,500)-700+1.5\times33\times25$ =3988(mm) =3.988	n
	顶层外侧伸未进梁内纵筋	$4200-\max(H_n/6,h_c,500)-30+750-60+8\times25$ =4310(mm) =4.310	$7-n$
	顶层内侧纵筋	$4200-(3500/6,750,500)-30+12\times25$ =3720(mm) =3.720	19

读者可自行完成 KZ3 其余钢筋的计算。

学习情境 3.4 剪力墙的平法识图

3.4.1 剪力墙构件类型与钢筋类型

3.4.1.1 构件类型

剪力墙是指建筑结构设置的既能抵抗竖向荷载（引起的内力），又能抵抗水平荷载（引起的剪力）墙体。由于水平剪力主要是由地震引起的，所以剪力墙又称为“抗震墙”，剪力墙一般是钢筋混凝土墙。剪力墙的构件组成有：一墙、二柱、三梁（图 3.32）。

- 墙身：剪力墙的中间的直段部位（Q）
- 墙柱
  - 边缘约束构件：约束边缘构件（YBZ）、构造边缘构件（GBZ）
  - 中间约束构件：非边缘暗柱（AZ）、扶壁柱（FBZ）
- 墙梁：剪力墙的楼层及门窗洞口上部位
  - 连梁（LL）
  - 暗梁（AL）
  - 边框梁（BKL）

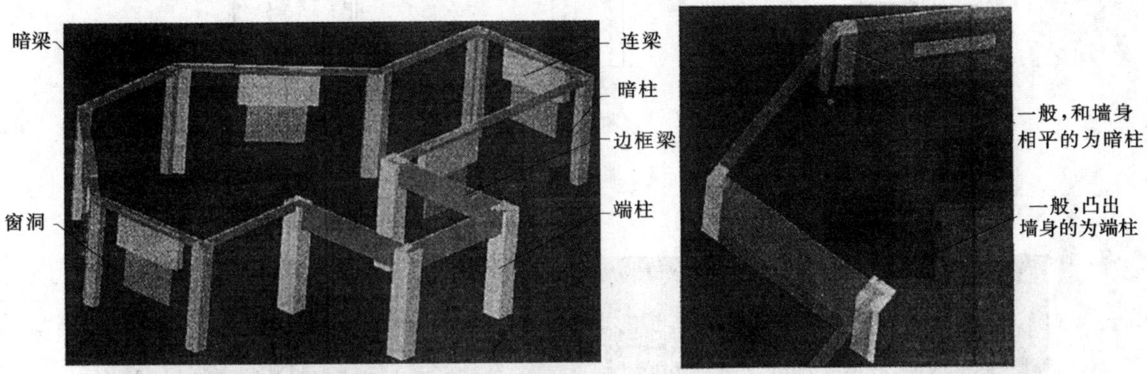

图 3.32 剪力墙构件

约束边缘构件包括约束边缘柱和约束边缘墙，构造边缘构件包括构造边缘柱和构造边缘墙。约束边缘构件一般比构造边缘构件要“强”，所以约束边缘构件常用在抗震等级较高，或者是同一建筑的一、二层部位。

连梁一般是连接上下门（窗）洞口部位水平窗间墙（相邻两洞口之间的垂直窗间墙一般是暗柱），连梁的高度一般是在2000mm左右，其高度从本层洞口之上到上一层洞口下面。

暗梁与砌体结构的圈梁类似，其位置在楼板层附近，其宽度和墙厚相同，是隐藏在墙体内部的，所以称为“暗梁”，其纵筋为“水平筋”。

边框梁一般设在屋顶处，其厚度比墙厚大，所以凸显出来，形成“边框”。

边框梁和暗梁只是墙体的“加强带”，不能把它们看成是“梁”，而连梁有着梁，即受弯构件的性质，其支座是洞口两边的墙或暗柱。

3.4.1.2 钢筋的类型

钢筋分类如下：

- 剪力墙中钢筋
  - 墙身中的钢筋
    - 竖向分布筋
    - 水平分布筋
    - 拉结筋
  - 墙柱中钢筋
    - 纵筋
    - 箍筋
  - 墙梁中的钢筋
    - 纵筋
    - 箍筋
    - 腰筋（墙身的水平分布筋）

墙梁钢筋示意图见图3.33，剪力墙钢筋骨架见图3.34。

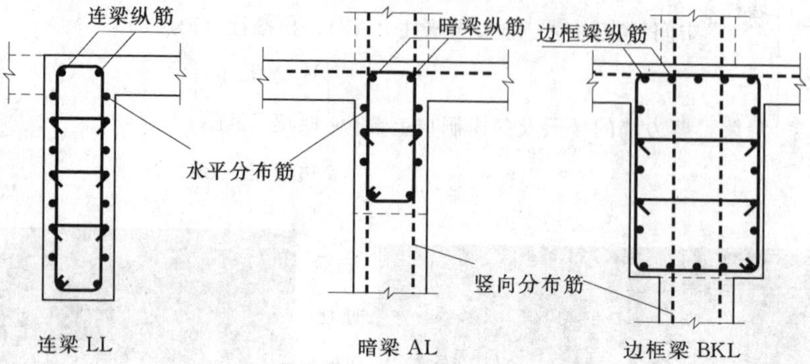

图3.33 墙梁的钢筋示意图

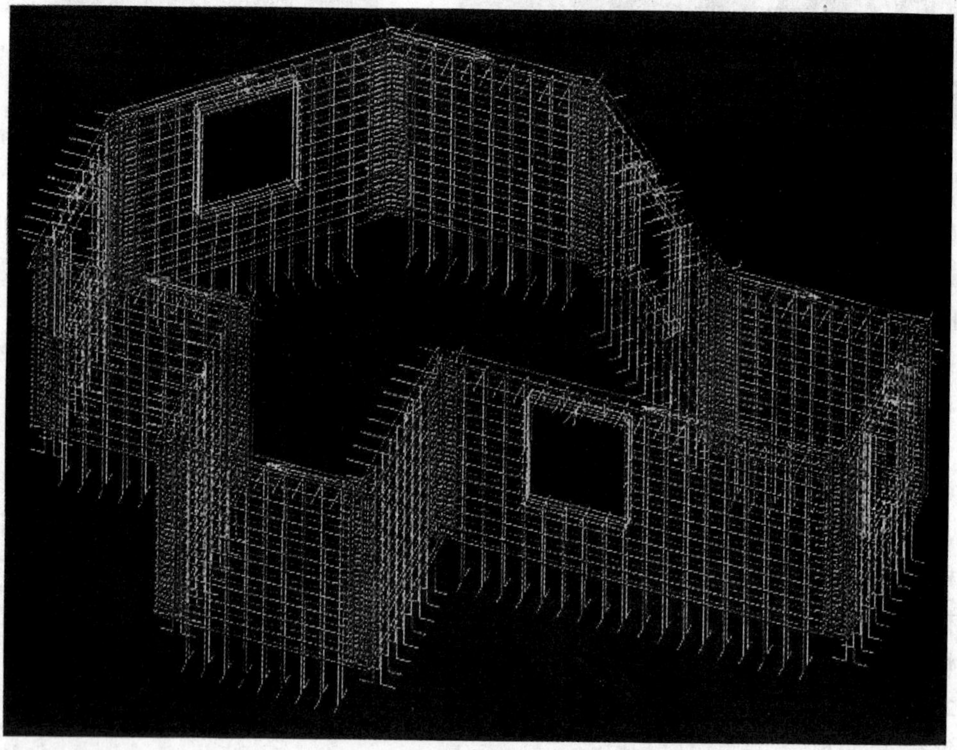

图3.34 剪力墙钢筋骨架

一片剪力墙可以看成是固定在基础之上的悬臂梁，剪力墙的水平分布筋是墙体的主要钢筋，主要作用是抗剪的，所以墙身水平分布筋应放在竖向分布筋的外侧（地下室外墙除外）。

暗柱、暗梁、边框梁都不能看成是墙身的支座，只是剪力墙的“加强带”。所以剪力墙身的水平分布筋遇到暗柱时，要么连续通过，要么收边，而不是锚固，墙身竖向分布筋遇到暗梁和边框梁时也是连续通过或收边。另外，墙体分布筋在布置时遵循“能直通则直通”的原则。

3.4.2 剪力墙的平法识图（出自16G101—1）

3.4.2.1 剪力墙平法施工图的表示方法

（1）剪力墙平法施工图系在剪力墙平面布置图上采用列表注写方式或截面注写方式表达。

（2）剪力墙平面布置图可采用适当比例单独绘制，也可与柱或梁平面布置图合并绘制。当剪力墙较复杂或采用截面注写方式时，应按标准层分别绘制剪力墙平面布置图。

（3）在剪力墙平法施工图中，尚应按规定注明各结构层的楼面标高、结构层高及相应的结构层号。

（4）对于轴线未居中的剪力墙（包括端柱），应标注其偏心定位尺寸。

3.4.2.2 列表注写方式

为表达清楚、简便，剪力墙可视为由剪力墙柱、剪力墙身和剪力墙梁三类构件构成。

列表注写方式，系分别在剪力墙柱表、剪力墙身表和剪力墙梁表中，对应于剪力墙平面布置图上的编号，用绘制截面配筋图并注写几何尺寸与配筋具体数值的方式，来表达剪力墙平法施工图，如图3.35（a）、（b）所示。

1. 编号规定

将剪力墙按剪力墙柱、剪力墙身、剪力墙梁（简称为墙柱、墙身、墙梁）三类构件分别编号。

（1）墙柱编号，由墙柱类型代号和序号组成，表达形式应符合表3.12的规定。

表3.12　墙柱编号

墙柱类型	代号	序号	墙柱类型	代号	序号
约束边缘构件	YBZ	××	非边缘暗柱	AZ	××
构造边缘构件	GBZ	××	扶壁柱	FBZ	××

（2）墙身编号，由墙身代号、序号以及墙身所配置的水平与竖向分布钢筋的排数组成，其中，排数注写在括号内。表达形式为：Q××（×排）。

注：

1）在编号中：如若干墙柱的截面尺寸与配筋均相同，仅截面与轴线的关系不同时，可将其编为同一墙柱号；又如若干墙身的厚度尺寸和配筋均相同，仅墙厚与轴线的关系不同或墙身长度不同时，也可将其编为同一墙身号。

2）对于分布钢筋网的排数规定：

a. 非抗震：当剪力墙厚度大于160mm时，应配置双排；当其厚度不大于160mm时，宜配置双排。

b. 抗震：当剪力墙厚度不大于400mm时，应配置双排；当剪力墙厚度大于400mm，但不大于700mm时，宜配置三排；当剪力墙厚度大于700mm时，宜配置四排。

各排水平分布钢筋和竖向分布钢筋的直径与间距应保持一致。当剪力墙配置的分布钢筋多于两排时，剪力墙拉筋两端应同时钩住外排水平纵筋和竖向纵筋，还应与剪力墙内排水平纵筋和竖向纵筋绑扎在一起。

（3）墙梁编号，由墙梁类型代号和序号组成，表达形式应符合表3.13的规定。

层号	标高(m)	层高(m)
屋面2	65.670	
塔层2	62.370	3.30
屋面1(塔层1)	59.070	3.30
16	55.470	3.60
15	51.870	3.60
14	48.270	3.60
13	44.670	3.60
12	41.070	3.60
11	37.470	3.60
10	33.870	3.60
9	30.270	3.60
8	26.670	3.60
7	23.070	3.60
6	19.470	3.60
5	15.870	3.60
4	12.270	3.60
3	8.670	3.60
2	4.470	4.20
1	−0.030	4.50
−1	−4.530	4.50
−2	−9.030	4.50

底部加强部位

结构层楼面标高

结构层高

上部结构嵌固部位：

−0.030

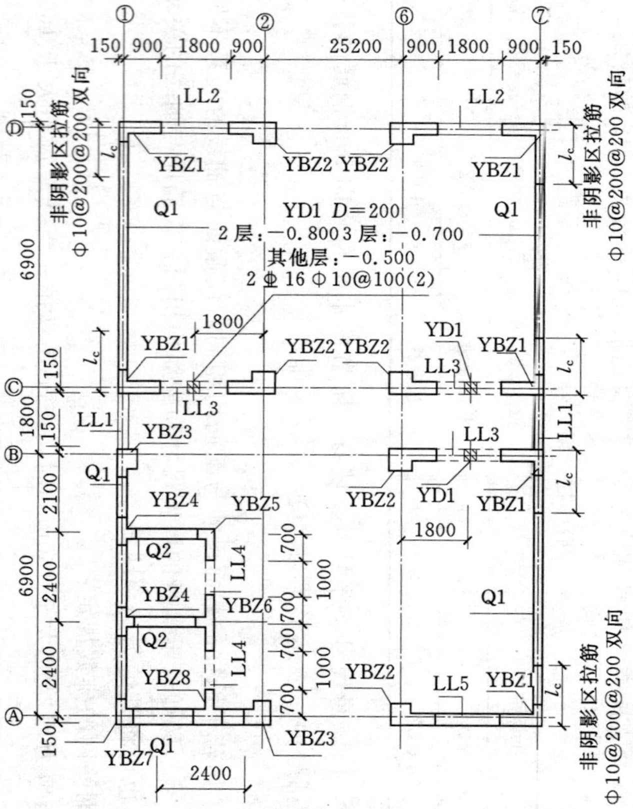

−0.030～12.270 剪力墙平法施工图

剪力墙梁表

编号	所在楼层号	梁顶相对标高高差	梁截面 $b\times h$	上部纵筋	下部纵筋	箍筋
LL1	2～9	0.800	300×2000	4 ⌀ 22	4 ⌀ 22	⌀10@100(2)
	10～16	0.800	250×2000	4 ⌀ 20	4 ⌀ 20	⌀10@100(2)
	屋面1		250×1200	4 ⌀ 20	4 ⌀ 20	⌀10@100(2)
LL2	3	−1.200	300×2520	4 ⌀ 22	4 ⌀ 22	⌀10@150(2)
	4	−0.900	300×2070	4 ⌀ 22	4 ⌀ 22	⌀10@150(2)
	5～9	−0.900	300×1770	4 ⌀ 22	4 ⌀ 22	⌀10@150(2)
	10～屋面1	−0.900	250×1770	3 ⌀ 22	3 ⌀ 22	⌀10@150(2)
LL3	2		300×2070	4 ⌀ 22	4 ⌀ 22	⌀10@100(2)
	3		300×1770	4 ⌀ 22	4 ⌀ 22	⌀10@100(2)
	4～9		300×1770	4 ⌀ 22	4 ⌀ 22	⌀10@100(2)
	10～屋面1		250×1170	3 ⌀ 22	3 ⌀ 22	⌀10@100(2)
LL4	2		250×2070	3 ⌀ 20	3 ⌀ 20	⌀10@120(2)
	3		250×1770	3 ⌀ 20	3 ⌀ 20	⌀10@120(2)
	4～屋面1		250×1170	3 ⌀ 20	3 ⌀ 20	⌀10@120(2)
AL1	2～9		300×600	3 ⌀ 20	3 ⌀ 20	⌀8@150(2)
	10～16		250×500	3 ⌀ 18	3 ⌀ 18	⌀8@150(2)
BKL1	屋面1		500×750	4 ⌀ 22	4 ⌀ 22	⌀10@150(2)

剪力墙身表

编号	标高	墙厚	水平分布筋	垂直分布筋	拉筋(双向)
Q1	−0.030～30.270	300	⌀ 12@200	⌀ 12@200	⌀6@600@600
	30.270～59.070	250	⌀ 10@200	⌀ 10@200	⌀6@600@600
Q2	−0.030～30.270	250	⌀ 10@200	⌀ 10@200	⌀6@600@600
	30.270～59.070	200	⌀ 10@200	⌀ 10@200	⌀6@600@600

(a)

图 3.35（一） 剪力墙列表注写示意图

层号	标高(m)	层高(m)
屋面 2	65.670	
塔层 2	62.370	3.30
层面 1（塔层 1）	59.070	3.30
16	55.470	3.60
15	51.870	3.60
14	48.270	3.60
13	44.670	3.60
12	41.070	3.60
11	37.470	3.60
10	33.870	3.60
9	30.270	3.60
8	26.670	3.60
7	23.070	3.60
6	19.470	3.60
5	15.870	3.60
4	12.270	3.60
3	8.670	3.60
2	4.470	4.20
1	−0.030	4.50
−1	−4.530	4.50
−2	−9.030	4.50

底部加强部位

结构层楼面标高
结 构 层 高

上部结构嵌固部位：
−0.030

剪力墙柱表

截面	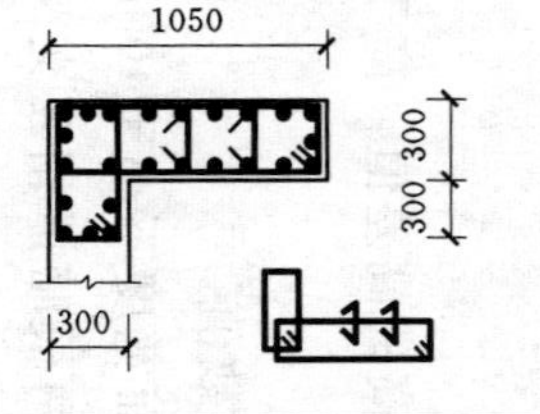	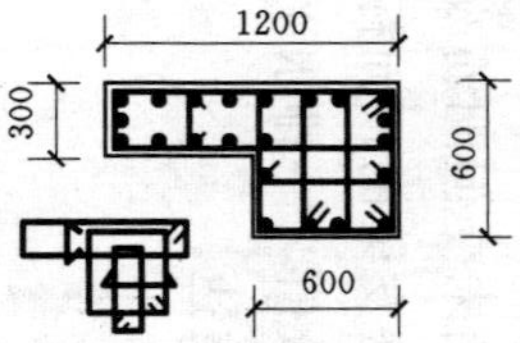	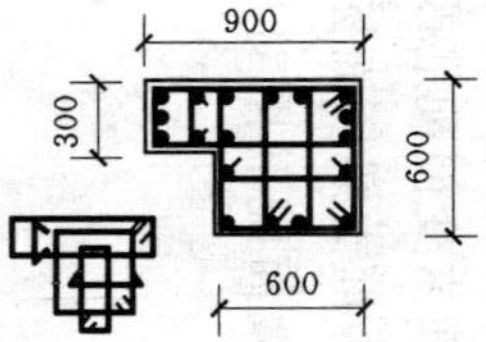	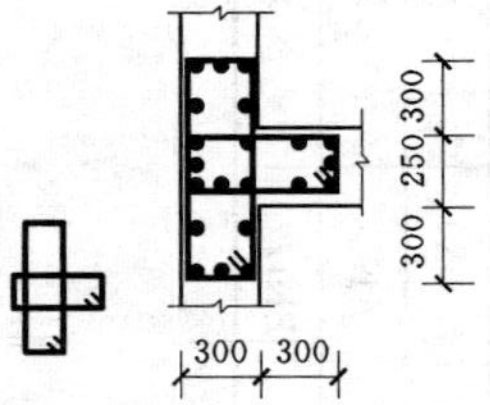
编号	YBZ1	YBZ2	YBZ3	YBZ4
标高	−0.030～12.270	−0.030～12.270	−0.030～12.270	−0.030～12.270
纵筋	24 Φ 20	22 Φ 20	18 Φ 22	20 Φ 20
箍筋	Φ10@100	Φ10@100	Φ10@100	Φ10@100
截面	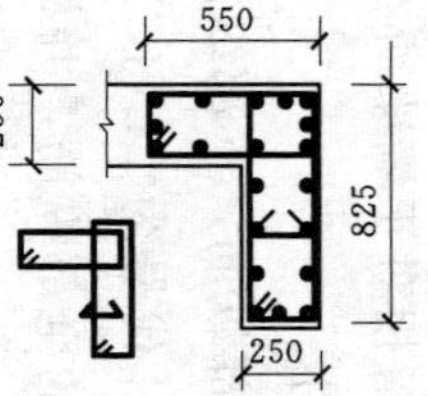	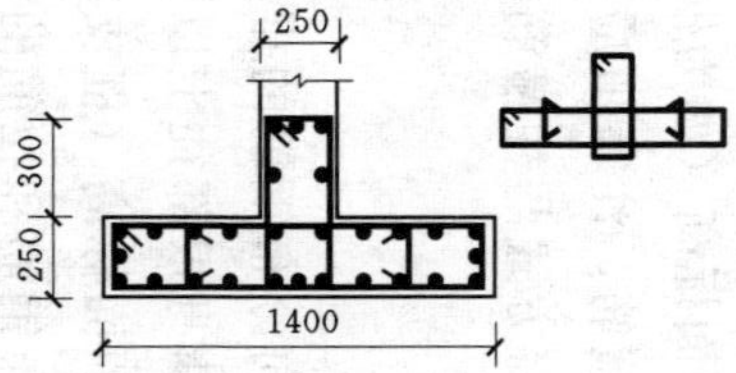		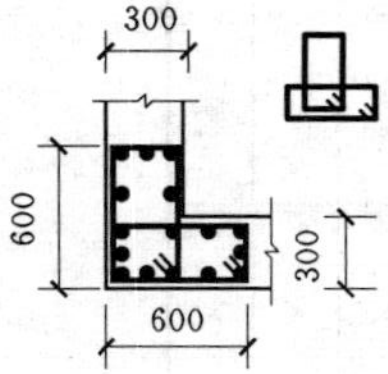
编号	YBZ5	YBZ6		YBZ7
标高	−0.030～12.270	−0.030～12.270		−0.030～12.270
纵筋	20 Φ 20	23 Φ 20		16 Φ 20
箍筋	Φ10@100	Φ10@100		Φ10@100

−0.030～12.270 剪力墙平法施工图(部分剪力墙柱表)

(b)

图 3.35（二） 剪力墙列表注写示意图

表 3.13　墙梁编号

墙梁类型	代号	序号	墙梁类型	代号	序号
连梁	LL	××	连梁（集中对角斜筋配筋）	LL(DX)	××
连梁（对角暗撑配筋）	LL(JC)	××	暗梁	AL	××
连梁（交叉斜筋配筋）	LL(JX)	××	边框梁	BKL	××

2. 在剪力墙柱表中表达的内容

规定如下：

(1) 注写墙柱编号和绘制该墙柱的截面配筋图。

(2) 注写各段墙柱的起止标高，自墙柱根部往上以变截面位置或截面未变但配筋改变处为界分段注写。墙柱根部标高系指基础顶面标高（如为框支剪力墙结构则为框支梁顶面标高）。

(3) 注写各段墙柱的纵向钢筋和箍筋，注写值应与在表中绘制的截面配筋图对应一致。纵向钢筋注总配筋值；墙柱箍筋的注写方式与柱箍筋相同。

3. 在剪力墙身表中表达的内容

规定如下：

(1) 注写墙身编号（含水平与竖向分布钢筋的排数）。

(2) 注写各段墙身起止标高，自墙身根部往上以变截面位置或截面未变但配筋改变处为界分段注写。墙身根部标高系指基础顶面标高（框支剪力墙结构则为框支梁的顶面标高）。

(3) 注写水平分布钢筋、竖向分布钢筋和拉筋的具体数值。注写数值为一排水平分布钢筋和竖向分布钢筋的规格与间距，具体设置几排已经在墙身编号后面表达。

4. 在剪力墙梁表中表达的内容

规定如下：

(1) 注写墙梁编号。

(2) 注写墙梁所在楼层号。

(3) 注写墙梁顶面标高高差，系指相对于墙梁所在结构层楼面标高的高差值，高于者为正值，低于者为负值，当无高差时不注。

(4) 注写墙梁截面尺寸 $b \times h$，上部纵筋，下部纵筋和箍筋的具体数值。

(5) 当连梁没有斜向交叉暗撑时［代号为 LL(JC)××n 连梁截面宽度不小于400mm］，注写暗撑的截面尺寸，注写一根暗撑的全部纵筋，并标注×2 表明有两根暗撑相互交叉，以及箍筋的具体数值。

(6) 当连梁设有斜向交叉钢筋时［代号为 LL(JG)××且连梁截面宽度小于400mm 但不小于 200mm］，注写一道斜向钢筋的配筋值，并标注×2 表明有两道斜向钢筋相互交叉。当设计者采用与本构造详图不同的做法时，应另行注明。

3.4.2.3　截面注写方式

1. 截面注写方式

系在分标准层绘制的剪力墙平面布置图上，以直接在墙柱、墙身、墙梁上注写截面尺寸和配筋具体数值的方式来表达剪力墙平法施工图（图 3.36）。

2. 具体表示

选用适当比例原位放大绘制剪力墙平面布置图，其中对墙柱绘制配筋截面图；对所有墙柱、墙身、墙梁分别按规定进行编号，并分别在相同编号的墙柱、墙身、墙梁中选择一根墙柱、一道墙身、一根墙梁进行注写，其注写方式按以下规定进行。

(1) 从相同编号的墙柱中选择一个截面，标注全部纵筋及箍筋的具体数值。

(2) 从相同编号的墙身中选择一道墙身，按顺序引注的内容为：墙身编号（应包括注写在括号内墙身所配置的水平与竖向分布钢筋的排数）、墙厚尺寸，水平分布钢筋、竖向分布钢筋和拉筋的具体数值。

(3) 从相同编号的墙梁中选择一根墙梁，按顺序引注的内容为：

1) 当连梁无斜向交叉暗撑时，注写：墙梁编号、墙梁截面尺寸 $b\times h$、墙梁箍筋、上部纵筋、下部纵筋和墙梁顶面标高高差的具体数值。其中，墙梁顶面标高高差的注写规定同前所述。

2) 当连梁设有斜向交叉暗撑时，还要以 JC 开头附加注写一根暗撑的全部纵筋，并标注×2 表明有两根暗撑相互交叉，以及箍筋的具体数值。

3) 当连梁设有斜向交叉钢筋时，还要以 JG 开头附加注写一道斜向钢筋的配筋值，并标注×2 表明有两道斜向钢筋相互交叉。

4) 当墙身水平分布钢筋不能满足连梁、暗梁及边框梁的梁侧面纵向构造钢筋的要求时，应补充注明梁侧面纵筋的具体数值，注写时，以大写字母 N 开头，接续注写直径与间距。

例：NΦ10@150，表示墙梁两个侧面纵筋对称配置为：Ⅰ级钢筋，直径为 10mm，间距为 150mm。

3.4.2.4　剪力墙洞口的表示方法

无论采用列表注写方式还是截面注写方式，剪力墙上的洞口均可在剪力墙平面布置图上原位表达（图 3.35 和图 3.36）。

洞口的具体表示方法如下：

(1) 在剪力墙平面布置图上绘制洞口示意，并标注洞口中心的平面定位尺寸。

(2) 在洞口中心位置引注：洞口编号、洞口几何尺寸、洞口中心相对标高、洞口每边补强钢筋，共四项内容。具体规定如下：

1) 洞口编号：矩形洞口为 JD××（××为序号），圆形洞口为 YD××（××为序号）；

2) 洞口几何尺寸：矩形洞口为洞宽×洞高（$b\times h$），圆形洞口为洞口直径 D；

3) 洞口中心相对标高，系相对于结构层楼（地）面标高的洞口中心高度。当其高于结构层楼面时为正值，低于结构层楼面时为负值。

4) 洞口每边补强钢筋，分以下几种不同情况：

a. 当矩形洞口的洞宽、洞高均不大于 800mm 时，此项注写洞口每边补强钢筋的具体数值。

例：JD 3 400×300＋3.100，表示 3 号矩形洞口，洞宽 400mm，洞高 300mm，洞口中心距本结构层楼面 3100mm，洞口每边补强钢筋按构造配置。

b. 当矩形洞口的洞宽、洞高均不大于 800mm 时，如果设置补强纵筋大于构造配筋，此项注写洞口每边补强钢筋的数值。

例：JD 2 400×300＋3.100 3Φ14，表示 2 号矩形洞口，洞宽 400mm，洞高 300mm，洞口中心距本结构层楼面 3100mm，洞口每边补强钢筋为 3Φ14。

c. 当矩形洞口的洞宽大于 800mm 时，在洞口的上、下需设置补强暗梁，此项注写为洞口上、下每边暗梁的纵筋与箍筋的具体数值（在标准构造详图中，补强暗梁梁高一律定为 400mm，施工时按标准构造详图取值，设计不注。当设计者采用与该构造详图不同的做法

层号	标高(m)	层高(m)
屋面2	65.670	
塔层2	62.370	3.30
屋面1（塔层1）	59.070	3.30
16	55.470	3.60
15	51.870	3.60
14	48.270	3.60
13	44.670	3.60
12	41.070	3.60
11	37.470	3.60
10	33.870	3.60
9	30.270	3.60
8	26.670	3.60
7	23.070	3.60
6	19.470	3.60
5	15.870	3.60
4	12.270	3.60
3	8.670	3.60
2	4.470	4.20
1	−0.030	4.50
−1	−4.530	4.50
−2	−9.030	4.50

底部加强部位（1～2层）

结构层楼面标高
结构层高

上部结构嵌固部位：
−0.030

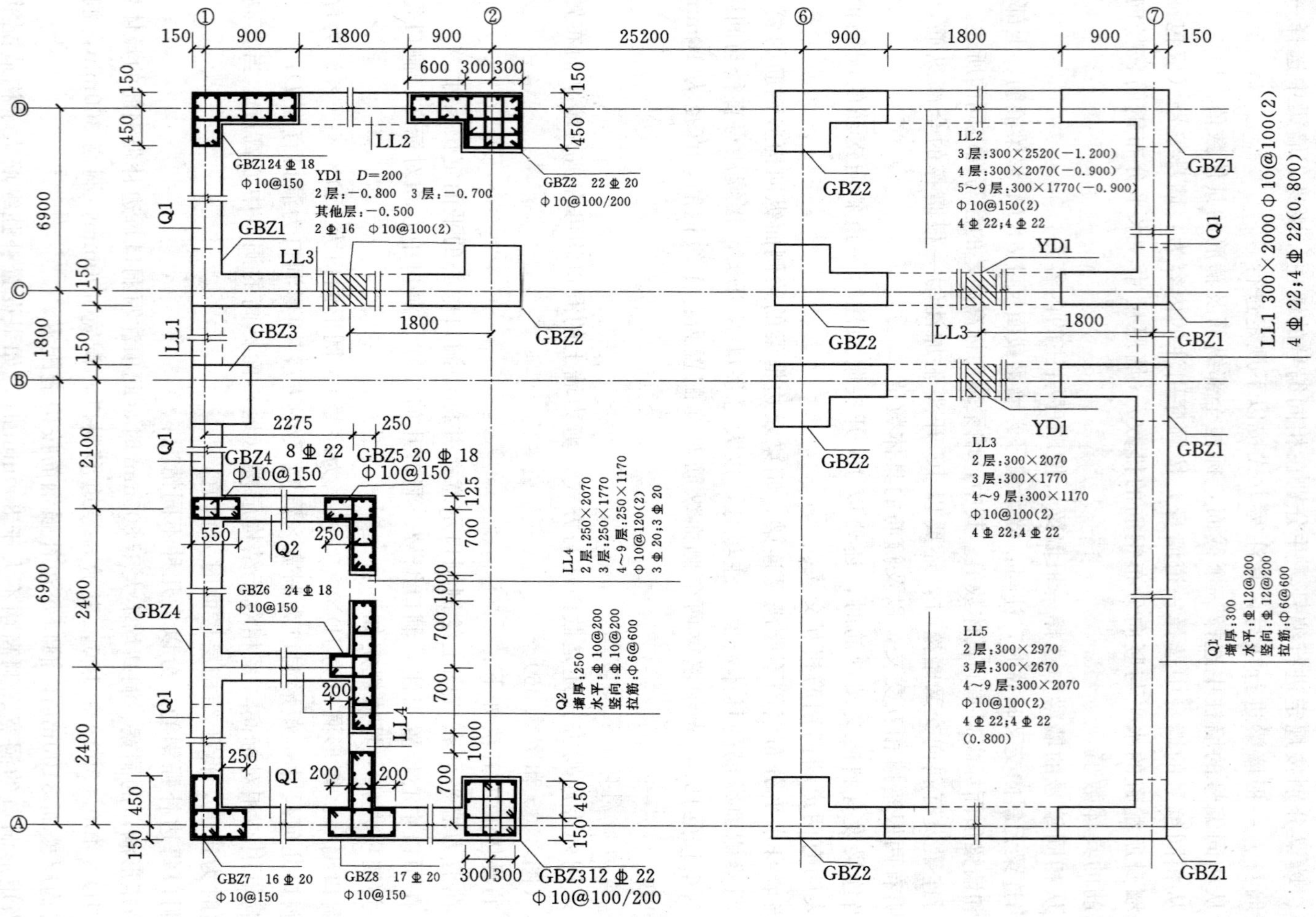

图 3.36　剪力墙截面注写示意图

时，应另行注明）：当洞口上、下边为剪力墙连梁时，此项免注；洞口竖向两侧按边缘构件配筋，亦不在此项表达。

例：JD 5 1800×2100+1.800 6 ⌀20 Φ8@150，表示 5 号矩形洞口，洞宽 1800mm，洞高 2100mm，洞口中心距本结构层楼面 1800mm，洞口上下设补强暗梁，每边暗梁纵筋为 6 ⌀20，箍筋为由Φ8@150。

d. 当圆形洞口设置在连梁中部 1/3 范围且圆洞直径不应大于 l/3 梁高）时，需注写在圆洞上下水平设置的每边补强纵筋与箍筋。

e. 当圆形洞口设置在墙身或暗梁、边框梁位置，且洞口直径不大于 300mm 时，此项注写洞口上下左右每边布置的补强纵筋的数值。

f. 当圆形洞口直径大于 300mm，但不大于 800mm 时，其加强钢筋在标准构造详图中系按照圆外切正六边形的边长方向布置（请参考对照本图集中相应的标准构造详图），设计仅需注写六边形中一边补强钢筋的具体数值。

3.4.2.5 地下室外墙的表示方法

（1）此处的地下室外墙仅适用于起挡土作用的地下室外墙。地下室墙中的墙柱、墙梁及洞口等的表示方法同地上剪力墙。

（2）地下室外墙编号，由墙身代号、序号组成。表达为：DWQ××。

（3）地下室外墙平面注写方式，包括集中标注和原位标注。

集中标注内容包含：墙体编号、厚度、贯通筋、拉筋；原位标注主要表示地下室外墙外侧配置水平和竖向非贯通筋，如图 3.37 所示。

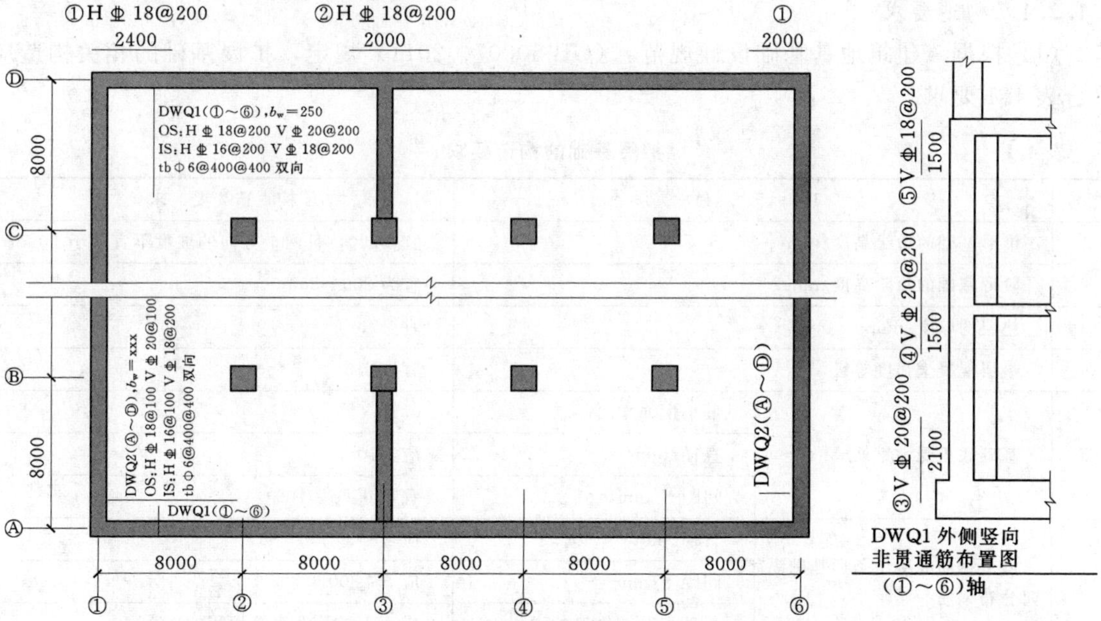

图 3.37 地下室外墙平法施工示意图

DWQ1（①～⑥），bW=250：是指 1 号地下室外墙，长度范围①～⑥），墙厚为 250mm。

OS：H ⌀18@200 V ⌀20@20：是指外侧水平贯通筋为⌀18@200；外侧竖向贯通筋 V ⌀20@200。

IS：H ⌀16@200 V ⌀18@200：是指内侧水平贯通筋为⌀16@200；内侧竖向贯通筋为 V ⌀18@200。

tb Φ6@400@400 双向：双向拉筋为Φ6，水平间距和竖向间距都为 400mm。

图中：①、② 筋为地下室外墙外侧配置的水平非贯通筋；③、④、⑤筋为地下室外墙外侧配置的竖向非贯通筋。

学习项目4 钢筋混凝土基础

【学习目标】 学生通过本学习项目的学习，掌握基础的一般构造要求、基础受力特征、配筋计算；掌握独立基础、筏形基础的平法施工图识读；掌握独立基础、筏形基础钢筋预算量的计算。

学习情境4.1 钢筋混凝土基础配筋计算

4.1.1 概述

钢筋混凝土基础按结构形式可分为独立基础、条形基础、十字交叉基础、筏形基础和箱形基础等。本情境内容主要介绍独立基础和筏形基础配筋计算。

4.1.2 钢筋混凝土独立基础

钢筋混凝土独立基础又称为扩展基础，其常见形式主要有现浇柱锥形基础和阶形基础、预制柱杯形基础和高杯口基础。以下内容主要介绍独立基础构造要求、破坏形式和配筋计算。

4.1.2.1 构造要求

(1) 根据《建筑地基基础设计规范》(GB 50007—2011) 规定，扩展基础的相关构造应符合表4.1要求。

表4.1 扩展基础的构造要求

序号	项目		构造要求
1	锥形基础的边缘高度/mm		宜≥200，且两个方向的坡度不宜大于1∶3
2	阶形基础的每阶高度/mm		宜为300～500
3	垫层的厚度/mm		宜≥70
4	垫层混凝土强度等级		宜≥C10
5	基础底板受力钢筋	最小配筋率/%	0.15
		直径/mm	应≥10
		间距 S/mm	宜 $200 \geqslant S \geqslant 100$
6	墙下钢筋混凝土条形基础纵向分布钢筋	直径/mm	应≥8
		间距 S/mm	应 $S \leqslant 300$
		每延米分布钢筋的面积	应不小于受力钢筋面积的15%
7	钢筋保护层的厚度/mm	有垫层时	应≥40
		无垫层时	应≥70
8	基础混凝土强度等级		应≥C20
9	当基础底宽 $b \geqslant 2.5$m时，底板受力钢筋的长度		可取 $0.9b$，并宜交错布置（图4.1）

续表

序号	项目		构造要求
10	钢筋混凝土条形基础底板在T形及十字形交叉处钢筋布置（图4.2）	底板横向受力钢筋	仅沿一个主要受力方向通长布置
		另一方向的横向受力钢筋	可布置到主要受力方向底板宽度1/4处； 在拐角处底板横向受力钢筋应沿两个方向布置

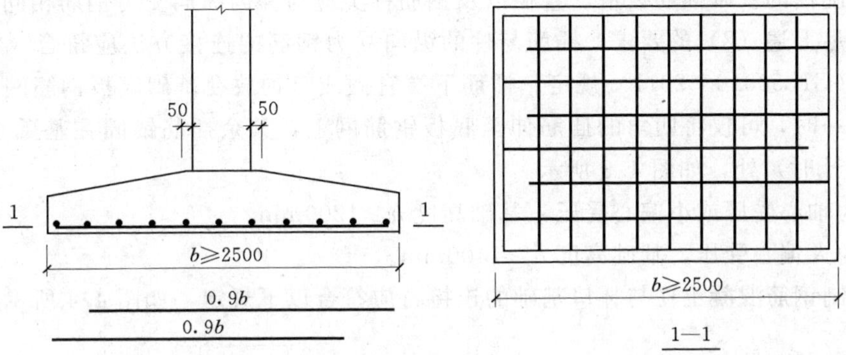

图4.1　柱下独立基础底板受力钢筋布置图

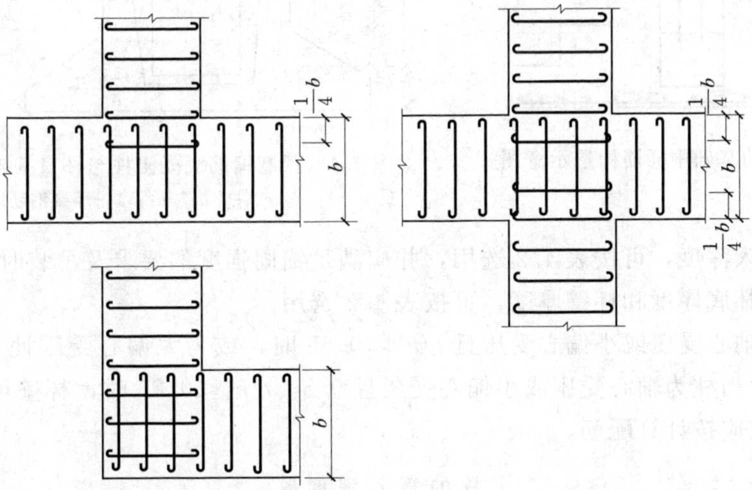

图4.2　墙下条形基础纵横交叉处底板受力钢筋布置图

（2）钢筋混凝土柱和剪力墙纵向受力钢筋在基础内的锚固长度要求应符合下列规定。

1）钢筋混凝土柱和剪力墙纵向受力钢筋在基础内的锚固长度 l_a 应根据现行国家标准《混凝土结构设计规范》（GB 50010—2011）有关规定。

2）抗震设防烈度为6度、7度、8度和9度地区的建筑工程，纵向受力钢筋的抗震锚固长度 l_{aE} 按下式计算。

a. 一、二级抗震等级纵向受力钢筋

$$l_{aE}=1.15l_a \tag{4.1}$$

b. 三级抗震等级

$$l_{aE}=1.05l_a \tag{4.2}$$

c. 四级抗震等级

$$l_{aE}=l_a \tag{4.3}$$

式中：l_a 为纵向受拉钢筋的锚固长度，单位为 m。

3）当基础高度小于 l_a（l_{aE}）时，纵向受力钢筋锚固总长度除符合上述要求外，其最小直锚段的长度不应小于 20d，弯折段的长度不应小于 150mm。

（3）现浇柱的基础插筋数量、直径以及钢筋种类应与柱内纵向受力钢筋相同；插筋的锚固长度应满足上述（2）的要求，插筋与柱的纵向受力钢筋的连接方法应符合《混凝土结构设计规范》（GB 50010—2011）规定。插筋下端宜做成直钩放在基础底板钢筋网上。当符合下列条件之一时，可仅将四角的插筋伸至底板钢筋网上，其余插筋锚固在基础顶面下 l_a 或 l_{aE}（抗震设计时）处，如图 4.3 所示。

1）柱为轴心受压或小偏心受压，基础高度 $h\geqslant$1200mm。

2）柱为大偏心受压，基础高度 $h\geqslant$1400mm。

（4）预制钢筋混凝土柱与杯口基础的连接，应符合以下规定，如图 4.4 所示。

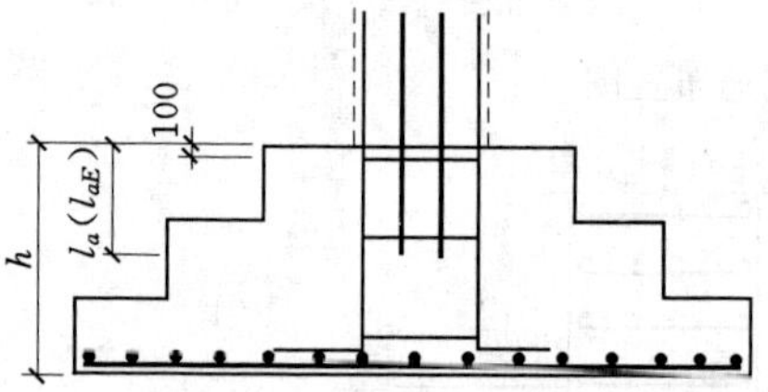

图 4.3 现浇柱的基础中插筋构造示意图

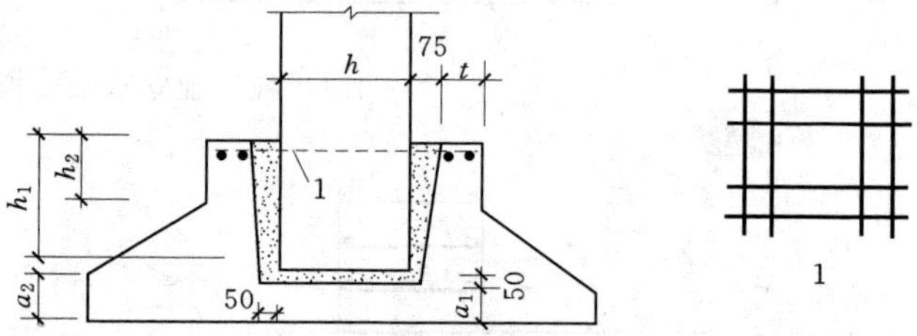

图 4.4 预制钢筋混凝土柱与杯口基础的连接示意图

注：$a_2\geqslant a_1$；1—焊接钢筋网

1）柱的插入深度，可按表 4.2 选用，并应满足锚固强度的要求及吊装时柱的稳定性。

2）基础的杯底厚度和杯壁厚度，可按表 4.3 选用。

3）当柱为轴心受压或小偏心受压且 $t/h_2\geqslant0.65$ 时，或为大偏心受压且 $t/h_2\geqslant0.75$ 时，杯壁可不配筋；当柱为轴心受压或小偏心受压且 $0.5\leqslant t/h_2<0.65$ 时，杯壁可按表 4.4 构造配筋；其他情况应按计算配筋。

表 4.2　　柱的插入深度 h_1　　单位：mm

矩形或工字形柱				双肢柱
$h<500$	$500\leqslant h<800$	$800\leqslant h\leqslant1000$	$h>1000$	
$h\sim1.2h$	h	$0.9h$ 且$\geqslant800$	$0.8h$ 且$\geqslant1000$	$(1/3\sim2/3)h_a$，$(1.5\sim1.8)h_b$

注 1. h 为截面长边尺寸；h_a 为双肢柱全截面长边尺寸；h_b 为双肢柱全截面短边尺寸。
2. 柱轴心受压或偏心受压时，h_1 可适当减小，偏心距大于 $2h$ 时，h_1 应适当加大。

（5）预制钢筋混凝土柱（包括双肢柱）与高杯口基础的连接见图 4.5，除应符合表 4.2 规定的柱的插入深度要求，高杯口基础的杯壁厚度应符合表 4.5 的规定。高杯口基础短柱的纵向钢筋构造要求见表 4.6 规定。

表 4.3　　**基础的杯底厚度和杯壁厚度**　　单位：mm

柱截面长边尺寸 h	杯底厚度 a_1	杯壁厚度 t
h<500	≥150	150～200
500≤h<800	≥200	≥200
800≤h≤1000	≥200	≥300
1000≤h<1500	≥250	≥350
1500≤h<2000	≥300	≥400

注　1. 双肢柱的杯底厚度值，可适当加大。

2. 当有基础梁时，基础梁下的杯壁厚度，应满足其支承宽度的要求。

3. 柱子插入杯口部分的表面应凿毛，柱子与杯口之间的空隙，应用比基础混凝土强度等级高一级的细石混凝土充填密实，当达到材料设计强度的70%以上时，方能进行上部吊装。

表 4.4　　**杯壁构造配筋**　　单位：mm

柱截面长边尺寸 h	h<1000	1000≤h<1500	1500≤h<2000
钢筋直径	8～10	10～12	12～16

注　表中钢筋置于杯口顶部，每边两根（见图 4.4）。

表 4.5　**高杯口基础的杯壁厚度 t**　单位：mm

h	t
600<h≤800	≥250
800<h≤1000	≥300
1000<h≤1400	≥350
1400<h≤1600	≥400

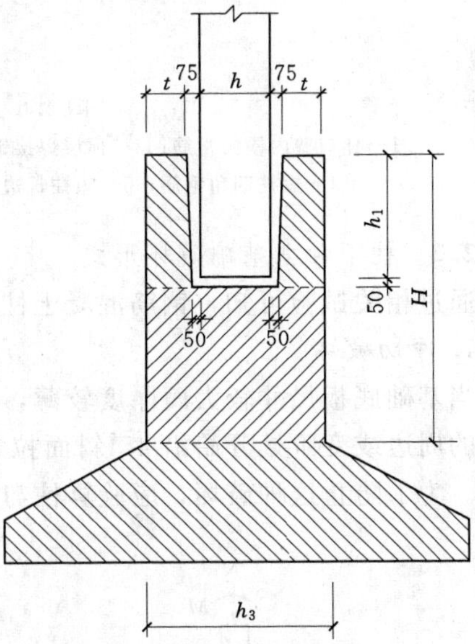

图 4.5　高杯口基础

H—短柱高度

表 4.6　　**高杯口基础短柱的纵向钢筋构造要求**

序号	项　目		构　造　要　求
1	短柱四角纵向钢筋的直径/mm		宜≥20 并延伸至基础底板的钢筋网上
2	短柱长边的纵向钢筋	当长边尺寸 h_3≤1000	直径应≥12mm，间距应≤300mm
		当长边尺寸 h_3>1000	直径应≥16mm，间距应≤300mm 且每隔 1m 左右伸下一根并做长 150mm 的直钩支承在基础底板的钢筋网上，其余钢筋锚固至基础底板顶面下 l_a 处（图 4.6）
3	短柱短边的纵向钢筋（每隔 300mm）		直径≥12mm，且每边的配筋率≥0.05%短柱的截面面积
4	短柱中的箍筋	当抗震设防烈度为 8 度和 9 度时	直径应≥8mm，间距应≤150mm
		当为其他情况时	直径应≥8mm，间距应≤300mm

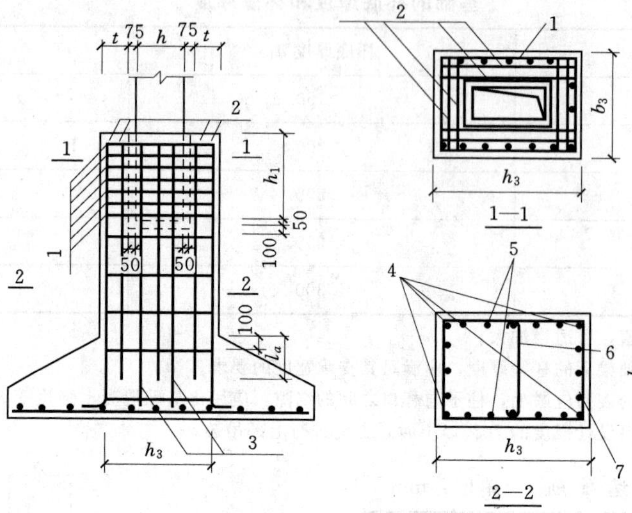

图 4.6　高杯口基础的构造配筋

1—杯口壁内横向箍筋；2—顶层焊接钢筋网；3—插入基础底部的纵向钢筋不应少于每米 1 根；4—短柱四角钢筋；5—短柱长边纵向钢筋；6—按构造要求；7—短柱短边纵向钢筋

4.1.2.2　柱下独立基础破坏形式

通过相关试验可知，钢筋混凝土柱下独立基础有 3 种破坏形式。

1. *冲切破坏*

当基础底板尺寸较大而厚度较薄，且基底短边尺寸大于柱宽加两倍有效高度时，基础将从柱的周边或变阶处开始沿 45°斜面拉裂，形成冲切角锥体，基础发生冲切破坏，如图 4.7 所示。为了防止这种破坏，应验算柱与基础交接处以及基础变阶处的受冲切承载力。

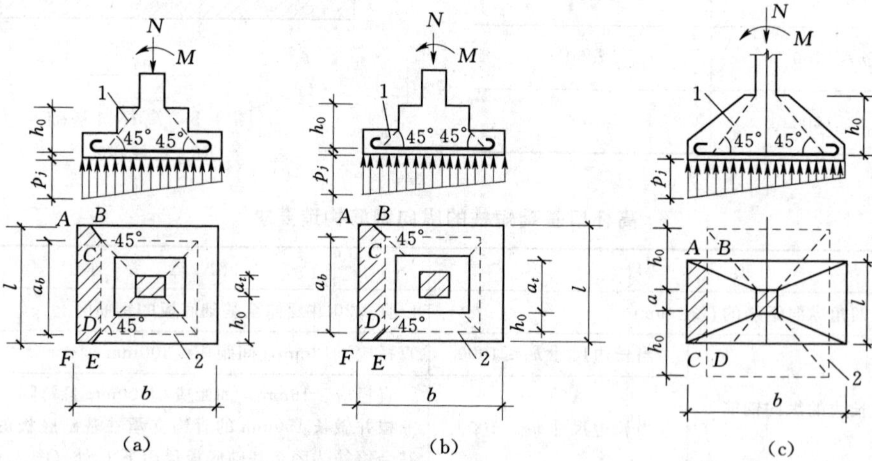

图 4.7　钢筋混凝土独立基础发生冲切破坏

2. *剪切破坏*

当基础底板尺寸较大而厚度较薄，且基底短边尺寸小于柱宽加两倍有效高度时，此时基础如同梁一样，将从柱边或变阶处发生斜截面剪切破坏，如图 4.8 所示。为了防止发生这种破坏，应验算柱与基础交接处以及基础变阶处的受剪承载力。

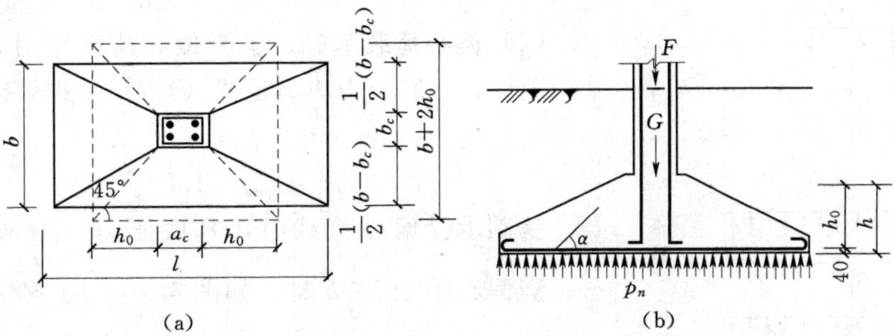

图 4.8　钢筋混凝土独立基础发生剪切破坏

3. 弯曲破坏

在基底净反力作用下，基础板在两个方向均发生向上弯曲，底部受拉，顶部受压。在危险截面内的弯矩设计值超过底板的受弯承载力时，底板将发生弯曲破坏，如图 4.9 所示。为了防止发生这种破坏，应验算基础底板受弯承载力。

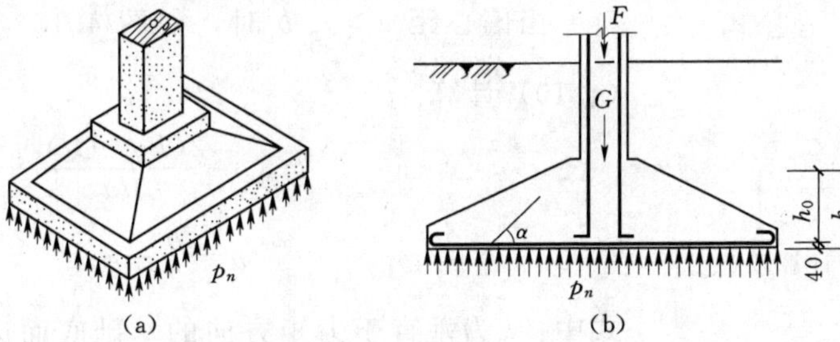

图 4.9　钢筋混凝土独立基础发生弯曲破坏

4.1.2.3　柱下独立基础的设计计算

独立基础的设计计算主要包括确定基础底板面积、计算基础台阶高度及底板配筋。

1. 基础底板面积计算

地基基础设计时，对所有等级的建筑物均应进行地基承载力验算，根据地基承载力特征值确定基础的底面积。

（1）轴心荷载基础。承受轴心荷载基础，其底板宜采用正方形，基础地面的平均压力如图 4.10（a），满足式（4.4）规定。

$$p_k \leqslant f_a \tag{4.4}$$

其中基础底面的平均压力值按式（4.5）计算。

$$p_k = \frac{F_k + G_k}{A} \tag{4.5}$$

式中：p_k 为相应于作用的标准组合时，基础地面处的平均压力值；f_a 为修正后的地基承载力特征值；F_k 为相应于作用的标准组合时，上部结构传至基础顶面的竖向力值；G_k 为基础自重和基础上的土重，一般近似取 $G_k = \gamma_G Ad$；γ_G 为基础与回填土平均重度，可取 20kN/m^3，地下水位以下部分取有效重度；d 为基础平均埋深；A 为基础底面面积。

由此基础底面面积按式（4.6）计算可得。

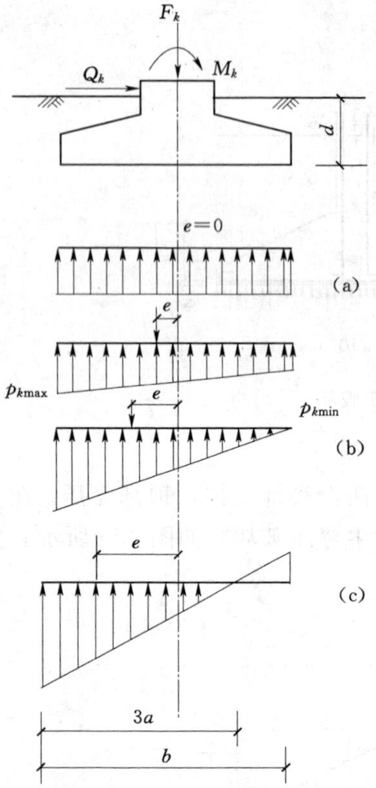

图 4.10　基地压力计算示意图

$$A \geqslant \frac{F_k}{f_a - \gamma_G d} \tag{4.6}$$

(2) 偏心荷载基础。承受偏心荷载作用时，其底板宜采用矩形，基底压力应满足式 (4.7) 和式 (4.8) 的要求。

$$p_k \leqslant f_a \tag{4.7}$$

$$p_{k\max} \leqslant 1.2 f_a \tag{4.8}$$

基础承受偏心荷载时，基底压力一般假定为直线分布，当偏心距 $e \leqslant \frac{1}{6}b$ 时，如图 4.10 (b) 所示，其边缘处的压力按式 (4.9) 计算。

$$\left.\begin{matrix} p_{k\max} \\ p_{k\min} \end{matrix}\right\} = \frac{F_k + G_k}{A} \pm \frac{M_k}{W} \tag{4.9}$$

式中：$p_{k\max}$ 为相应于作用的标准组合时，基础底面边缘最大的压力值；$p_{k\min}$ 为相应于作用的标准组合时，基础底面边缘最小的压力值；W 为基础底面的抵抗矩。

当偏心距 $e > \frac{1}{6}b$ 时，如图 4.10 (c)，$p_{k\max}$ 应按式 (4.10) 计算。

$$p_{k\max} = \frac{2(F_k + G_k)}{3la} \tag{4.10}$$

$$a = \frac{b}{2} - e$$

式中：l 为垂直于力矩方向的基础底面边长；b 为力矩作用方向基础底面边长；a 为合力作用点至基础底面最大压力边缘的距离。

为了保证基础不过分倾斜，通常要求偏心距 $e \leqslant \frac{1}{6}b$。一般认为，在中、高压缩性地基上的基础，或有吊车的厂房柱基础，要求 $e \leqslant \frac{1}{6}b$，当考虑短暂作用的偏心荷载时，e 可放宽至 $\frac{b}{4}$。

2. 基础高度计算

(1) 柱下独立基础的受冲切承载力验算。当基础承受柱子传来的荷载时，若沿柱周边（或变阶处）的基础高度不够，就会发生冲切破坏，形成45°斜裂面的角锥体，见图 4.11。为保证基础不发生冲切破坏，基础应有足够的高度，使基础冲切面以外地基净反力产生的冲切力不大于基础冲切面处混凝土的抗冲切强度，即满足式 (4.11) 的计算要求。

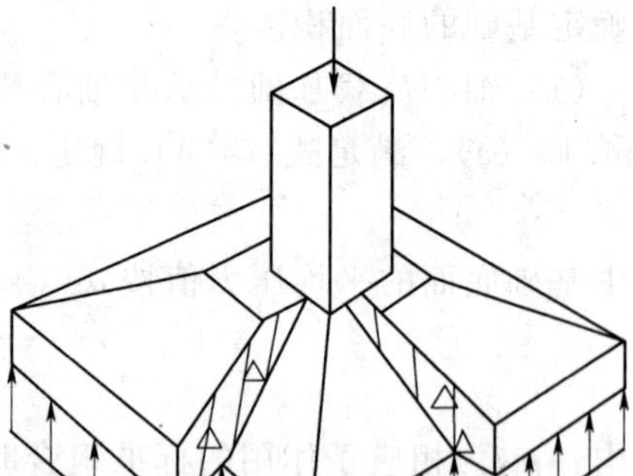

图 4.11　冲切破坏

$$F_l \leqslant 0.7 \beta_{hp} f_t a_m h_0 \tag{4.11}$$

式中：F_l 为相应于作用的基本组合时作用在 A_l 上的地基土净反力设计值，$F_l = p_j A_l$；p_j 为扣除基础自重及其上土重后相应于作用的基本组合时的地基土单位面积净反力，对偏心受压基础可取基础边缘处最大地基土单位面积净反力；A_l 为冲切验算时取用的部分基底面积 [图 4.7 (a)、(b) 中阴影面积 $ABCDEF$，图 4.7 (c) 中阴影面积 $ABCD$]；β_{hp} 为受冲切承载力截面高度影响系数，当 $h\leqslant 800$mm 时，β_{hp} 取 1.0；当 $h\geqslant 2000$mm 时，β_{hp} 取 0.9；其间按照线性内插法取用；f_t 为混凝土轴心抗拉强度设计值；h_0 为基础冲切破坏锥体的有效高度；a_m 为冲切破坏锥体最不利计算一侧长度，$a_m=(a_t+a_b)/2$；a_t、a_b 分别为冲切破坏锥体最不利计算一侧斜截面的上边长和在基础底面积范围内的下边长，当计算柱与基础交接处的受冲切承载力时，分别取柱宽和柱宽加两倍基础有效高度；当计算基础变阶处的受冲切承载力时，分别取上阶宽和上阶宽加两倍基础有效高度。

验算时分以下两种情况：

1）当 $l\geqslant a_t+2h_0$ 时，冲切破坏锥体的底面落在基础地面以内 [图 4.7 (a)]，验算柱与基础交接处的受冲切承载力时，冲切验算时取用的部分基底面积按式 (4.12) 计算：

$$A_l=\left(\frac{b}{2}-\frac{b_0}{2}-h_0\right)l-\left(\frac{l}{2}-\frac{l_0}{2}-h_0\right)^2 \tag{4.12}$$

式中：l_0、b_0 为柱截面的宽和长。

当验算变阶处的受冲切承载力时 [图 4.7 (b)]，式 (4.12) 中的 l_0、b_0 应改为上阶短边和长边。

2）当 $l<a_t+2h_0$ 时，冲切破坏锥体的底面在 l 方向落在基础底面以外，如图 4.7 (c) 所示，验算柱与基础交接处的受冲切承载力时，冲切验算时取用的部分基底面积按式 (4.13) 计算。

$$A_l=\left(\frac{b}{2}-\frac{b_0}{2}-h_0\right)l \tag{4.13}$$

当验算变阶处的受冲切承载力时，式 (4.13) 中的 b_0 应改为上阶长边。

如果冲切破坏锥体的底面全部落在基础底面以外，则基础为刚性基础，不会产生冲切破坏，无需进行冲切验算。

(2) 独立基础的受剪承载力验算。当基础短边尺寸小于或等于柱宽加两倍基础有效高度时，应按式 (4.14) 验算柱与基础交接处截面受剪承载力。

$$V_s\leqslant 0.7\beta_{hs}f_tA_0 \tag{4.14}$$

式中：V_s 为相应于作用的基本组合时，柱与基础交接处的剪力设计值，kN，图 4.12 中的阴影面积乘以基底平均净反力；β_{hs} 为受剪承载力截面高度影响系数，$\beta_{hs}=(800/h_0)^{1/4}$；当 $h_0<800$mm 时，取 $h_0=800$mm；当 $h_0>2000$mm 时，取 $h_0=2000$mm；A_0 为验算截面处基础的有效截面面积，m^2。当验算截面为阶形或锥形时，可将其截面折算成矩形截面，截面的折算宽度和截面的有效高度按规范计算。

3. 基础底板配筋计算

独立基础在承受荷载后，基础底板在地基净反力作用下会沿着柱边向上弯曲。一般独立基础的长宽比小于 2，故为双向板，两个方向都要配置受力钢筋，其内力计算常采用简化计算法。当弯曲应力超过基础抗弯强度时，基础底板将发生弯曲破坏，其破坏特征是裂缝沿柱角至基础角将基础底板分裂成四块梯形面积。故基础底板的配筋计算，可按固定在柱边的梯形悬臂板的抗弯计算确定。

在轴心荷载或单向（矩形基础长边方向）偏心荷载作用下，对于矩形基础，当台阶的宽高比小于或等于2.5且偏心距小于或等于1/6基础宽度时，基础底板任意截面的弯矩可按式（4.15）计算（图4.13）。

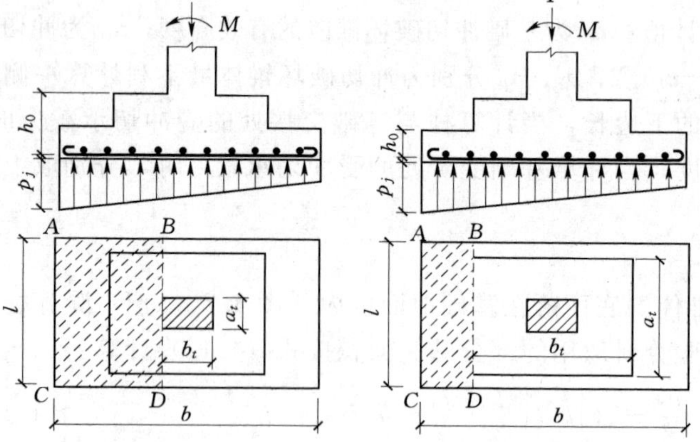

(a)柱与基础交接处　　(b)基础变阶处

图 4.12　验算阶形基础受剪承载力示意图

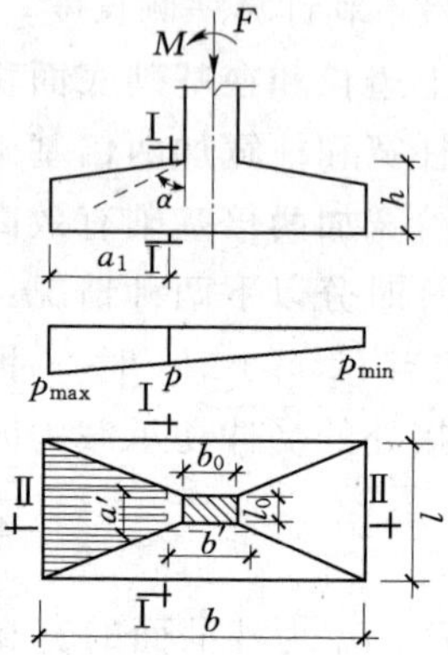

图 4.13　基础底板计算简图

$$M_{\mathrm{I}}=\frac{1}{12}a_1^2\left[(2l+a')\left(p_{max}+p_{\mathrm{I}}-\frac{2G}{A}\right)+(p_{max}-p_{\mathrm{I}})l\right] \tag{4.15a}$$

$$M_{\mathrm{II}}=\frac{1}{48}(l-a')^2(2b+b')\left(p_{max}+p_{min}-\frac{2G}{A}\right) \tag{4.15b}$$

式中：M_{I}、M_{II}为任意Ⅱ—Ⅱ处相应于作用的基本组合时的弯矩设计值，kN·m；a_1为任意截面Ⅰ—Ⅰ至基底边缘最大反力处的距离，m；l、b为基础底面的边长，m；p_{max}、p_{min}为相应于作用的基本组合时的基础底面边缘最大和最小地基反力计算值；p_{I}为相应于作用的基本组合时在任意截面Ⅰ—Ⅰ处基础底面地基反力设计值，kPa；G为考虑作用分项系数的基础自重及其上的土自重，当组合值由永久作用控制时，作用分项系数可取1.35。

基础底板配筋按式（4.16）计算：

$$A_{si}=\frac{M_i}{0.9f_yh_0} \tag{4.16}$$

由A_{I}得到的钢筋配置在平行于长边（垂直于Ⅰ—Ⅰ截面）方向；由A_{II}得到的钢筋配置在平行于短边（垂直于Ⅱ—Ⅱ截面）方向。

阶梯形基础在变阶处也是抗弯的危险截面，故尚需计算变阶处截面的钢筋，此时只要用台阶平面尺寸代替柱截面尺寸即可得出变阶处两个方向的受力钢筋面积。配筋时取同一方向的两个截面受力钢筋面积较大者。

4. 基础局部受压承载力验算

应该指出，一般柱的混凝土强度等级较基础的混凝土强度等级高，因此，基础设计除了按以上方法验算其高度，计算底板配筋外，还应验算基础顶面的局部受压承载力。

4.1.2.4 柱下独立基础的设计示例

【例4.1】 某框架结构独立基础，采用荷载标准组合时，基础受到荷载为：竖向荷载$F_k=900$kN，弯矩$M_k=225$kN·m，水平荷载为$V_k=50$kN，竖向荷载设计值$F=1215$kN。

柱截面尺寸为500mm×300mm，下卧层为淤泥，$f_{ak}=85\text{kN/mm}^2$，其他有关数据如图4.14所示。试设计该柱下钢筋混凝土独立基础。

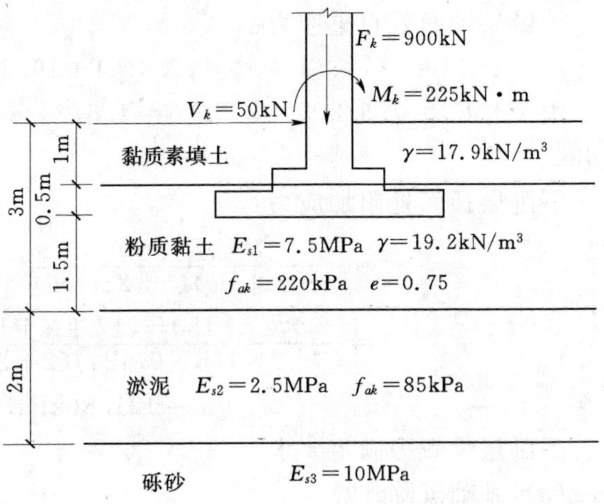

图4.14　基础设计条件

解：(1) 基础底面积计算。

1) 初拟基底面积。初步选定基础埋深$d=1.5\text{m}$，基底持力层为粉质黏土，据规范取$\eta_b=0.3$，$\eta_d=1.6$，地基承载力特征值f_a为：

$$f_a=f_{ak}+\eta_d\gamma_m(d-0.5)$$
$$=220+1.6\times\frac{17.9\times1+0.5\times19.2}{1.5}\times(1.5-0.5)$$
$$=249(\text{kPa})$$

按中心荷载初估基地面积：

$$A_1=\frac{F_k}{f_a-\gamma_G d}=\frac{900}{249-20\times1.5}=4.1(\text{m}^2)$$

考虑偏心荷载作用，将基础底面积扩大，取$A=1.3A_1=5.3(\text{m}^2)$，拟采用3m×2m基底面积。

2) 根据持力层承载力验算基底面积。

基础及回填土重量　$G_k=\gamma_G Ad=20\times(3\times2)\times1.5=180(\text{kN})$

荷载偏心距e：

$$e=\frac{M_k}{F_k+G_k}=\frac{225+50\times1.5}{900+180}$$
$$=0.28(\text{m})<l/6=0.5(\text{m})$$

基底边缘最大压力$p_{k\max}$：

$$p_{k\max}=\frac{F_k+G_k}{A}+\frac{M_k}{w}=\frac{900+180}{3\times2}+\frac{1080}{3}$$
$$=280(\text{kPa})<1.2f_a=299(\text{kPa})$$

基底平均压力：$p_k=\frac{F_k+G_k}{A}=\frac{900+180}{6}=180(\text{kPa})<f_a=220(\text{kPa})$

故基底面积可取3m×2m。

(2) 软弱下卧层验算。

由于持力层下为淤泥层，故需进行软弱下卧层承载力验算。

软弱下卧层埋深为1.0+0.5+1.5=3.0(m)，并由地基规范差得$\eta_b=0$，$\eta_d=1.0$。

$$\gamma_0=\frac{17.9\times1+19.2\times2}{3}=18.8(\text{kPa})$$

下卧层顶面地基承载力特征值为：

$$f_a=f_{ak}+\eta_b\gamma(b-3)+\eta_d\gamma_m(d-0.5)$$
$$=85+1.0\times18.3\times(3-0.5)=130.75(\text{kPa})$$

下卧层顶面处自重应力：

$$\sigma_{cz}=17.8\times1+19.2\times2=56.3(\text{kPa})$$

由 $E_{s1}/E_{s2}=7.5/2.5=3$，$z/b=1.5/2=0.75>0.5$，查相应表格有 $\theta=23°$，$\tan\theta=0.424$。

下卧层顶面处附加应力：

$$\begin{aligned}\sigma_z&=\frac{lb(p_k-\sigma_{cd})}{(l+2z\tan\theta)(b+2z\tan\theta)}\\&=\frac{3\times2\times[180-(17.9\times1+19.2\times0.5)]}{(3+2\times1.5\times0.424)(2+2\times1.5\times0.424)}=65.5(\text{kPa})\end{aligned}$$

$$\sigma_{cz}+\sigma_z=121.8(\text{kPa})<f_a=130.75\text{kPa}$$

下卧层承载力满足要求。

(3) 基础沉降计算。

采用规范法计算得基础最终沉降量 $s=70.81\text{mm}$（计算过程略）。

(4) 基础高度计算。

取 $h=800\text{mm}$，$h_0=750\text{mm}$，进行抗冲切验算，基础采用 C25 混凝土和 HPB300 级钢筋，查表得 $f_t=1.27\text{N/mm}^2$，$f_y=270\text{N/mm}^2$，垫层采用 C10 混凝土。

基底净反力：$$p_j=\frac{F}{A}=\frac{1215}{3\times2}=202.5(\text{kPa})$$

柱边截面：$$a+2h_0=0.3+2\times0.75=1.8(\text{m})<2\text{m}$$

因偏心受压，冲切力为：

$$\begin{aligned}F_l&=p_{j\max}\left[\left(\frac{b}{2}-\frac{b_0}{2}-h_0\right)l-\left(\frac{l}{2}-\frac{l_0}{2}-h_0\right)^2\right]\\&=303.75\times\left[\left(\frac{3}{2}-\frac{0.5}{2}-0.75\right)\times2-\left(\frac{2}{2}-\frac{0.3}{2}-0.75\right)^2\right]\\&=300.7(\text{kN})\end{aligned}$$

抗冲切力：

$$\begin{aligned}&0.7\beta_{hp}f_t(a+h_0)h_0\\&=0.7\times1.0\times1270\times(0.3+0.75)\times0.75\\&=700.1(\text{kN})>300.7\text{kN}\end{aligned}$$

基础分为两级，下阶 $h_1=400\text{mm}$，$h_{01}=350\text{mm}$，取 $b_1=1.5\text{m}$，$l_1=1.0\text{m}$。

变截面处：$l_1+2h_{01}=1.0+2\times0.35=1.7(\text{m})<2\text{m}$

变阶处冲切力：

$$\begin{aligned}F_l&=p_{j\max}\left[\left(\frac{b}{2}-\frac{b_1}{2}-h_{01}\right)l-\left(\frac{l}{2}-\frac{l_1}{2}-h_{01}\right)^2\right]\\&=303.75\times\left[\left(\frac{3}{2}-\frac{1.5}{2}-0.35\right)\times2-\left(\frac{2}{2}-\frac{1}{2}-0.35\right)^2\right]\\&=236.2(\text{kN})\end{aligned}$$

抗冲切力：

$$\begin{aligned}&0.7\beta_{hp}f_t(l_1+h_{01})h_{01}\\&=0.7\times1.0\times1270\times(1+0.35)\times0.35\\&=420.1(\text{kN})>236.2\text{kN}\end{aligned}$$

故基础高度可取 $h=800\text{mm}$。

(5) 基础配筋计算。

1) 计算基底净反力：

$$\frac{p_{j\max}}{p_{j\min}}=\frac{F}{A}\pm\frac{M}{W}=\frac{900\times1.35}{3\times2}\pm\frac{225\times1.35}{3}=\frac{303.75\ (\text{kPa})}{101.25\ (\text{kPa})}$$

柱边净反力：$p_{j\mathrm{I}}=101.25+(303.75-101.25)\times1.75/3=219.4(\text{kPa})$

变阶处净反力：$p_{j\mathrm{III}}=101.25+(303.75-101.25)\times2.25/3=253.1(\text{kPa})$

2) 计算长边方向的弯矩设计值和配筋。

取Ⅰ—Ⅰ截面

$$\begin{aligned}M_{\mathrm{I}}&=\frac{1}{12}a_1^2\left[(2l+a')\left(p_{\max}+p_{\mathrm{I}}-\frac{2G}{A}\right)+(p_{\max}-p_{\mathrm{I}})l\right]\\&=\frac{1}{12}a_1^2[(2l+a')(p_{j\max}+p_{j\mathrm{I}})+(p_{j\max}-p_{j\mathrm{I}})l]\\&=\frac{1}{12}\times1.25^2\times[(2\times2+0.3)\times(303.75+219.4)+(303.75-219.4)\times2]\\&=314.9(\text{kN}\cdot\text{m})\end{aligned}$$

$$A_{s\mathrm{I}}=\frac{M_{\mathrm{I}}}{0.9f_yh_0}=\frac{314.9\times10^6}{0.9\times270\times750}=1727.7(\text{mm}^2)$$

取Ⅲ—Ⅲ截面

$$\begin{aligned}M_{\mathrm{III}}&=\frac{1}{12}a_1^2[(2l+l_1)(p_{j\max}+p_{j\mathrm{III}})+(p_{j\max}-p_{j\mathrm{III}})l]\\&=\frac{1}{12}\times0.75^2\times\left[(2\times2+1)\times\left(303.75+253.1-\frac{2\times180}{6}\right)+(303.75-253.1)\times2\right]\\&=135.3(\text{kN}\cdot\text{m})\end{aligned}$$

$$A_{s\mathrm{III}}=\frac{M_{\mathrm{III}}}{0.9f_yh_{01}}=\frac{135.3\times10^6}{0.9\times270\times350}=1590.8(\text{mm}^2)$$

按Ⅰ—Ⅰ截面配筋，在2m范围内配筋9Φ16，$A_s=1809\text{mm}^2$。

3) 计算短边方向的弯矩设计值和配筋。

取Ⅱ—Ⅱ截面

$$\begin{aligned}M_{\mathrm{II}}&=\frac{1}{48}(l-l_0)^2(2b+b_0)(p_{j\max}+p_{j\min})\\&=\frac{1}{48}(2-0.3)^2(2\times3+0.5)\times(303.75+101.25)=158.5(\text{kN}\cdot\text{m})\end{aligned}$$

$$A_{s\mathrm{II}}=\frac{M_{\mathrm{II}}}{0.9f_yh_0}=\frac{158.5\times10^6}{0.9\times270\times(750-16)}=888.6(\text{mm}^2)$$

取Ⅳ—Ⅳ截面

$$\begin{aligned}M_{\mathrm{IV}}&=\frac{1}{48}(l-l_1)^2(2b+b_1)(p_{j\max}+p_{j\min})\\&=\frac{1}{48}(2-1)^2(2\times3+1.5)\times(303.75+101.25)=63.3(\text{kN}\cdot\text{m})\end{aligned}$$

$$A_{s\mathrm{IV}}=\frac{M_{\mathrm{IV}}}{0.9f_yh_{01}}=\frac{63.3\times10^6}{0.9\times270\times350}=744.3(\mathrm{mm}^2)$$

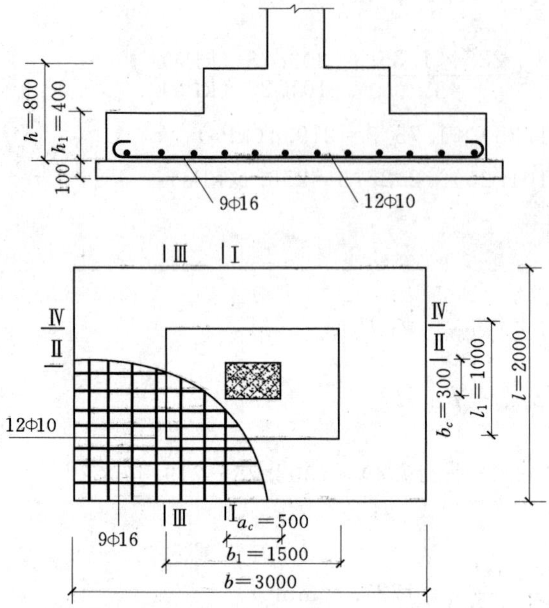

图 4.15　基础配筋图

按构造要求配筋 12Φ10，$A_s=942\mathrm{mm}^2>888.6\mathrm{mm}^2$。

基础配筋见图 4.15 所示。

4.1.3　筏形基础

当上部结构较大，地基土较软，采用其他基础不能满足地基承载力或采用人工基础不经济时，则可采用筏形基础。筏形基础具有整体性好、承载力高、结构布置灵活等优点，广泛用作高层建筑及超高层建筑。筏形基础分为梁板式和平板式两大类。

4.1.3.1　梁板式筏形基础

1. 梁板式筏基的组成

梁板式筏基由地基梁和基础筏板组成，地基梁的布置与上部结构的柱网设置有关，地基梁一般仅沿柱网布置，底板为连续双向板，也可在柱网间增设次梁，把底板划分为较小的矩形板块，如图 4.16 所示。

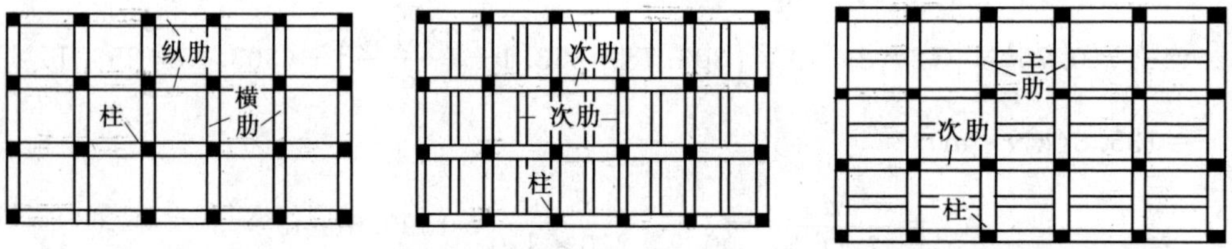

(a) 双向主肋　(b) 纵向主肋，横向次肋　(c) 横向主肋，纵向次肋

图 4.16　梁板式筏基的肋梁布置

由于梁板式筏基存在筏基高度大，受地基梁布置的影响，基础刚度变化不均匀，受力呈明显跳跃式，在中筒或荷载较大的柱底易形成受力和配筋的突变，梁板钢筋布置复杂，降水及基坑支护费用高，施工难度大等不足。

2. 梁板式筏基的构造要求

(1) 梁板式筏基的底板厚度。梁板式筏基的底板厚度与最大双向板格的短边净跨之比不应小于 1/14，且板厚不应小于 400mm，如图 4.17 所示。

(2) 梁板式筏基的梁高取值应包括底板厚度在内，梁高不宜小于平均柱距地 1/6。应综合考虑荷载大小、柱距、地质条件等因素，经计算满足承载力要求，如图 4.18 所示。

(3) 梁板式筏基底板和基础梁的配筋除满足计算要求外，纵横方向的底部钢筋尚应有不少于 1/3 贯通全跨，且其配筋率不应小于 0.15%，顶部钢筋按计算配筋全部连通，如图 4.19 和图 4.20 所示。

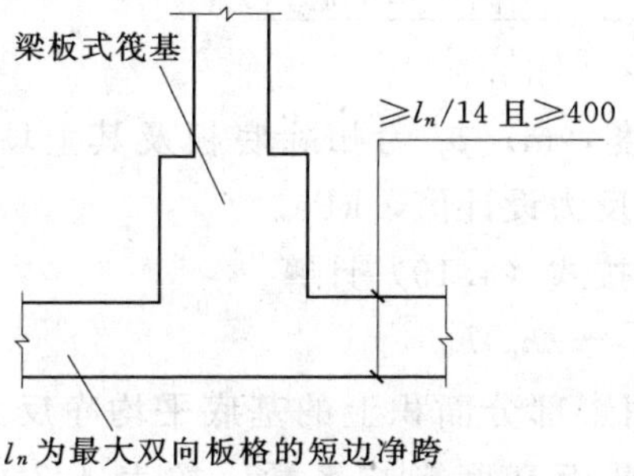

图 4.17　筏板构造要求

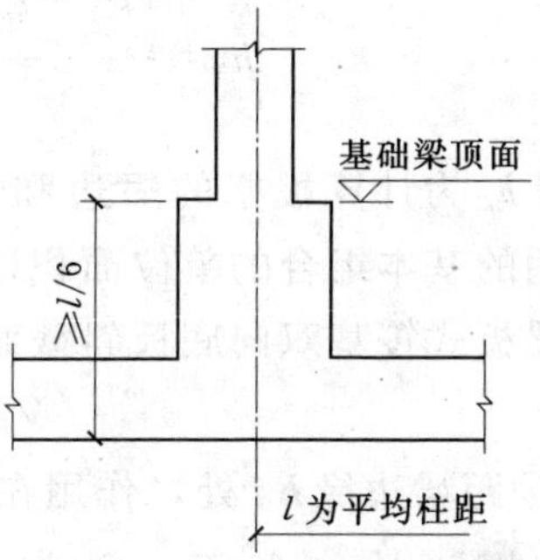

图 4.18　梁高构造要求

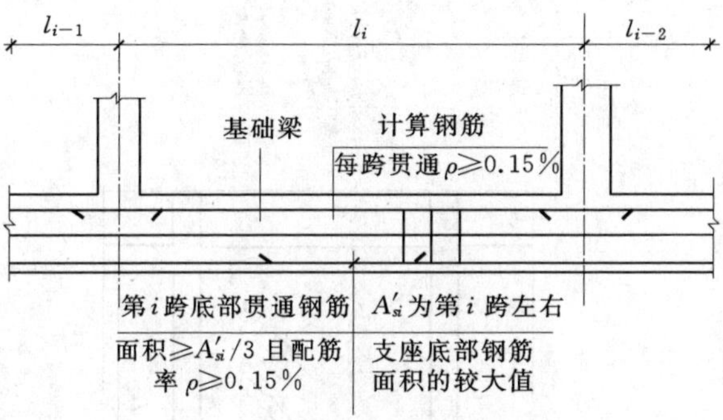

图 4.19　基础梁的配筋构造要求

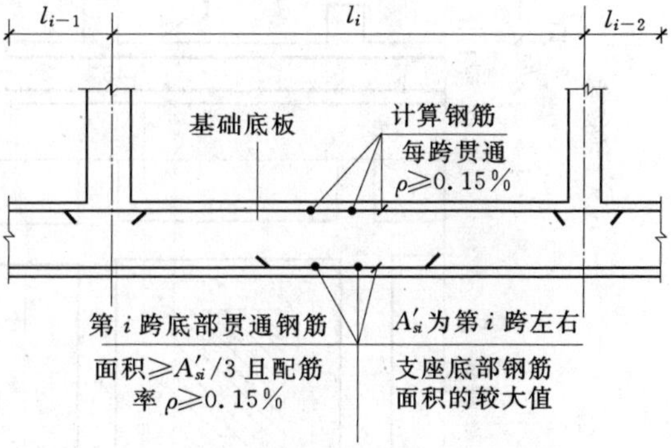

图 4.20　基础底板的配筋构造要求

3. 梁板式筏基的计算要求

当地基土比较均匀、上部结构刚度较好，梁板式筏基的梁高不小于柱距地 1/6，且相邻柱荷载及柱间距的变化不超过 20%时，筏形基础可仅考虑局部弯曲作用，按倒楼盖法计算。筏形基础的内力，可按基底反力直线分布进行计算，计算时基底反力应扣除底板自重及其上填土的自重。当不满足上述要求时，筏基内力应按弹性地基梁板方法进行分析计算。

梁板式筏基底板应计算正截面受弯承载力，其厚度尚应满足受冲切承载力、受剪切承载力的要求。

(1) 梁板式筏基底板受冲切承载力应按式 (4.17) 计算。

$$F_l \leqslant 0.7\beta_{hp} f_t \mu_m h_0 \tag{4.17}$$

式中：F_l 为底板冲切力设计值，kN，$F_l = A_l \overline{p}_j$，即作用在图 4.21 中阴影部分面积 (A_l) 上的地基土平均净反力设计值 ($\overline{p}_j$)；β_{hp} 为受冲切承载力截面高度影响系数，当 $h \leqslant 800$mm 时，β_{hp} 取 1.0；当 $h \geqslant 2000$mm 时，β_{hp} 取 0.9；其间按照线性内插法取用；h_0 为基础底板冲切破坏椎体的有效高度，m；f_t 为混凝土轴心抗压强度设计值，MPa；μ_m 为距基础梁边 $h_0/2$ 处冲切临界截面的周长，m。

当底板区格为矩形双向板时，底板受冲切所需的厚度 h_0 按式 (4.18) 计算：

$$h_0=\frac{(l_{n1}+l_{n2})-\sqrt{(l_{n1}-l_{n2})^2-\frac{4\,\overline{p}_j l_{n1} l_{n2}}{\overline{p}_j+0.7\beta_{hp} f_t}}}{4} \tag{4.18}$$

式中：l_{n1}、l_{n2}为计算板格的短边和长边的净长度，m；$\overline{p}_j$ 为扣除底板及其上填土自重后，相应于作用的基本组合的单位面积地基土平均净反力设计值，kPa。

（2）梁板式筏基双向底板斜截面受剪承载力按式（4.19）计算。

$$V_s \leqslant 0.7\beta_{hs} f_t (l_{n2}-2h_0) h_0 \tag{4.19}$$

式中：V_s 为距梁边缘 h_0 处，作用在图 4.22 中阴影部分面积上的基底平均净反力产生的剪力设计值，kN，$V_s = A_v\,\overline{p}_j$；$\beta_{hs}$ 为受剪承载力截面高度影响系数，按表 4.7 取值，$h_0<$ 800mm 时取 $h_0=800$mm；$h_0>2000$mm 时，取 $h_0=2000$mm。

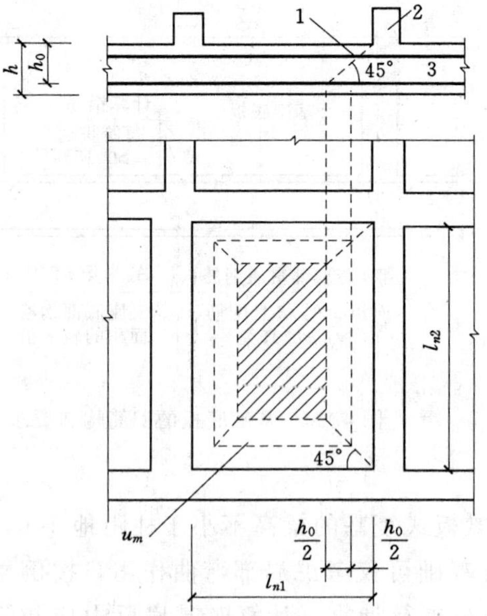

图 4.21 底板的冲切计算示意图

1—冲切破坏椎体的斜截面；2—梁；3—底板

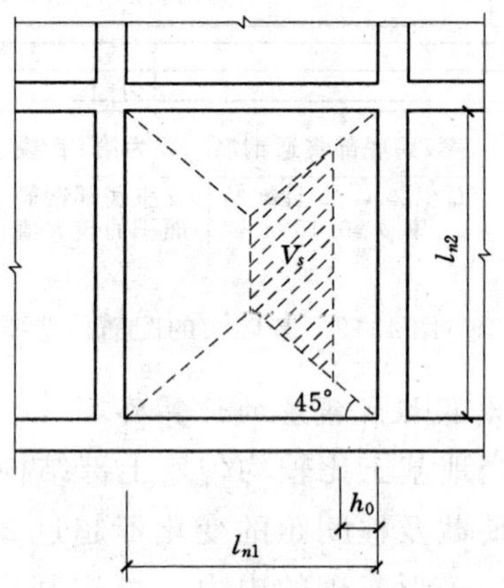

图 4.22 底板剪切计算示意图

表 4.7　受剪承载力截面高度系数 β_{hs} 数值

h_0/mm	≤800	1000	1200	1400	1600	1800	≥2000
β_{hs}	1	0.946	0.904	0.869	0.841	0.816	0.795

4.1.3.2 平板式筏形基础

平板式筏基由大厚板基础组成，常用的基础形式有：等厚筏板基础、局部加厚筏板基础和变厚度的筏板基础等，如图 4.23 所示。适合于复杂柱网结构，具有基础刚度大，受力均匀等特点，目前在高层和超高层建筑中应用普遍。

1. 平板式筏形基础构造要求

（1）当筏板的厚度大于 2000mm 时，宜在板厚中间部位设置直径不小于 12mm、间距不大于 300mm 的双向钢筋网，如图 4.24 所示。

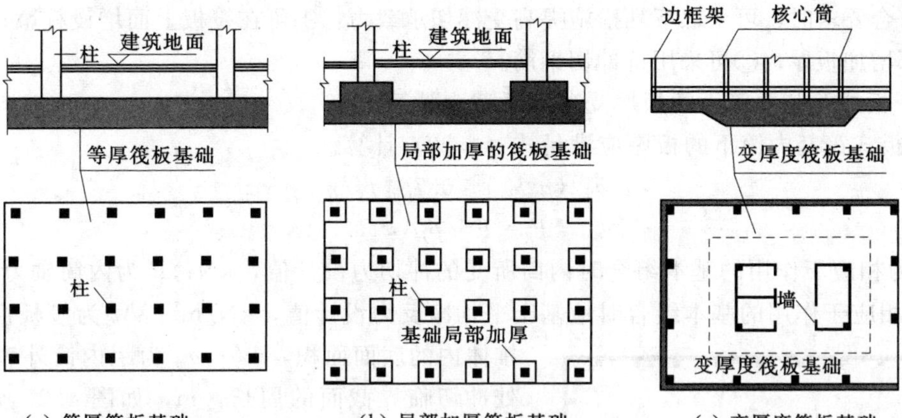

(a) 等厚筏板基础　(b) 局部加厚筏板基础　(c) 变厚度筏板基础

图 4.23　平板式筏基

(2) 按基底反力直线分布计算的平板式筏基，应满足下列条件。

1) 平板式筏基柱下板带的底部钢筋应有不少于 1/3 贯通全跨，顶部钢筋应按计算配筋全部连通，如图 4.25 所示。筏板顶部及底部贯通钢筋的配筋率均不应小于 0.15%。

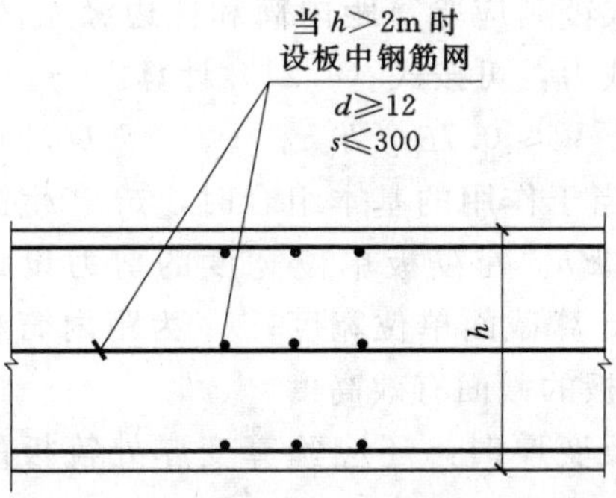

图 4.24　厚筏板的中部构造钢筋

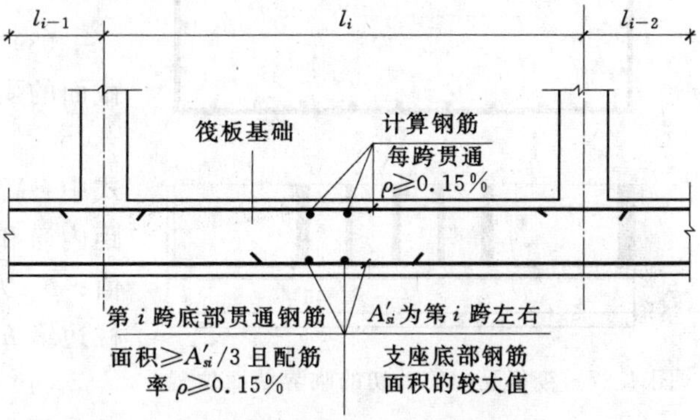

图 4.25　筏板的构造配筋

2) 有抗震设防要求的结构，当地下室平板式筏基顶面作为上部结构的嵌固端，计算柱下板带截面组合弯矩设计值时，底层框架柱下端内力应考虑地震作用组合及相应的增大系数，如图 4.26 所示。

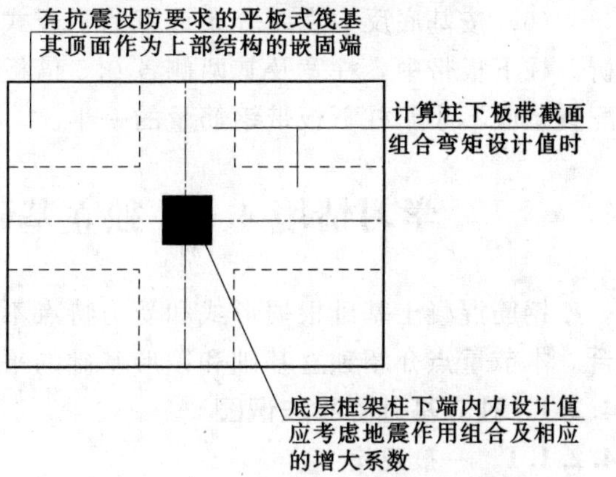

图 4.26　抗震设计要求

2. 平板式筏基计算规定

(1) 平板式筏基柱下的板厚应满足受冲切承载力的要求。

1) 平板式筏基的板厚应满足受冲切承载力的要求。计算时应考虑作用在冲切临界截面重心上的不平衡弯矩产生的附加剪力。对基础边柱和角柱冲切验算时，其冲切力应分别乘以 1.1 和 1.2 的增大系数。

2) 当柱荷载较大，等厚板筏板的首冲切承载力不能符合要求时，可采取下列措施提高受冲切承载力：①可在筏板上面增设柱墩；②可在筏板下局部增加板厚；③可采用抗冲切钢筋。

（2）平板式筏基内筒下的板厚受冲切承载力计算。

1）平板式筏基内筒下的板厚应满足式（4.20）计算。

$$F_l/(u_m h_0) \leqslant 0.7\beta_{hp} f_t/\eta \quad (4.20)$$

$$F_l = F - \overline{p}_j A_b$$

式中：F_l 为相应于作用的基本组合时内筒所受的冲切力设计值，kN；F 为内筒轴力设计值，kN；$\overline{p}_j$ 为相应于作用的基本组合时地基土平均净反力设计值，kN/m^2；A_b 为筏板冲切破坏椎体内的底面面积，m^2；u_m 为距内筒外表面 $h_0/2$ 处冲切临界截面的周长，m，如图 4.27 所示；h_0 为距内筒外表面 $h_0/2$ 处筏板的截面有效高度，m；η 为内筒冲切临界截面周长影响系数，取 1.25。

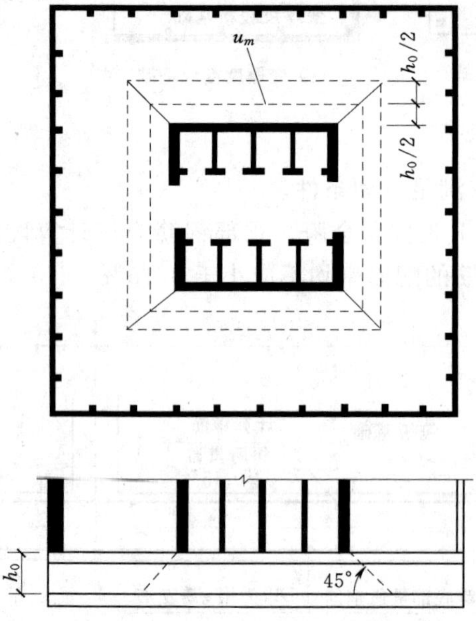

图 4.27　筏板受内筒冲切的临界截面位置

2）当需要考虑内筒根部弯矩的影响时，距内筒外表面 $h_0/2$ 处冲切临界截面的最大剪应力应满足

$$\tau_{max} \leqslant 0.7\beta_{hp} f_t/\eta$$

（3）平板式筏基应验算距内筒和柱边缘 h_0 处截面的受剪承载力，可按式（4.21）计算。

$$V_s \leqslant 0.7\beta_{hs} f_t b_w h_0 \quad (4.21)$$

式中：V_s 为相当于作用的基本组合时，$\overline{p}_j$ 产生的距内筒和柱边缘 h_0 处筏板单位宽度的剪力设计值；b_w 为筏板计算截面单位宽度；h_0 为距内筒和柱边缘 h_0 处筏板的截面有效高度。

（4）当筏板变厚时，还应验算变厚处筏板的受剪承载力。

（5）平板式筏基底层柱下的局部受压承载力一般情况下无需验算，但当柱子的混凝土等级大大高于筏板的混凝土强度等级时，仍应验算柱底筏板顶面的局部受压承载力。

（6）按基底反力直线分布计算的平板式筏基，可按柱下板带和跨中板带分别进行内力分析。柱下板带中，柱宽及其两侧各 0.5 倍板厚且不大于 1/4 板跨的有效宽度范围内，其钢筋配置量应不小于柱下板带钢筋量的一半。

学习情境 4.2　独立基础的平法识读与钢筋量计算

钢筋混凝土基础根据形式和受力特点不同分为独立基础、条形基础、筏形基础和桩基承台。本节重点介绍独立基础和筏形基础的平法识图与钢筋量计算。

4.2.1　独立基础的平法识图

4.2.1.1　一般规定

（1）独立基础平法施工图，有平面注写与截面注写两种表达方式，设计者可根据具体工程情况选择一种，或两种方式相结合进行独立基础的施工图设计。

（2）当绘制独立基础平面布置图时，应将独立基础平面与基础所支承的柱一起绘制。当设置基础连梁时，可根据图面的疏密情况，将基础连梁与基础平面布置图一起绘制，或将基础连梁布置图单独绘制。

（3）在独立基础平面布置图上应标注基础定位尺寸；当独立基础的柱中心线或杯口中心线与建筑轴线不重合时，应标注其偏心尺寸。编号相同且定位尺寸相同的基础，可仅选择一个进行标注。

4.2.1.2　独立基础类型及编号

独立基础编号见表4.8。

表4.8　独立基础编号

类型	基础底板截面形状	代号	序号	示意图	说明
普通独立基础	阶（梯）形	DJ_J	××	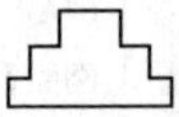	1. 单阶截面即为平板独立基础。 2. 坡形截面基础底板可为四坡、三坡、双坡及单坡
	坡（锥）形	DJ_P	××	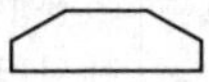	
杯口独立基础	阶（梯）形	BJ_J	××	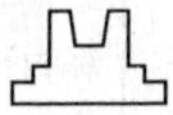	
	坡（锥）形	BJ_P	××	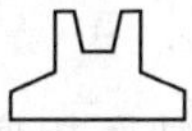	

4.2.1.3　独立基础的平面注写方式

独立基础的平面注写方式，分为集中标注和原位标注两部分内容，如图4.28所示。

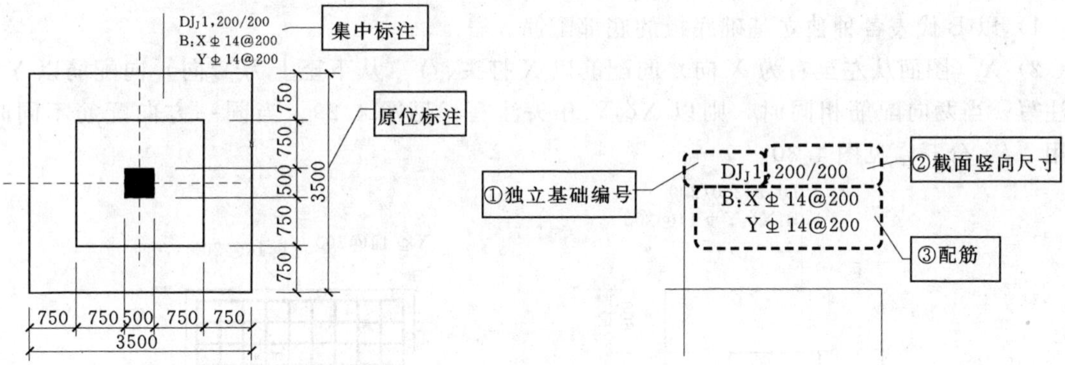

图4.28　独立基础平面注写方式

普通独立基础和杯口独立基础的集中标注，系在基础平面图上集中引注：基础编号、截面竖向尺寸、配筋三项必注内容，以及当基础底面标高与基础底面基准标高不同时的相对标高高差和必要的文字注解两项选注内容。

素混凝土普通独立基础的集中标注，除无基础配筋内容外，其形式、内容与钢筋混凝土普通独立基础相同。

独立基础集中标注的具体内容规定如下：

1. 注写独立基础编号（必注内容）

独立基础底板的截面形状通常有两种：

(1) 阶形截面编号加下标“J”，如 DJ_J××、BJ_J××。

(2) 坡形截面编号加下标“P”，如 DJ_P××、BJ_P××。

2. 注写独立基础截面竖向尺寸（必注内容）

注写独立基础截面竖向尺寸见表 4.9。

表 4.9　　独立基础截面竖向尺寸

示　意　图	说　　明
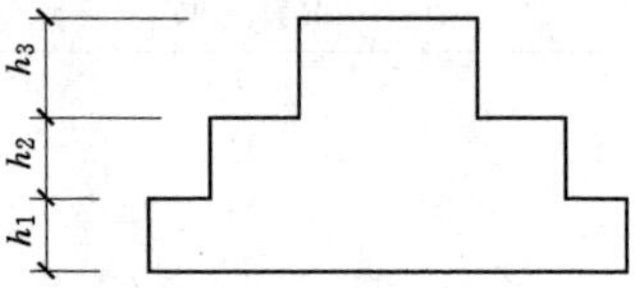	普通独立基础的截面竖向尺寸由一组用“/”隔开的数字表示（“$h_1/h_2/h_3$”），分别表示自下而上各阶的高度。 例：DJ_J1，200/200/200，表示阶形普通独立基础，自下而上各阶的高度为 200
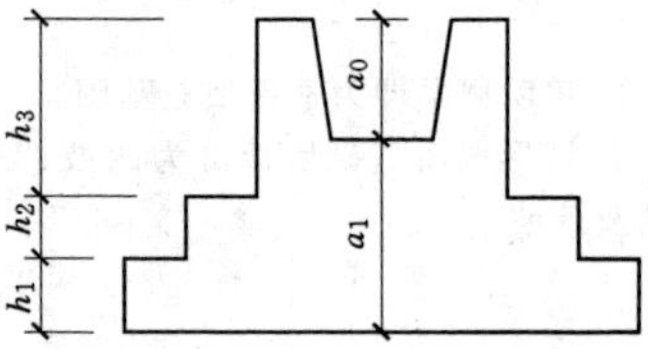	杯形独立基础的截面竖向尺寸由两组数据表示，前一组表示杯口内（“a_0/a_1”），后一组表示杯口外（“$h_1/h_2/h_3$”）。杯口外竖向尺寸自下而上标注，杯口内竖向尺寸自上而下标注。 例：BJ_J2，200/400，200/200/300，表示阶形杯口独立基础，杯口内自上而下的高度为 200/400，杯口外自下而上各阶的高度为 200/200/300

3. 注写独立基础配筋（必注内容）

独立基础配筋通常有 4 种：独立基础底板底部配筋、杯口独立基础顶部焊接钢筋网、高杯口独立基础侧壁外侧和短柱配筋、多柱独立基础底板顶部配筋。

(1) 注写独立基础底板配筋。普通独立基础和杯口独立基础的底部双向配筋注写规定如下。

1) 以 B 代表各种独立基础底板的底部配筋。

2) X（图面从左至右为 X 向）向配筋以 X 打头、Y（从下至上为 Y 向）向配筋以 Y 开头注写；当两向配筋相同时，则以 X&Y 开头注写，见图 4.29。当同一方向配筋不同时，可用“/”分开，见图 4.30。

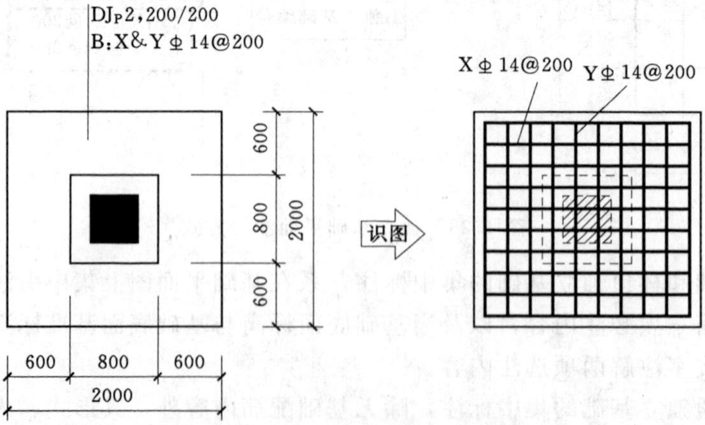

图 4.29　独立基础底板双向配筋相同的图例

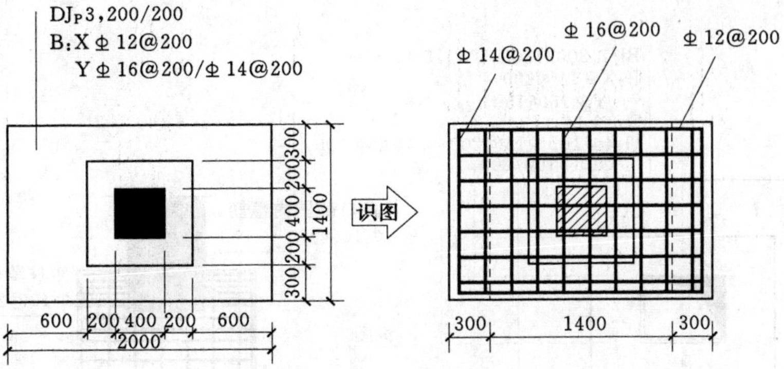

图 4.30　独立基础底板双向配筋不同图例

（2）杯口独立基础顶部焊接钢筋网。如图 4.31 所示，Sn2 ⌀ 14，表示杯口每边和双杯口中间杯壁的顶部均配置 2 根直径 14mm 的 HRB335 焊接钢筋网。

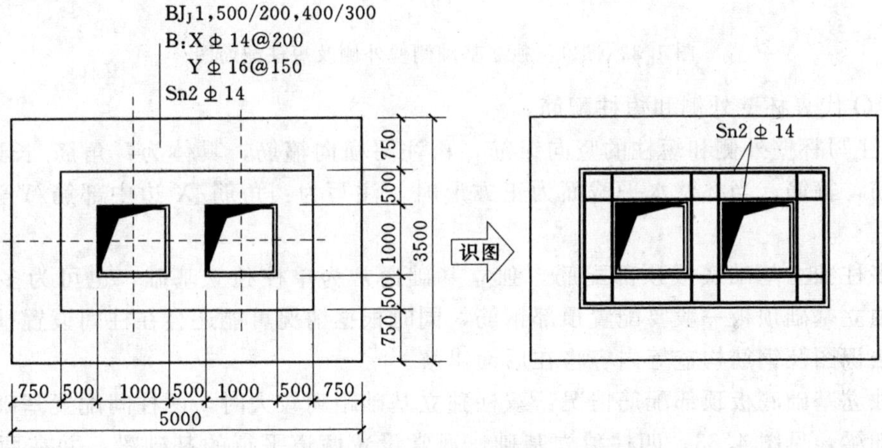

图 4.31　双杯口独立基础顶部焊接钢筋网图例

（3）高杯口独立基础侧壁外侧和短柱配筋，如图 4.32 所示。

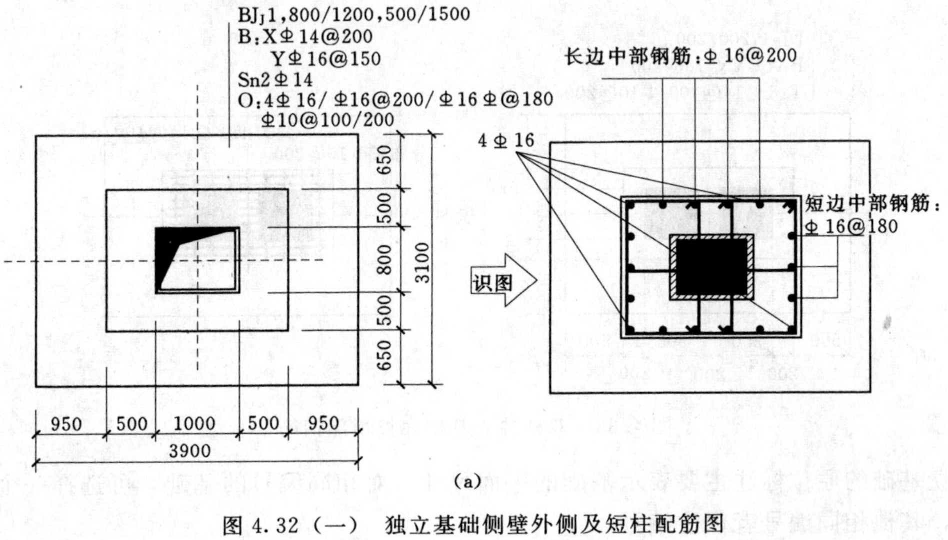

(a)

图 4.32（一）　独立基础侧壁外侧及短柱配筋图

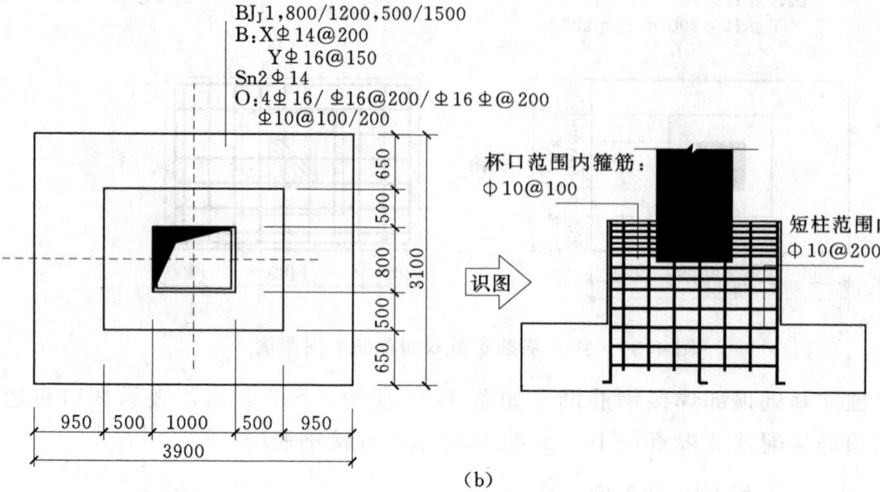

图 4.32(二) 独立基础侧壁外侧及短柱配筋图

1)以O代表杯壁外侧和短柱配筋。

2)先注写杯壁外侧和短柱的竖向纵筋,再注写横向箍筋,具体为:角筋/长边中部筋/短边中部筋,箍筋;当杯壁水平截面为正方形时,注写为:角筋/X边中部筋/Y边中部筋,箍筋。

(4)多柱独立基础底板顶部配筋。独立基础通常为单柱独立基础,也可为多柱独立基础,多柱独立基础顶板一般要配置顶部钢筋,同时根据情况可能还会在柱间设置基础梁,基础梁的平法识图及钢筋构造等内容将在后面讲解。

多柱独立基础底板顶部配筋情况:双柱独立基础距离较大时,两柱间配置基础顶部钢筋或配置基础梁,见图4.33;四柱独立基础,通常设置两道平行的基础梁,并在两道基础梁之间配置基础顶部钢筋,见图4.34。顶部配筋以“T”表示,即“Top”的缩写,先注写受力筋,再注写分布筋。

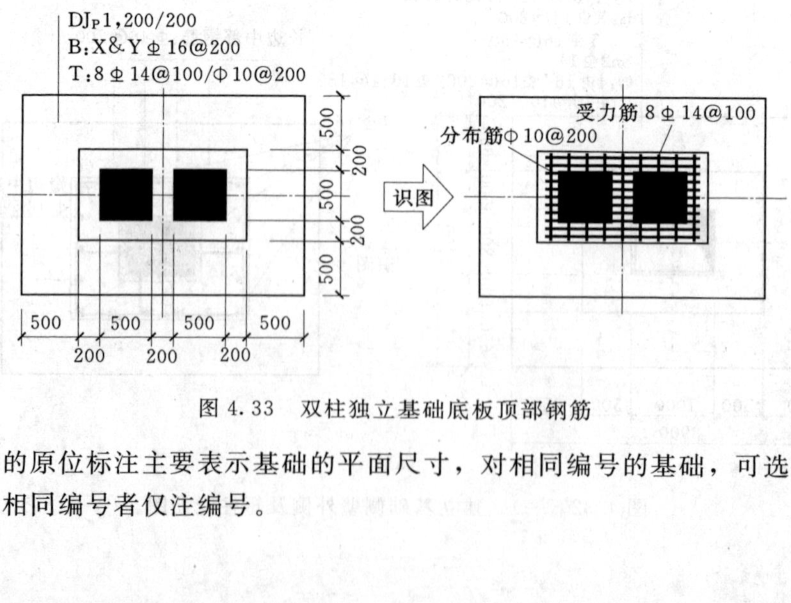

图 4.33 双柱独立基础底板顶部钢筋

独立基础的原位标注主要表示基础的平面尺寸,对相同编号的基础,可选择一个进行原位标注,其他相同编号者仅注编号。

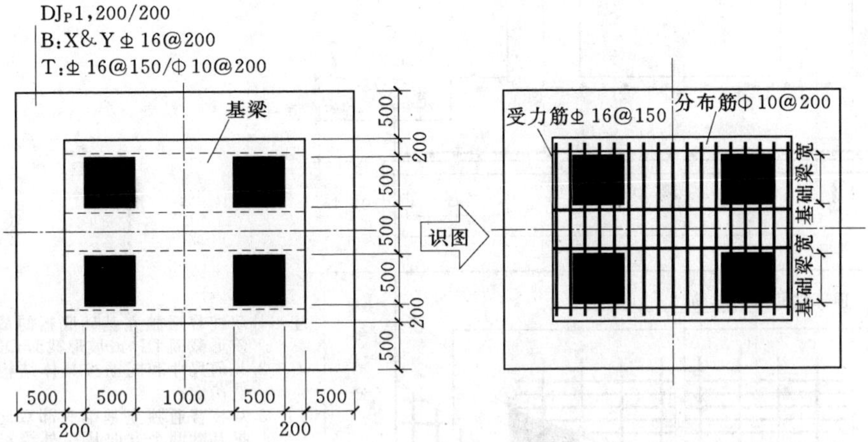

图4.34　四柱独立基础底板底部配筋

4.2.2　独立基础的构造详图（出自16G101—3）

独立基础的构造图见图4.35和图4.36。

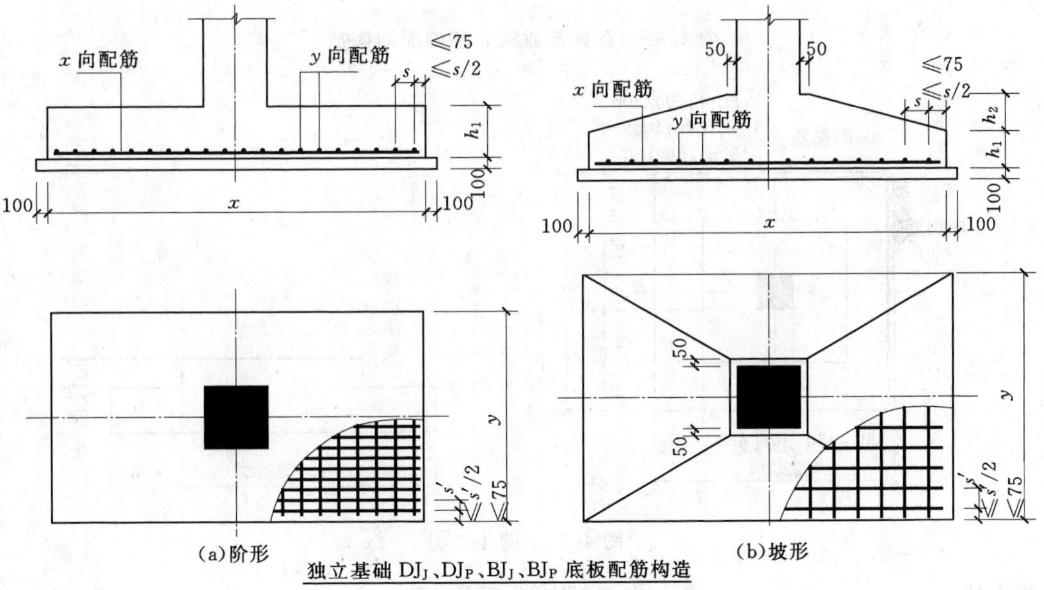

图4.35　独立基础底板配筋构造

4.2.3　独立基础钢筋量计算

单根钢筋长度＝边长－2×保护层厚度

根数＝(边长－2×起步距离)/钢筋间距＋1

起步距离＝min(钢筋间距/2,75mm)

【例4.2】 计算如图4.37所示独立基础中钢筋预算量。

基础保护层厚度为40mm。

计算结果见表4.10。

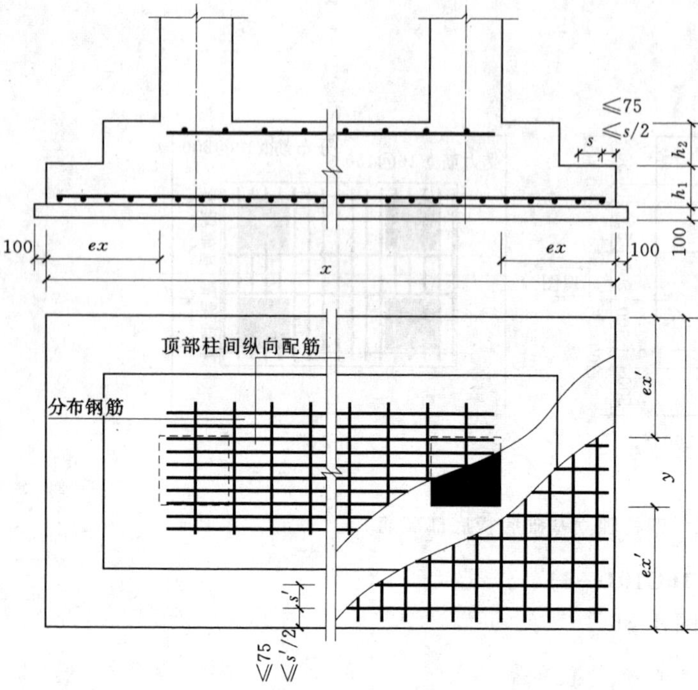

注 1.双柱普通独立基础底板的截面形状，可为阶形截面 DJ_J 或坡形截面 DJ_P。
2.几何尺寸和配筋按具体结构设计和本图构造确定。
3.双柱普通独立基础底部双向交叉钢筋，根据基础两个方向从柱外缘至基础外缘的伸出长度 ex 和 ex' 的大小，较大者方向的钢筋设置在下，较小者方向的钢筋设置在上。

图 4.36 双柱普通独立基础配筋构造

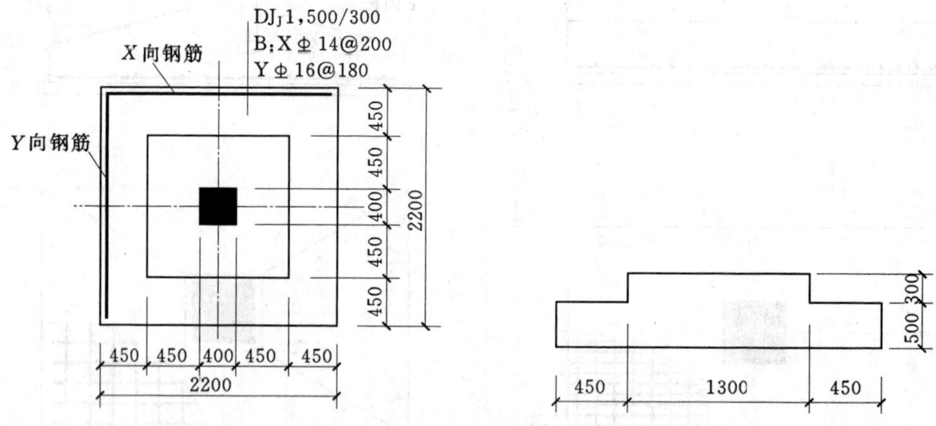

图 4.37 例 4.2 图

表 4.10 例 4.2 钢筋预算量计算

序号	钢筋名称	单根长度/m	根数/根	重量/kg
1	底部 X 向筋	2200−2×40 =2120(mm) =2.120	(2200−75×2)/200+1 =12	2.12×12×1.208 =30.732
2	底部 Y 向筋	2.120	(2200−75×2)/180+1 =13	2.12×13×1.578 =43.490
合计				74.222

【例 4.3】 计算如图 4.38 中钢筋量。

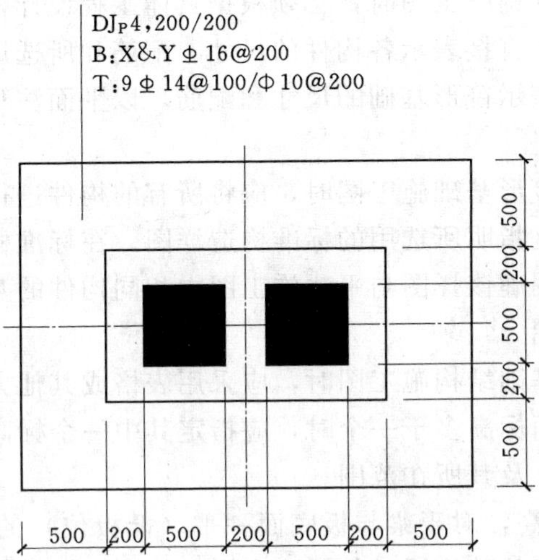

图 4.38　例 4.3 图

基础混凝土 C40，保护层厚度 40mm。

计算结果见表 4.11。

表 4.11　**例 4.3 中钢筋预算量计算**

序号	钢筋名称	单根长度/m	根数/根	重量/kg
1	底板底部 *X* 向筋	2600－2×40 ＝2520(mm) ＝2.520	(1900－75×2)/200＋1 ＝10	2.520×10×1.578 ＝39.766
2	底板底部 *Y* 向筋	1900－2×40 ＝1820(mm) ＝1.820	(2600－75×2)/200＋1 ＝14	1.820×14×1.578 ＝40.207
3	底板顶部受力筋	200＋29×14×2 ＝1012(mm) ＝1.012	9	1.012×9×1.208 ＝11.002
4	底板顶部分布筋	100×8＋150×2 ＝1100(mm) ＝1.100	(1400－200)/200＋1 ＝7	1.100×7×0.617 ＝4.751
合计				95.726

学习情境 4.3　筏形基础的平法识读与钢筋量计算

4.3.1　梁板式筏形基础的平法识读

筏形基础有：梁板式筏形基础、平板式筏形基础。本章主要介绍梁板式筏形基础。

梁板式筏形基础一般由基础主梁（JL）、基础次梁（JCL）、基础平板（LPB）组成。

4.3.1.1 一般规定

(1) 按平法设计绘制结构施工图时，必须根据具体工程设计，按照各类构件的平法制图规则，在基础平面布置图上直接表示各构件的尺寸、配筋和所选用的标准构造详图。

(2) 在平面布置图上表示筏形基础的尺寸和配筋，以平面注写方式为主，截面注写方式为辅。

(3) 按平法设计绘制筏形基础施工图时，应将所有的构件进行编号，编号中含有类型代号和序号等，其主要作用是指明所选用的标准构造详图。在标准构造详图上，已经按照其所属构件类型注明代号，以明确该详图与平法施工图中相同构件的互补关系，使两者结合构成完整的基础结构设计施工图。

(4) 按平法设计绘制基础结构施工图时，应采用表格或其他方式注明筏形基础平板的底面标高，当基础平板的底面标高多于一个时，应指定其中一个标高为基准标高，其余不同标高应注明其相对正负关系，及其所在范围。

1) 基础平板的底面标高，对于梁与板底面一平（低板位）的梁板式筏形基础和平板式筏形基础，即为覆盖地基的基础垫层（包括防水层）的顶面标高；对于梁与板顶面一平（高板位）或底面与顶面均不一平（中板位）的梁板式筏形基础，系指梁间基础平板范围的基础垫层（包括防水层）的顶面标高。

2) 结构层楼面标高系指将建筑图中的各层地面和楼面标高值扣除建筑面层及垫层做法厚度后的标高，结构层号应与建筑楼层号对应一致。

(5) 为了确保施工人员准确无误地按平法施工图进行施工，在具体工程的结构设计总说明中，除常规内容以外，还应包括以下与平法施工图密切相关的内容：

1) 注明所选用平法标准图的图集号（如本图集号为16G101—3)，避免图集升版后在施工中用错版本。

2) 注明筏形基础所采用的混凝土的强度等级和钢筋级别，以确定相应受拉钢筋的最小锚同长度及最小搭接长度等。

3) 当设置后浇带时，注明后浇混凝土的强度等级以及特殊要求。例如：注明后浇混凝土为补偿收缩混凝土或为微膨胀混凝土及配方等。

(6) 对受力钢筋的混凝土保护层厚度、钢筋搭接和锚固长度，除在结构施工图中另有注明者外，均应按16G101系列平法图集标准构造详图中的有关构造规定执行。

4.3.1.2 梁板式筏形基础平法施工图的表示方法

(1) 梁板式筏形基础平法施工图，系在基础平面布置图上采用平面注写方式进行表达。

(2) 当绘制基础平面布置图时，应将其所支承的混凝土结构、钢结构、砌体结构或混合结构的柱、墙平面与基础平面一起绘制。

(3) 注明筏形基础平板的底面标高。通过选注基础梁底面与基础平板底面的标高高差来表达两者间的位置关系，可以明确其“高板位”（梁顶与板顶一平）、“低板位”（梁底与板底一平）以及“中板位”（板在梁的中部）三种不同位置组合的筏形基础，方便设计表达。

(4) 对于轴线未居中的基础梁，应标注其偏心定位尺寸。

(5) 梁板式筏形基础构件的类型与编号见表4.12。

(6) 基础主梁与基础次梁的平面注写。基础主梁JL与基础次梁JCL的平面注写分集中标注与原位标注两部分内容，见图4.39。

表 4.12　　梁板式筏形基础构件编号

构件类型	代号	序号	跨数及是否有外伸
基础主梁	JL	××	(××）或（××A）或（××B)
基础次梁	JCL	××	(××）或（××A）或（××B)
梁板筏基础平板	LPB	××	

注　1.（××A）为一端有外伸，（××B）为两端有外伸，外伸不计入跨数。例：JL7（5B）表示第7号基础主梁，5跨，两端有外伸。

2. 对于梁板式筏形基础平板，其跨数及是否有外伸分别在 X、Y 两向的贯通纵筋之后表达。图面从左至右为 X 向，从下至上为 Y 向。

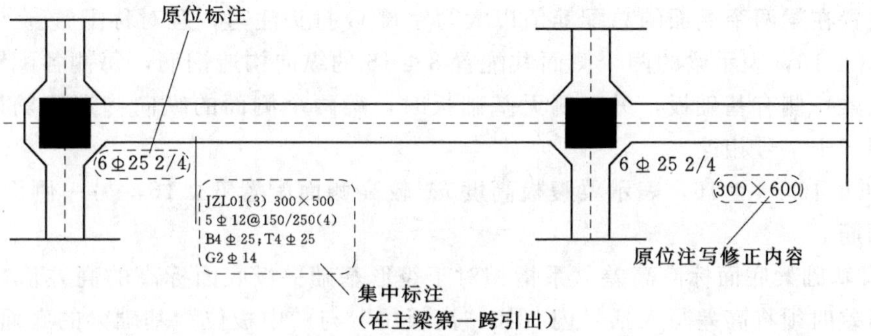

图 4.39　基础主/次梁平法表达方式

1）基础主梁 JZL 与基础次梁 JCL 的集中标注，应在第一跨（X 向为左端跨，Y 向为下端跨）引出，规定如下：

a. 注写基础梁的编号。

b. 注写基础梁的截面尺寸。以 $b\times h$ 表示梁截面宽度与高度；当为加腋梁时，用 $b\times h$，$Yc_1\times c_2$ 表示，其中 c_1 为腋长，c_2 为腋高。

c. 注写基础梁的箍筋。

当具体设计采用一种箍筋间距时，仅需注写钢筋级别，直径、间距与肢数（写在括号内）即可。

当具体设计采用两种或三种箍筋间距时，先注写梁两端（不包括支座处宽度）的第一种或第一、第二种箍筋，并在前面加注箍筋道数；再依次注写跨中部的第二种或第三种箍筋（不需加注箍筋道数）；不同箍筋配置用斜线“/”相分隔。

注意：支座内的箍筋与梁端的第一种箍筋规格相同。

如：11Φ14@150/250（6），表示箍筋为 HRB335 级钢筋，直径Φ14，从梁端到跨内，间距 150mm 设置 11 道（即分布范围为 150×10＝1500mm），其余间距为 250mm，均为六肢箍。

如：9Φ16@100/12Φ16@150/Φ16@200（6），表示箍筋为 HRB335 级钢筋，直径Φ16，从梁端向跨内，间距 100mm 设置 9 道，间距 150mm 设置 12 道，其余间距为 200mm，均为六肢箍。

d. 注写基础梁的底部与顶部贯通纵筋。具体内容为：先注写梁底部贯通纵筋（B 打头）的规格与根数（不应少于底部受力钢筋总截面面积的 1/3）。当跨中所注根数少于箍筋肢数时，需要在跨中加设架立筋以固定箍筋，注写时，用加号“＋”将贯通纵筋与架立筋相连，架立筋注写在加号后面的括号内。再注写顶部贯通纵筋（T打头）的配筋值。注写时用分号“;”将底部与顶部纵筋分隔开来，如有个别跨与其不同者，用原位注写的规定处理。

如：B4⌀32；T7⌀32 表示梁的底部配置4⌀32的贯通纵筋，梁的顶部配置7⌀32的贯通纵筋。

当梁底部或顶部贯通纵筋多于一排时，用斜线“/”将各排纵筋自上而下分开。

e. 基础次梁的顶部贯通纵筋，每跨两端应锚入基础主梁内，或在距中间支座（基础主梁）1/4跨度范围采用机械连接或对焊连接（均应严格控制接头百分率）。

f. 注写基础梁的侧面纵向构造钢筋。当梁腹板高度≥450mm时，根据需要配置纵向构造钢筋。设置在梁两个侧面的总配筋值以大写字母G打头注写，且对称配置。

如：G8⌀16，表示梁的两个侧面共配置8⌀16的纵向构造钢筋，每侧各配置4⌀16。

当基础梁一侧有基础板，另一侧无基础板时，梁两个侧面的纵向构造钢筋以G打头分别注写并用“＋”号相连。

如：G6⌀16＋4⌀16，表示梁腹板高度h_w较高侧面配置6⌀16，另一侧面配置4⌀16纵向构造钢筋。

g. 注写基础梁底面标高高差（系指相对于筏形基础平板底面标高的高差值），该项为选注值。有高差时须将高差写入括号内（如“高板位”与“中板位”基础梁的底面与基础平板底面标高的高差值），无高差时不注（如“低板位”筏形基础的基础梁）。

2）基础主梁与基础次梁的原位标注，规定如下：

a. 注写梁端（支座）区域的底部全部纵筋，系包括已经集中注写过的贯通纵筋在内的所有纵筋：

当梁端（支座）区域的底部纵筋多于一排时，用斜线“/”将各排纵筋自上而下分开。

如：梁端（支座）区域底部纵筋注写为10⌀25 4/6，则表示上一排纵筋为4⌀25，下一排纵筋为6⌀25。

当同排纵筋有两种直径时，用加号“＋”将两种直径的纵筋相连。

如：梁端（支座）区域底部纵筋注写为4⌀28＋2⌀25，表示一排纵筋由两种不同直径钢筋组合。

b. 当梁中间支座两边的底部纵筋配置不同时，须在支座两边分别标注；当梁中间支座两边的底部纵筋相同时，可仅在支座的一边标注配筋值。

设计时应注意：当对底部一平的梁支座两边的底部非贯通纵筋采用不同配筋值时，应先按较小一边的配筋值选配相同直径的纵筋贯穿支座，再将较大一边的配筋差值选配适当直径的钢筋锚入支座，避免造成两边大部分钢筋直径不相同的不合理配置结果。

施工及预算方面应注意：当底部贯通纵筋经原位修正注写后，两种不同配置的底部贯通纵筋应在两毗邻跨中配置较小一跨的跨中连接区域连接（即配置较大一跨的底部贯通纵筋须越过其跨数终点或起点伸至毗邻跨的跨中连接区域。具体位置见标准构造详图）。

c. 当梁端（支座）区域的底部全部纵筋与集中注写过的贯通纵筋相同时，可不再重复做原位标注。

d. 注写基础梁的附加箍筋或吊筋（反扣）。将其直接画在平面图中的主梁上，用线引注总配筋值（附加箍筋的肢数注在括号内），当多数附加箍筋或吊筋（反扣）相同时，可在基础梁平法施工图上统一注明，少数与统一注明值不同时，再原位引注。

施工时应注意：附加箍筋或吊筋（反扣）的几何尺寸应按照标准构造详图，结合其所在位置的主梁和次梁的截面尺寸而定。

当在多跨基础梁的集中标注中已注明加腋，而该梁某跨根部不需要加腋时，则应在该跨原位标注等截面的 $b\times h$，以修正集中标注中的加腋信息。

（7）梁板式筏形基础平板的平面注写。

1）梁板式筏形基础平板 LPB 的平面注写，分板底部与顶部贯通纵筋的集中标注与板底部附加非贯通纵筋的原位标注两部分内容，见图 4.40。当仅设置贯通纵筋而未设置附加非贯通纵筋时，则仅做集中标注。

2）梁板式筏形基础平板 LPB 贯通纵筋的集中标注，见图 4.41，应在所表达的板区双向均为第一跨（X 与 Y 双向首跨）的板上引出（图面从左至右为 X 向，从下至上为 Y 向）。

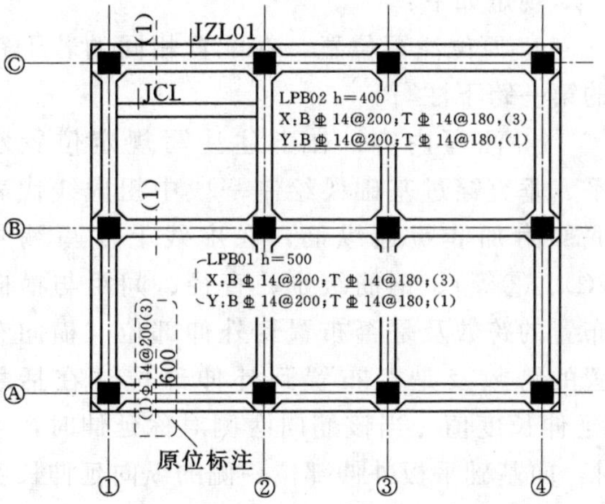

图 4.40　筏基平板平法图

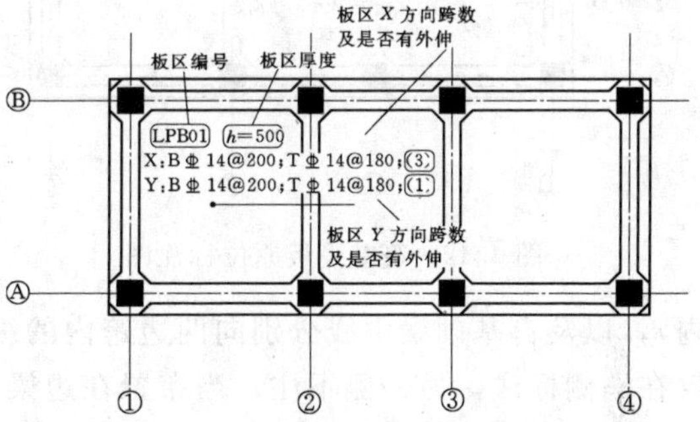

图 4.41　筏基平板集中标注图

板区划分条件：①当板厚不同时，相同板厚区域为一板区；②当因基础梁跨度、间距、板底标高等不同，设计者对基础平板的底部与顶部贯通纵筋分区域采用不同配置时，配置相同的区域为一板区；各板区应分别进行集中标注。

集中标注的内容，规定如下：注写基础平板的编号；注写基础的平板截面尺寸；注写基础平板底部与顶部贯通纵筋及其总长度，贯通纵筋的总长度注写在括号中，注写方式为“跨数及有无外伸”，其表达形式为：（××）（无外伸）、（××A）（一端有外伸）或（××B）（两端有外伸）。

注意：基础平板的跨数以构成柱网的主轴线为准；两主轴线之间无论有几道辅助轴线（例如：框筒结构中混凝土内筒中的多道墙体），均可按一跨考虑。

如：X：B Φ 22@150；T Φ 20@150；（5B）

　　Y：B Φ 20@200；T Φ 18@200；（7A）

表示基础平板 X 向底部配置Φ 22 间距 150mm 的贯通纵筋，顶部配置Φ 20 间距 150mm 的贯通纵筋，纵向总长度为 5 跨两端有外伸；Y 向底部配置Φ 20 间距 200mm 的贯通纵筋，顶部配置Φ 18 间距 200mm 的贯通纵筋，纵向总长度为 7 跨一端有外伸。

当某向底部贯通纵筋或顶部贯通纵筋的配置，在跨内有两种不同间距时，先注写跨内两端的第一种间距，并在前面加注纵筋根数（以表示其分布的范围）；再注写跨中部的第二种间距（不需加注根数）：两者用“/”分隔。

如：B12 ⌀ 22@200/150；T10 ⌀ 20@200/150 表示基础平板 *X* 向底部配置⌀ 22 的贯通纵筋，跨两端间距为 200mm 配 12 根，跨中间距为 150mm；*X* 向顶部配置⌀ 20 贯通纵筋，跨两端间距为 200mm 配 10 根，跨中间距为 150mm（纵向总长度略）。

施工及预算方面应注意：当基础平板分板区进行集中标注，且相邻板区板底一平时，两种不同配置的底部贯通纵筋应在两毗邻板跨中配置较小板跨的跨中连接区域连接（即配置较大板跨的底部贯通纵筋须越过板区分界线伸至毗邻板跨的跨中连接区域，具体位置见标准构造详图）。

3）梁板式筏形基础平板 LPB 的原位标注，见图 4.42，主要表达横跨基础梁下（板支座）的板底部附加非贯通纵筋。

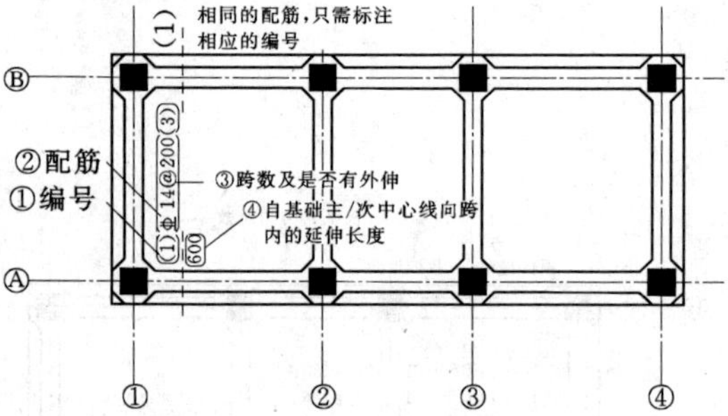

图 4.42　筏基平板原位标注图

规定如下：

a. 原位注写位置：在配置相同的若干跨的第一跨下注写。

b. 注写内容：在上述注写规定位置水平、垂直穿过基础梁绘制一段中粗虚线代表底部附加非贯通纵筋，在虚线上注写编号（①、②等）、钢筋级别、直径、间距与横向布置的跨数及是否布置到外伸部位（横向布置的跨数及是否布置到外伸部位注在括号内），以及自基础梁中线分别向两边跨内的纵向延伸长度值。当该筋向两侧对称延伸时，可仅在一侧标注，另一侧不注；当布置在边梁下时，向基础平板外伸部位一侧的纵向延伸长度与方式按标准构造，设计不注。底部附加非贯通筋相同者，可仅在一根钢筋上注写，其他可仅在中粗虚线上注写编号。

横向布置的跨数及是否布置到外伸部位的表达形式为：（××）（外伸部位无横向布置或无外伸部位）、（××A）（一端外伸部位有横向布置）或（××B）（两端外伸部位均有横向布置）。横向连续布置的跨数及是否布置到外伸部位，不受集中标注贯通纵筋的板区限制。

如：某 3 号基础主梁 JL3（7B），7 跨，两端有外伸。在该梁第一跨原位注写基础平板底部附加非贯通纵筋⌀ 8@300（4A），在第 5 跨原位注写底部附加非贯通纵筋⌀ 20@300（3A），表示底部附加非贯通纵筋第一跨至第四跨且包括第一跨的外伸部位横向配置相同，第五跨至第七跨且包括第七跨的外伸部位横向配置相同。

设计时应注意，“隔一布一”方式施工方便，设计时仅通过调整纵筋直径即可实现贯通全跨的纵筋面积界于相应方向总配筋面积的 1/3～1/2 之间，因此，宜为首选方式。

当底部附加非贯通纵筋布置在跨内有两种不同间距的底部贯通纵筋区域时，其间距应分别对应为两种，其注写形式应与贯通纵筋保持一致；即先注写跨内两端的第一种间距，并在前面加注纵筋根数（以表示其分布的范围）；再注写跨中部的第二种间距（不需加注根数）；两者用“/”分隔。

4.3.2　梁板式筏形基础的构造详图（出自 16G101—3）

梁板式筏形基础的构造详图见图 4.43～图 4.51。

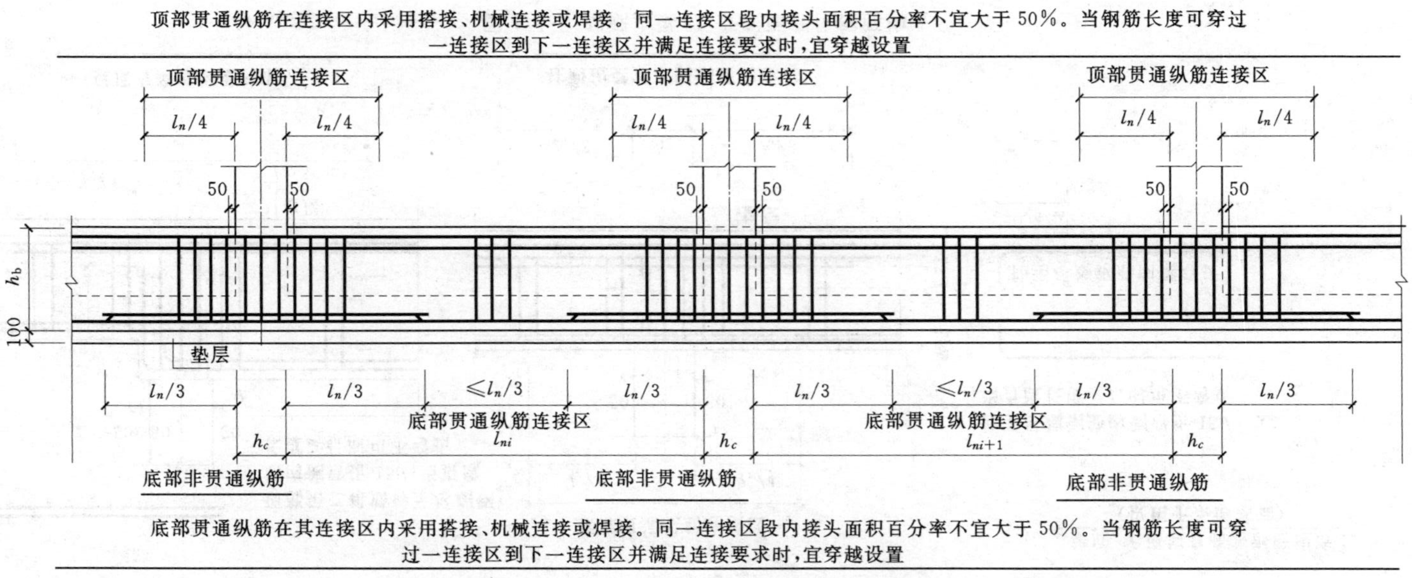

图 4.43　基础主梁 JL 纵向钢筋与箍筋构造

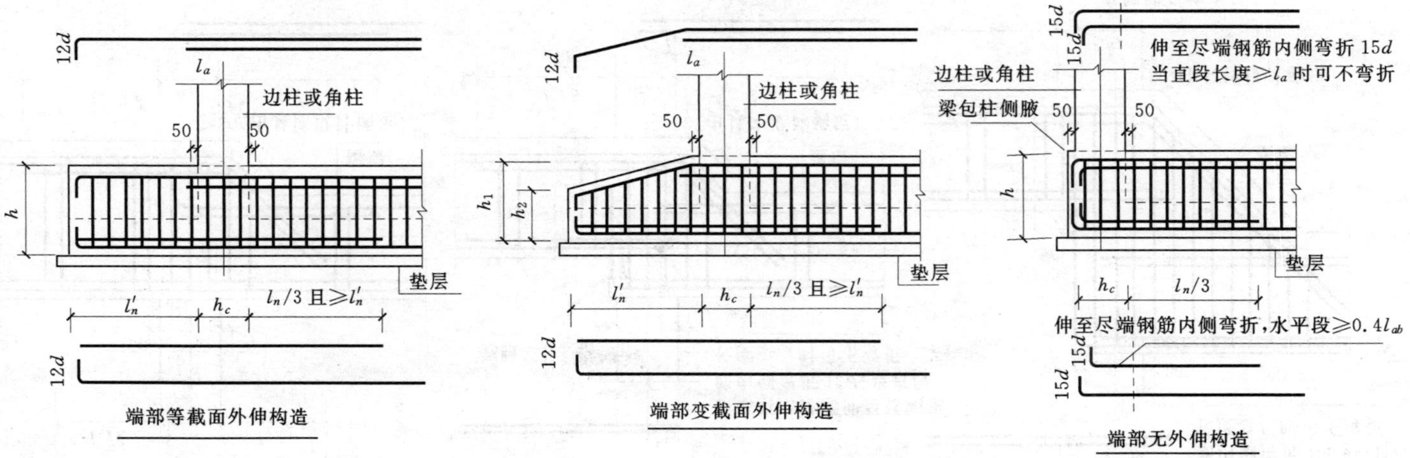

图 4.44　基础主梁 JL 端部与外伸部位钢筋构造

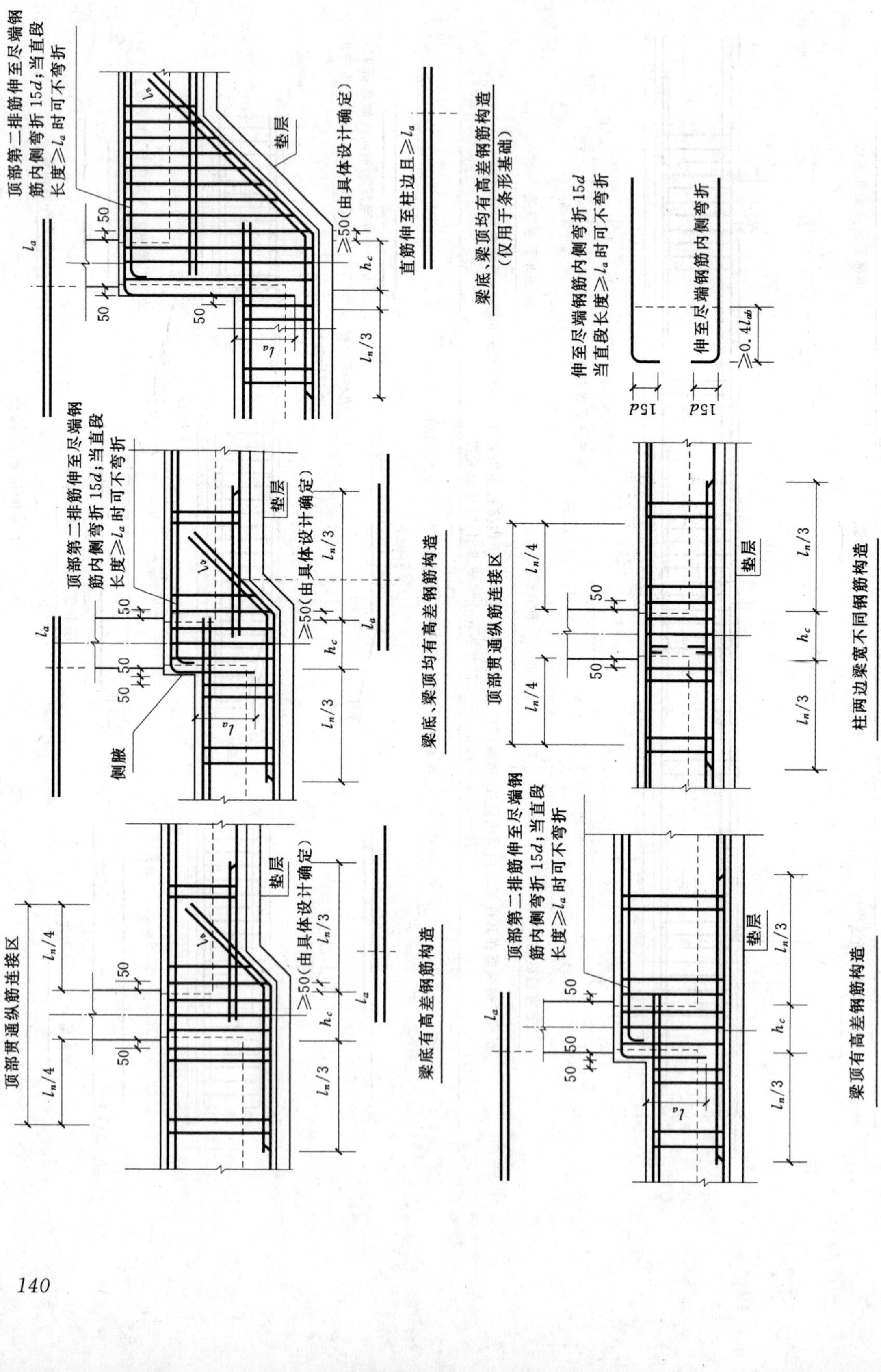

图 4.45　基础主梁 JL 变截面部位钢筋构造

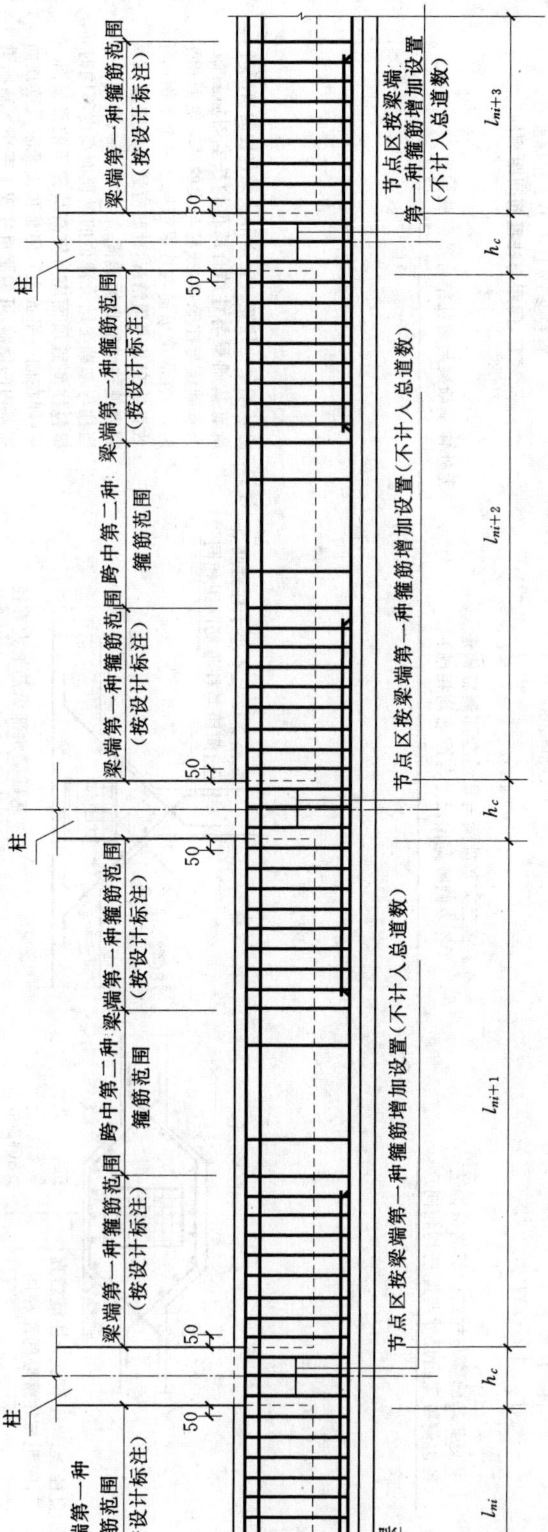

图 4.46　基础主梁多种箍筋的设置范围

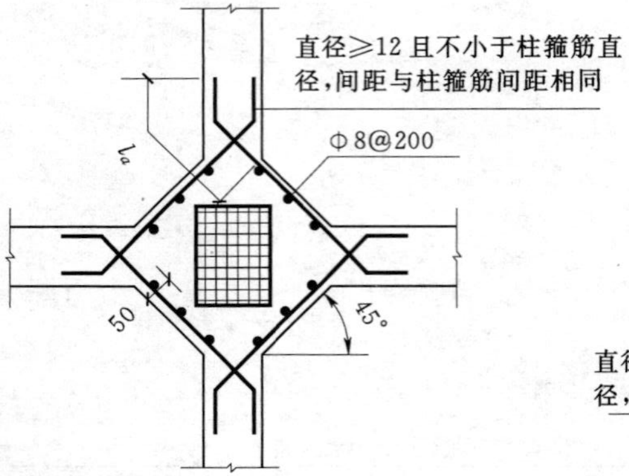

十字交叉基础梁与柱结合部侧腋构造
（各边侧腋宽出尺寸与配筋均相同）

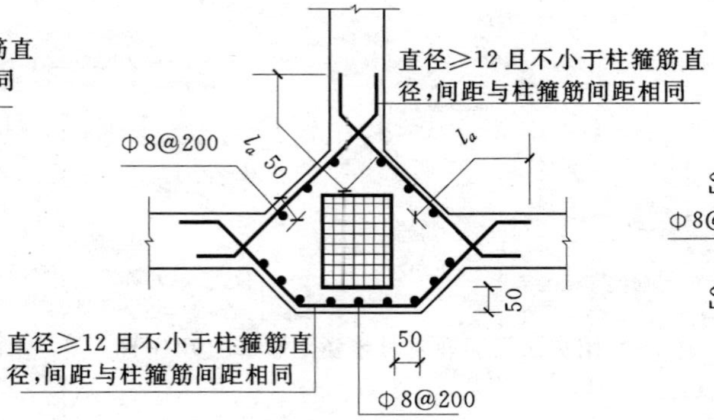

丁字交叉基础梁与柱结合部侧腋构造
（各边侧腋宽出尺寸与配筋均相同）

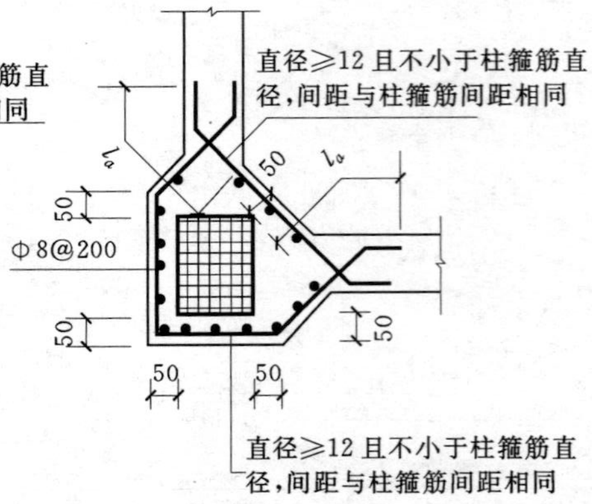

无外伸基础梁与角柱结合部侧腋构造

注:1. 除基础梁比柱宽且完全形成梁包柱的情况外，所有基础梁与柱结合部位均按本图加侧腋。
2. 当基础梁与柱等宽，或柱与梁的某一侧面相平时，存在因梁纵筋与柱纵筋同在一个平面内导致直通交叉遇阻情况，此时应适当调整基础梁宽度使柱纵筋直通锚固。
3. 当柱与基础梁结合部位的梁顶面高度不同时，梁包柱侧腋顶面应与较高基础梁的梁顶面一平（即在同一平面上），侧腋顶面至较低梁顶面高差内的侧腋，可参照角柱或丁字交叉基础梁包柱侧腋构造进行施工。

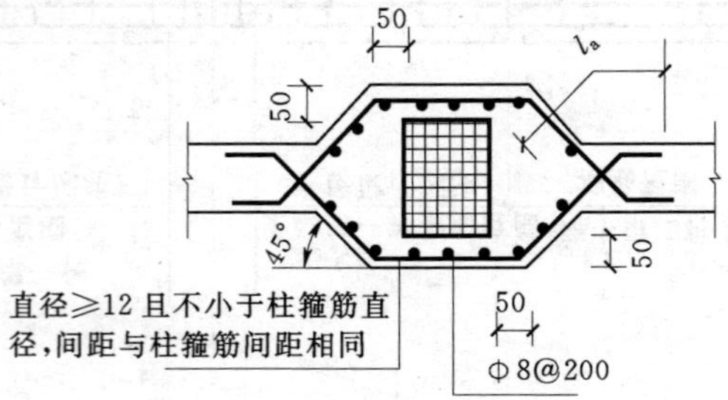

基础梁中心穿柱侧腋构造

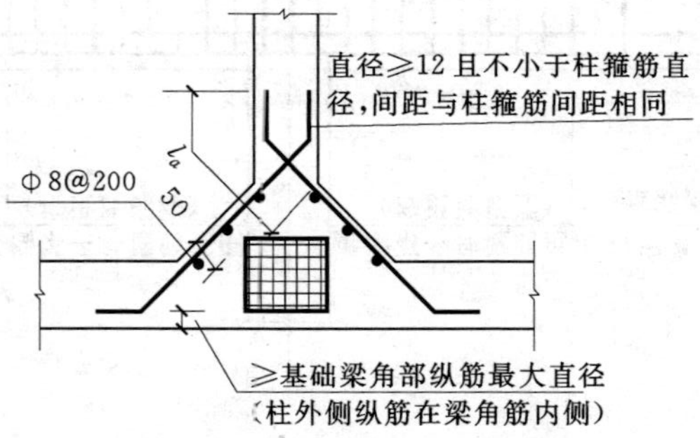

基础梁偏心穿柱与柱结合部侧腋构造

图 4.47 基础主梁与柱结合部位的侧腋构造

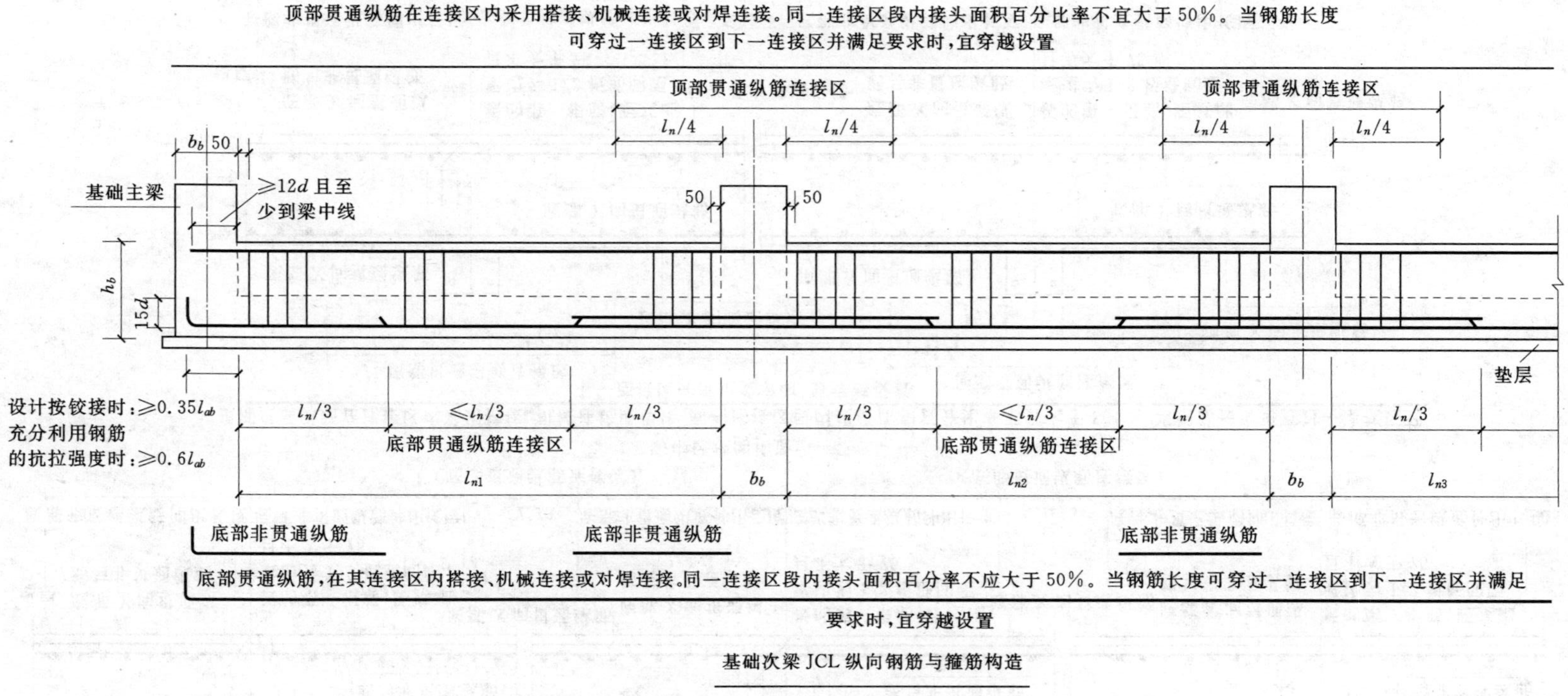

图 4.48　基础次梁 JCL 纵向钢筋与箍筋构造

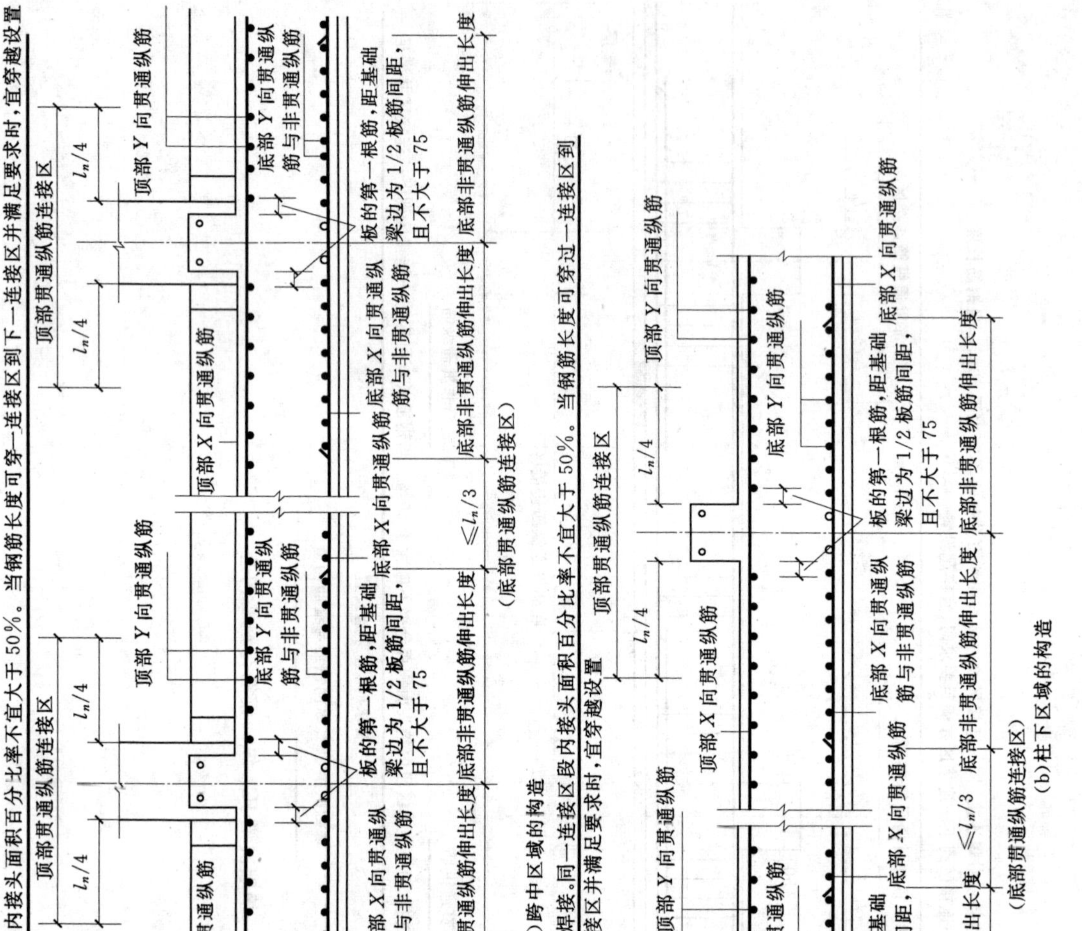

图 4.49 梁板式筏形基础平板 LPB 钢筋构造

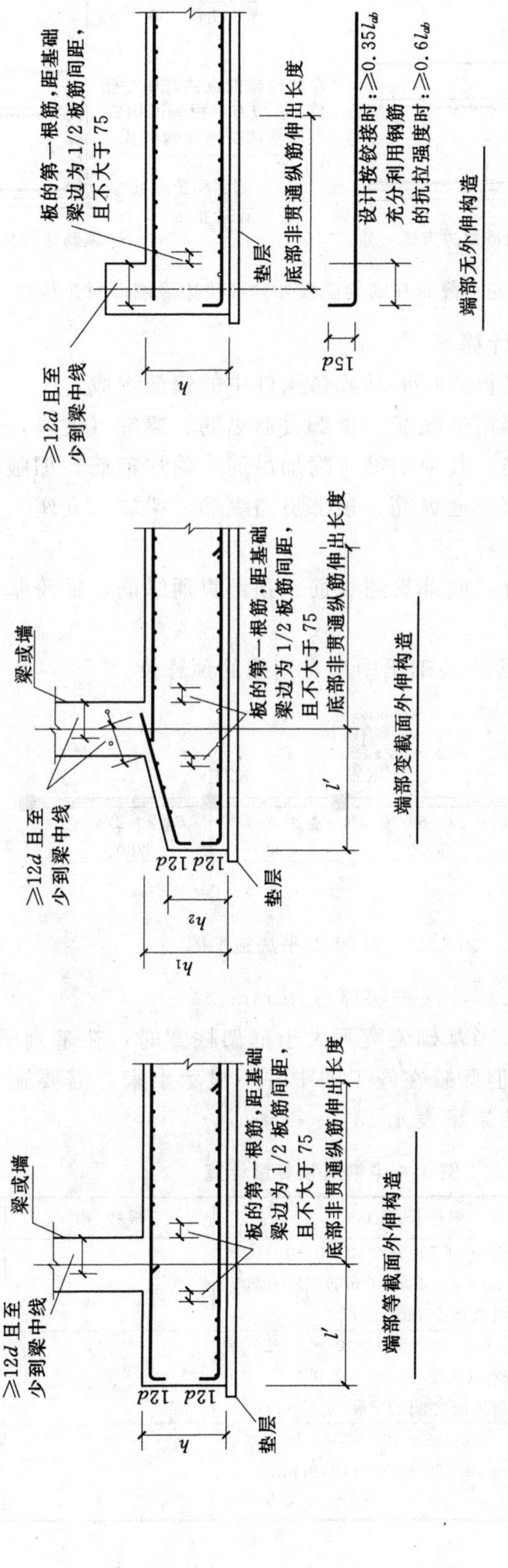

图 4.50　梁板式筏形基础平板 LPB 端部与外伸部位钢筋构造

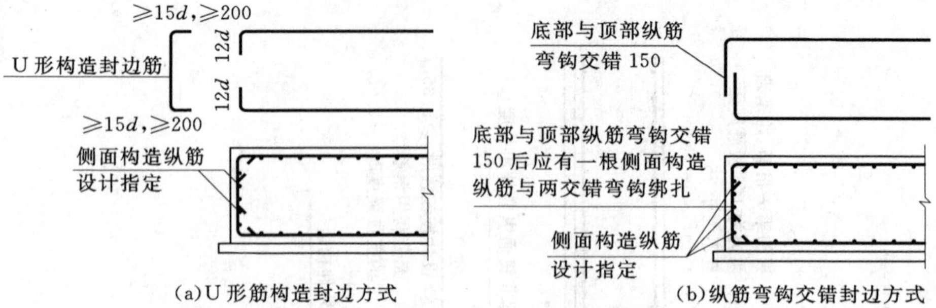

(a)U形筋构造封边方式　　(b)纵筋弯钩交错封边方式

图4.51　等（变）截面基础梁、板外伸部位边缘侧面封边构造

4.3.3　梁板式筏形基础钢筋量计算

由以上构造图中不难看出梁板式筏形基础各构件中的钢筋组成：

基础主梁中的钢筋有：底部贯通纵筋、顶部贯通纵筋、梁端（支座）区域底部非贯通纵筋、箍筋、侧部构造筋、拉结筋、其他钢筋（附加吊筋、附加箍筋、加腋筋）等。

基础次梁中的钢筋有：底部贯通纵筋、顶部贯通纵筋、梁端（支座）区域底部非贯通纵筋、箍筋、其他钢筋（加腋筋）等。

梁板式基础平板中的钢筋有：底部贯通纵筋、顶部贯通纵筋、横跨基础梁下的底部非贯通纵筋、中部水平构造钢筋网等。

【例4.4】 计算如图4.52所示基础梁中所有钢筋的预算量。

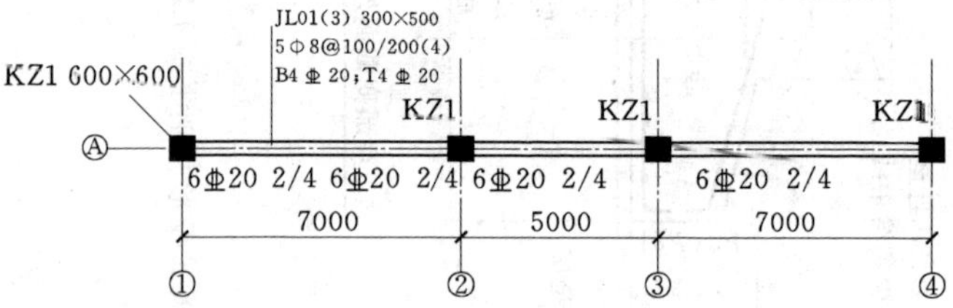

图4.52　JL01的平法施工图

解： 基础梁的混凝土强度C35，保护层厚度40mm。

由前述构造图中注解可知，当基础梁宽不大于框架柱宽时，在基础梁与框架柱相交时，都要加侧腋，形成“梁包柱”，但侧腋在施工图中并不显示出来，需要施工人员、预算人员根据构造规定自己处理。计算结果见表4.13。

表4.13　例4.4中钢筋预算量计算

序号	钢筋名称	单根长度/m	根数/根	重量/kg
1	底部及顶部贯通纵筋	L＝7000＋5000＋7000＋350×2－40×2＋15×20×2＝20220(mm)＝20.220（端部侧腋宽50mm）	4	20.220×4×2.465＝199.369
2	①轴线下部非通长筋	L＝(7000－600)/3＋650－40－20－25＋15×20＝2998(mm)＝2.998（假定两排筋之间的净距为25mm）	2	2.998×2×2.465＝14.780
3	②～④底部非通长筋	L＝(7000－600)/3＋300＋5000＋7000＋350－40－20－25＝14998(mm)＝14.998	2	14.998×2×2.465＝73.940

续表

序号	钢筋名称	单根长度/m	根数/根	重量/kg
4	①～②净跨内箍筋	$L_大$＝[300－2×(40－8)＋500－2×(40－8)]×2＝1344(mm)＝1.344	10＋(7000－600－50×2－8×100)/200－1＝37	(1.344＋1.267)×37×0.394＝38.063
		$L_小$＝[(300－40×2－20)/3＋20＋2×8]×2＋[500－2×(40－8)]×2＋11.9×8×2＝1267(mm)＝1.267	37	
5	②～③净跨内箍筋	$L_大$＝1.344	10＋(5000－50×2－8×100)/200－1＝27	(1.344＋1.267)×27×0.394＝27.776
		$L_小$＝1.267	27	
6	③～④净跨内箍筋	$L_大$＝1.344	37	(1.344＋1.267)×37×0.394＝38.063
		$L_小$＝1.267	37	
7	1、2、3、4 支座内箍筋	$L_大$＝1.344	[(600－100)/100＋1]×4＝24	(1.344＋1.267)×24×0.394＝24.690
		$L_小$＝1.267	24	

【例 4.5】 计算如图 4.53 所示 JL02 中的纵筋预算量。

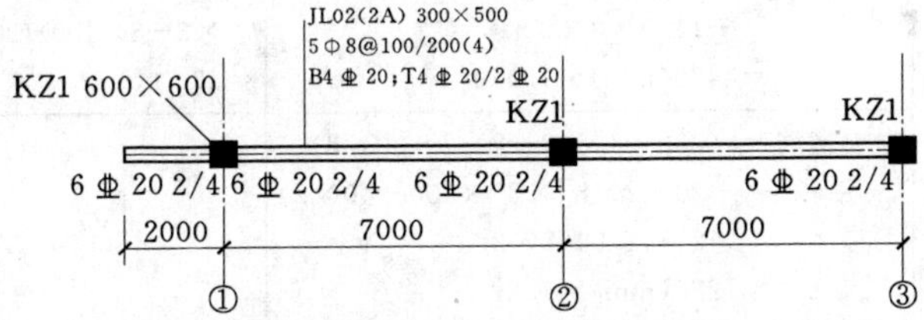

图 4.53　JL02 平法施工图

基础梁纵筋保护层厚为 40mm，混凝土为 C35，纵筋连接方式为对焊。计算结果见表 4.14。

表 4.14　　**例 4.5 中纵筋预算量计算**

序号	钢筋名称	单根长度/m	根数/根	重量/kg
1	顶部通长筋（第一排）	2000＋7000＋7000－40×2＋350＋15×20＋12×20＝16810(mm)＝16.810	4	16.810×4×2.465＝165.747
2	上部通长筋（第二排）	32×20＋7000－300＋7000＋350－40－20－25＋15×20＝14905(mm)＝14.905	2	14.905×2×2.465＝73.482
3	底部通长筋	2000＋7000＋7000－40×2＋350＋15×20＋12×20＝16810(mm)＝1.6810	4	1.680×4×2.465＝165.747

续表

序号	钢筋名称	单根长度/m	根数/根	重量/kg
4	悬挑端下部非通长筋	2000＋300＋(7000－600)/3－40－20＝4373(mm)＝4.373	2	4.373×2×2.465＝21.559
5	②轴线下部非通长筋	(7000－600)/3＋600＋(7000－600)/3＝4867(mm)＝4.867	2	4.867×2×2.465＝23.994
6	③轴线下部非通长筋	(7000－600)/3＋600＋50＋15×20－40－20－25＝2998(mm)＝2.998	2	2.998×2×2.465＝14.780
7	悬挑端内箍筋	外大箍筋＝(300－40×2＋500－40×2)×2＋11.9×8×2＝1470(mm)＝1.470	[(2000－300)－50－40－20－50]/100＋1＝17	(1.470×17＋1.225×17)×0.394＝18.051
		内小箍筋＝[(300－40×2－8×2－20)/3＋20＋2×8]×2＋(500－40×2)×2＋11.9×8×2＝1225(mm)＝1.225	17	
8	①～②跨内箍筋	外大箍筋＝(300－40×2＋500－40×2)×2＋11.9×8×2＝1470(mm)＝1.470	10＋(7000－600－50×2－8×100)/200－1＝37	(1.470×37＋1.225×37)×0.394＝18.051
		内小箍筋＝[(300－40×2－8×2－20)/3＋20＋2×8]×2＋(500－40×2)×2＋11.9×8×2＝1225(mm)＝1.225	37	
9	②～③跨内箍筋	外大箍筋＝(300－40×2＋500－40×2)×2＋11.9×8×2＝1470(mm)＝1.470	10＋(7000－600－50×2－8×100)/200－1＝37	(1.470×37＋1.225×74)×0.394＝18.051
		内小箍筋＝[(300－40×2－8×2－20)/3)＋20＋2×8]×2＋(500－40×2)×2＋11.9×8×2＝1225(mm)＝1.225	37	
10	节点内箍筋	外大箍筋＝(300－40×2＋500－40×2)×2＋11.9×8×2＝1470(mm)＝1.470	[(600－100)/100＋1]×4＝24	(1.470×24＋1.225×24)×0.394＝25.484
		内小箍筋＝[(300－40×2－8×2－20)/3＋20＋2×8]×2＋(500－40×2)×2＋11.9×8×2＝1225(mm)＝1.225	24	
	合　计			544.946

【例 4.6】 计算如图 4.54 所示 LPB01 中的钢筋预算量。

保护层厚为 40mm，锚固长度 $l_a=30d$，不考虑接头。计算结果见表 4.15。

解：

(1) X 向底部贯通筋。

单根长度　$L=7300+6700+7000+6600+1500+400-40-20+15\times16-40+12\times16$
$=29832(\text{mm})=29.832(\text{m})$

根数　$n=[8000\times2+400\times2-\min(200/2,75)\times2]/200+1=85$(根)

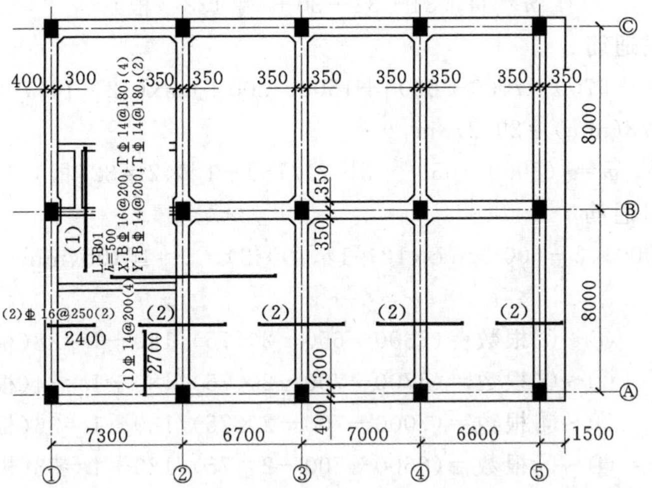

注：外伸端采用U形封边构造，U形钢筋为⌀20@300，封边处侧部构造筋为2⌀8。

图 4.54　LPB01 平法施工图

表 4.15　　**例 4.6 中基础平板中钢筋预算量计算**

序号	钢筋名称	单根长度/m	根数/根	重量/kg
1	X 向底部贯通筋	29.832	85	1.578×29.832×85=4001.366
2	Y 向底部贯通筋	17.100	133	1.208×17.100×133=2747.354
3	X 向顶部贯通纵筋	29.278	82	1.208×29.278×82=2900.162
4	Y 向顶部贯通筋	16.100	148	1.208×16.100×148=2878.422
5	A～C 轴线处①号非贯通筋	3.200	254	1.208×3.200×254=981.862
	B 轴线处①号非贯通筋	5.400	127	1.208×5.400×127=828.446
6	①轴线处②号筋	2.930	60	1.578×2.930×60=277.412
	②③④轴线处②号筋	4.800	180	1.578×4.80×180=1363.392
	⑤轴线处②号筋	4.052	60	1.578×4.052×60=383.643
7	U 形封边筋	1.020	57	2.465×1.020×57=143.315
	合　计			16505.374

(2) Y 向底部贯通筋。

单根长度　　$L=8000\times2+400\times2-80-20\times2+15\times14\times2=17100(\text{mm})=17.100\text{m}$

根数

①～②根数=(7300－650－2×75)/200+1=34(根)

②～③根数=(6700－700－2×75)/200+1=31(根)

③～④根数=(7000－700－2×75)/200+1=32(根)

④～⑤根数=(6600－700－2×75)/200+1=30(根)

外伸部分=(1500－350－2×75)/200+1=6(根)

总根数 $n=34+31+32+30+6=133$（根）

(3) X 向顶部贯通筋。

单根长度 $L=7300+6700+7000+6600+1500-300+\max(12\times14,700/2)-40+12\times14$
$=29278(mm)=29.278m$

根数 $n=[(8000-650-75\times2)/180+1]\times2=82$(根)

(4) Y 向顶部贯通筋。

单根长度 $L=8000\times2-600+\max(12\times14,700/2)\times2=16100(mm)=16.100m$

根数

①～②根数$=(7300-650-2\times75)/180+1=38$(根)

②～③根数$=(6700-700-2\times75)/180+1=34$(根)

③～④根数$=(7000-700-2\times75)/180+1=36$(根)

④～⑤根数$=(6600-700-2\times75)/180+1=33$(根)

外伸部分$=(1500-350-2\times75)/180+1=7$(根)

总根数 $n=38+34+36+33+7=148$（根）

(5) ①号非贯通筋。

A和C轴线处①号筋。

单根长度 $L=2700+350-40-20+15\times14=3200(mm)=3.200m$

根数

①～②根数$=[(7300-650-2\times75)/200+1]\times2=68$(根)

②～③根数$=[(6700-700-2\times75)/200+1]\times2=62$(根)

③～④根数$=[(7000-700-2\times75)/200+1]\times2=64$(根)

④～⑤根数$=[(6600-700-2\times75)/200+1]\times2=60$(根)

总根数 $n=68+62+64+60=254$(根)

B轴线处①号筋。

单根长度 $L=2700\times2=5400(mm)=5.400m$

根数

①～②根数$=(7300-650-2\times75)/200+1=34$(根)

②～③根数$=(6700-700-2\times75)/200+1=31$(根)

③～④根数$=(7000-700-2\times75)/200+1=32$(根)

④～⑤根数$=(6600-700-2\times75)/200+1=30$(根)

总根数 $n=34+31+32+30=127$(根)

(6) ②号非贯通筋。

①轴线处的②号非贯通筋。

单根长度 $L=2400+350-40-20+15\times16=2930(mm)=2.930m$

根数 $n=[(8000-650-75\times2)/250+1]\times2=60$(根)

②③④轴线处的②号非贯通筋。

单根长度 $L=2400\times2=4800(mm)=4.800m$

根数 $n=[(8000-650-75\times2)/250+1]\times6=180$(根)

⑤轴线处的②号非贯通筋。

单根长度　　　$L=2400+1500-40+12\times16=4025(\text{mm})=4.052\text{m}$

根数　　　　　$n=[(8000-650-75\times2)/250+1]\times2=60$(根)

（7）U 形封边钢筋。

单根长度　　　$L=500-40\times2+\max(15\times20,200)\times2=1020(\text{mm})=1.020\text{m}$

根数　　　　　$n=[(8000\times2+400\times2-40\times2-20\times2)/300]+1=57$(根)

学习项目5 钢筋混凝土楼梯

【学习目标】 学生通过本学习项目的学习，掌握楼梯的受力特征，掌握楼梯的配筋计算；掌握板式楼梯的平法制图规则；掌握楼梯的钢筋量计算。

学习情境5.1 钢筋混凝土楼梯配筋计算

5.1.1 楼梯的种类

楼梯是多层及高层房屋建筑的重要组成部分。因承重及防火要求，一般采用钢筋混凝土楼梯。按制作的材料有木楼梯、钢楼梯、钢木楼梯、竹楼梯和钢筋混凝土楼梯等；按结构受力状态可分为梁式、板式、剪刀式和螺旋式（图5.1）。前两种属平面受力体系，后两种则为空间受力体系。本情境主要介绍常见的钢筋混凝土梁式和板式楼梯。

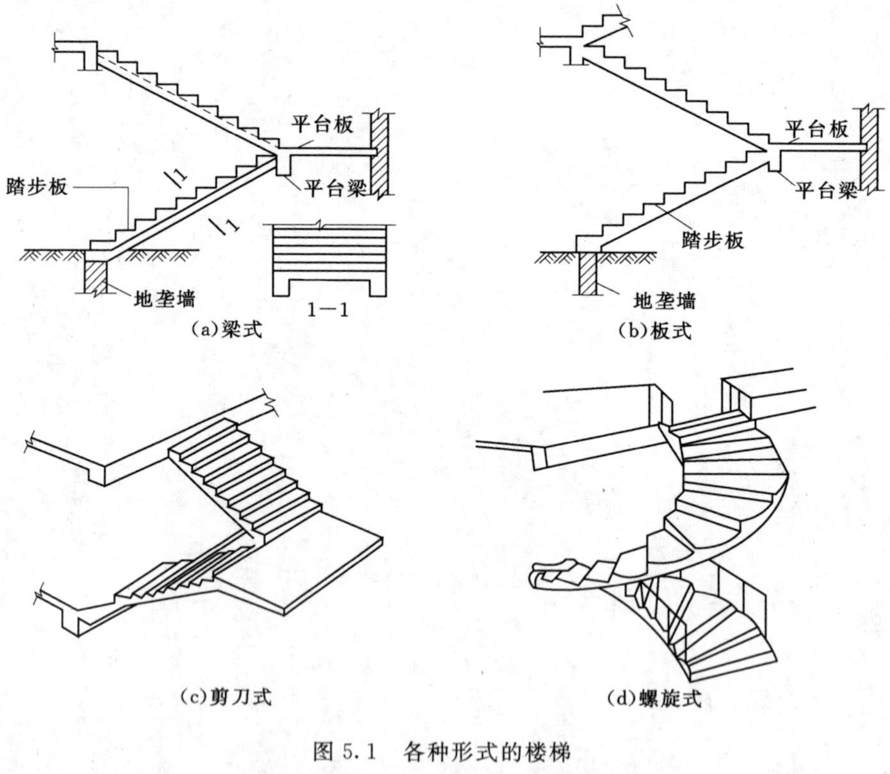

图5.1 各种形式的楼梯

钢筋混凝土现浇楼梯由梯段和平台两部分组成，其平面布置和踏步尺寸等由建筑设计确定。通常现浇楼梯的梯段可以是一块斜放的板，板端支承在平台梁上，最下面的梯段也可支承在地垄墙上［图5.1（b）］，这种形式的楼梯称为板式楼梯。梯段上的荷载可直接传给平台梁或地垄墙。这种楼梯下表面平整，施工支模较方便，外观也较轻巧，但斜板较厚（约为跨度的

1/25、1/30)，从经济的角度考虑，适用于梯段水平投影在 3m 左右的楼梯。当梯段较长时，为节约材料，可在斜板两边或中间设置斜梁，这种楼梯称为梁式楼梯［图 5.1 (a)］。作用于楼梯上的荷载先由踏步板传给斜梁，再由斜梁传给平台梁或地垄墙。但这种楼梯施工支模较复杂，并显得较笨重。由于上述两种楼梯的组成和传力路线不同，其计算方法也有各自的特点。

5.1.2　现浇板式楼梯的计算与构造

板式楼梯由梯段板、平台板和平台梁组成。梯段板是一块带有踏步的斜板，分别支承于上、下平台梁上。

5.1.2.1　梯段板

梯段板在计算时，首先需要假定其厚度。为了保证板具有一定的刚度，梯段板的厚度一般可取 $l_0/30$ 左右（l_0 为梯段板水平方向的跨度）。

梯段板的荷载计算，应考虑活荷载、踏步自重、斜板自重等荷载作用。由于活荷载是沿水平方向分布，而斜板自重却是沿板的倾斜方向分布，为了使计算方便，一般将荷载均换算成沿水平方向分布再进行计算。

计算梯段板时，可取出 1m 宽板带或以整个梯段板作为计算单元。两端支承在平台梁上的梯段板［图 5.2(a)］，内力计算时，可以简化为简支斜板，计算简图如图 5.2 (b) 所示。斜板又可化作水平板计算［图 5.2(c)］，计算跨度按斜板的水平投影长度取值，荷载亦可化作沿斜板的水平投影长度上的均布荷载（指梯段板自重）。

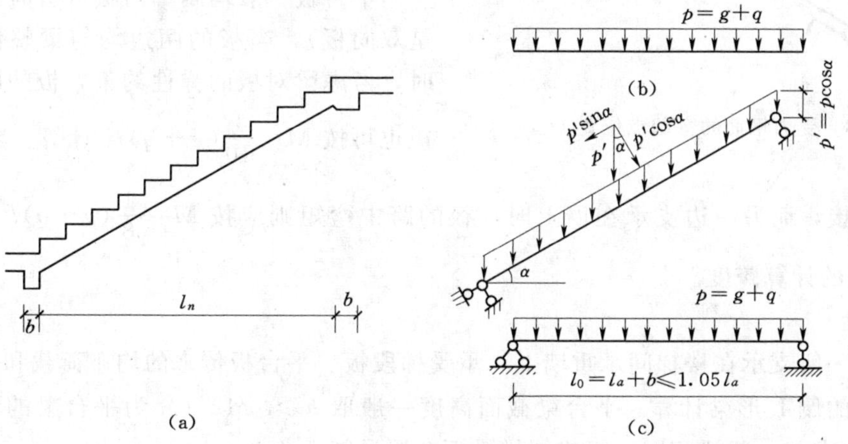

图 5.2　楼梯板的内力计算

由结构力学可知，简支斜梁（板）在竖向均布荷载下（沿水平投影长度）的最大弯矩与相应的简支水平梁（荷载相同、水平跨度相同）的最大弯矩是相等的，即：

$$M_{\max}=\frac{1}{8}(g+q)l_0^2 \tag{5.1}$$

而简支斜梁（板）在竖向均布荷载下的最大剪力与相应的简支水平梁的最大剪力有如下关系：

$$V_{\max}=\frac{1}{2}(g+q)l_n \tag{5.2}$$

式中：g、q 为作用于梯段板上的沿水平投影方向永久荷载及可变荷载的设计值；l_0、l_n 为梯段板的计算跨度及净跨的水平投影长度。

但考虑到梯段斜板与平台梁为整体连接，平台梁对梯段斜板有弹性约束作用这一有利因素，故可以减小梯段板的跨中弯矩，计算时最大弯矩取：

$$M_{\max}=\frac{1}{10}(g+q)l_0^2 \tag{5.3}$$

由于梯段斜板为斜向搁置受弯构件，竖向荷载除引起弯矩和剪力外，还将产生轴向力，但其影响很小，设计时可不考虑。

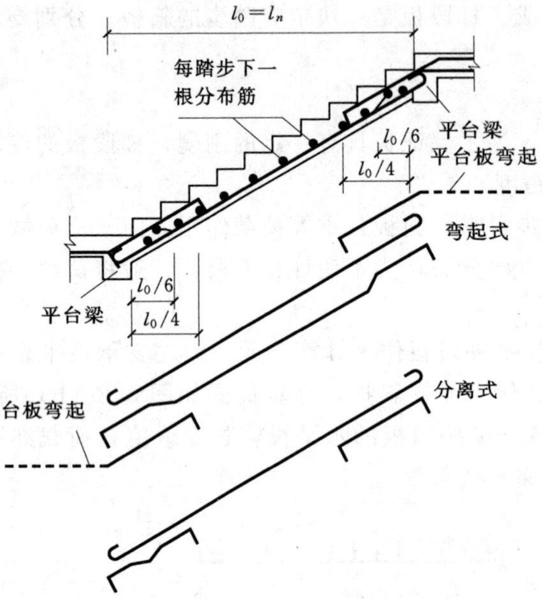

图 5.3 受力钢筋的弯起点位置

梯段斜板中受力钢筋按跨中弯矩计算求得，配筋可采用弯起式或分离式。采用弯起式时，一半钢筋伸入支座，一半靠近支座处弯起，以承受支座处实际存在的负弯矩，支座截面负筋的用量一般可取与跨中截面相同，受力钢筋的弯起点位置见图5.3。在垂直受力钢筋方向仍应按构造配置分布钢筋，并要求每个踏步板内至少放置一根钢筋。

梯段斜板和一般板计算一样，可不必进行斜截面抗剪承载力验算。

5.1.2.2 平台板

平台板一般均属单向板（有时也可能是双向板），当板的两边均与梁整体连接时，考虑梁对板的弹性约束，板的跨中弯矩也可按 $M=\frac{1}{10}(g+q)l_0^2$ 计算。当板的一边与梁整体连接，而另一边支承在墙上时，板的跨中弯矩则应按 $M=\frac{1}{8}(g+q)l_0^2$ 计算，式中 l_0 为平台板的计算跨度。

5.1.2.3 平台梁

平台梁两端一般支承在楼梯间承重墙上，承受梯段板、平台板传来的均布荷载和平台梁自重，可按简支的倒L形梁计算。平台梁截面高度一般取 $h \geqslant l_0/12$（l_0 为平台梁的计算跨度）。其他构造要求与一般梁相同。板式楼梯平面布置见图5.4。

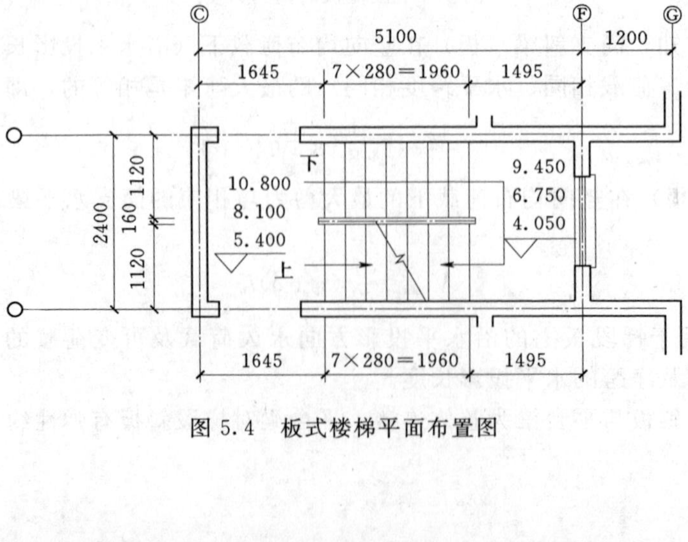

图 5.4 板式楼梯平面布置图

5.1.2.4　案例

【例 5.1】　以本项目为例，来设计梯段板、平台板和平台梁。板式钢筋混凝土楼梯尺寸如图 5.4 所示。设计资料：混凝土 C20；板内钢筋 HPB300 级；梁内受力钢筋 HRB335 级；假定平台梁尺寸为 200mm×300mm。活荷载标准值 $q_k=2.5\text{kN/m}^2$。

解：（1）梯段板计算。

1）确定板厚。梯段板跨度为 $l_0=1960+b=1960+200=2160(\text{mm})$，厚度为 $h=\dfrac{l_0}{30}=\dfrac{2160}{30}=72(\text{mm})$，取 $h=80\text{mm}$。

2）荷载计算（先沿楼梯宽度方向取 1m 宽板带计算，再计算一个踏步范围内的荷载）。

恒荷载：

踏步重　$\dfrac{1.0}{0.28}\times\dfrac{1}{2}\times0.28\times0.168\times25=2.100(\text{kN/m})$

斜板重　$\dfrac{1.0}{0.28}\times0.08\times\sqrt{0.168^2+0.28^2}\times25=2.332(\text{kN/m})$

20mm 厚水泥砂浆表面抹灰　$\dfrac{0.28+0.168}{0.28}\times1.0\times0.02\times20=0.640(\text{kN/m})$

20mm 厚水泥砂浆底面面抹灰　$\dfrac{1.0}{0.28}\times0.02\times\sqrt{0.168^2+0.28^2}\times20=0.466(\text{kN/m})$

恒载标准值　$g_k=5.538(\text{kN/m})$

恒载设计值　$g_d=1.2\times5.538=6.646(\text{kN/m})$

活载标准值　$q_k=2.5\times1.0\times280/280=2.500(\text{kN/m})$

活载设计值　$q_d=1.4\times2.5=3.500(\text{kN/m})$

荷载总设计值　$q'_d=q_d+g_d=10.146(\text{kN/m})$

3）内力计算。

计算跨度　$l_0=1.96+0.2=2.16(\text{m})$

跨中弯矩　$M=\dfrac{1}{10}q'_d l_0^2=\dfrac{1}{10}\times10.146\times2.16^2=4.734(\text{kN}\cdot\text{m})$

4）配筋计算。

$$h_0=h-25=80-25=55(\text{mm})$$

$$\alpha_s=\frac{M}{\alpha_1 f_c b h_0^2}=\frac{4.734\times10^6}{1.0\times9.6\times1000\times55^2}=0.163$$

$$\xi=1-\sqrt{1-2\alpha_s}=1-\sqrt{1-2\times0.169}=0.179<\xi_b$$

$$A_s=\xi b h_0\frac{\alpha_1 f_c}{f_y}=0.179\times1000\times55\times\frac{1.0\times9.6}{270}=350(\text{mm}^2)$$

梯段板受力筋选用Φ 10@160（$A_s=491\text{mm}^2$）。

每踏步下选用 1Φ 8 构造筋（图 5.5）。

（2）平台板计算（取 1m 宽板带作为计算单元）。

1）荷载计算。

恒载标准值：设平台板厚为 80mm，则自重为：$0.08\times1.0\times25=2(\text{kN/m})$

20mm 厚水泥砂浆面层：$0.02\times1.0\times20=0.40(\text{kN/m})$

20mm 厚混合砂浆打底刮大白底层：0.02×1.0×20＝0.40(kN/m)

恒载标准值 $g_k=2.8\text{kN/m}$

恒载设计值 $g_d=1.2\times2.8=3.36(\text{kN/m})$

活载设计值 $q_d=1.4\times2.5=3.5(\text{kN/m})$

总荷载设计值 $p=g_d+q_d=3.36+3.5=6.86(\text{kN/m})$

2）内力计算。

计算跨度 $l_0=l_n+\frac{h}{2}=1.645-0.12-0.1+\frac{0.08}{2}=1.465(\text{m})$

（这里假定梯梁宽 200mm，墙厚 240mm。）

跨中弯矩 $M=\frac{1}{8}pl_0{}^2=\frac{1}{8}\times6.86\times1.465^2=1.84(\text{kN}\cdot\text{m})$

3）配筋计算。

$$h_0=h-25=80-25=55(\text{mm})$$

$$\alpha_s=\frac{M}{\alpha_1 f_c bh_0^2}=\frac{1.84\times10^6}{1.0\times9.6\times1000\times55^2}=0.063$$

$$\xi=1-\sqrt{1-2\alpha_s}=1-\sqrt{1-2\times0.063}=0.065<\xi_b$$

$$A_s=\xi bh_0\frac{\alpha_1 f_c}{f_y}=0.065\times1000\times55\times\frac{1.0\times9.6}{270}=127(\text{mm}^2)$$

按构造选用Φ8@200（$A_s=251\text{mm}^2$）（图5.5）。

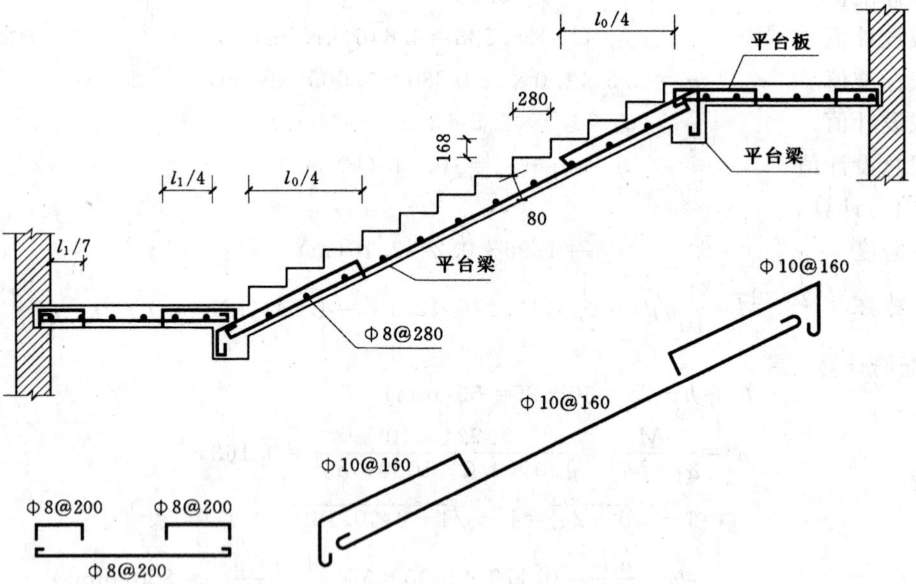

图5.5 梯段板、平台板配筋

（3）平台梁计算。

1）荷载计算。

梯段板传来 $10.146\times\frac{1.96}{2}=9.943(\text{kN/m})$

平台板传来 $6.86\times\left(\frac{1.645}{2}+0.20\right)=7.01(\text{kN/m})$

梁自重（假定 $b\times h=200\text{mm}\times300\text{mm}$）

$$1.2\times0.2\times(0.3-0.08)\times25=1.32(\text{kN/m})$$

荷载总设计值为 $q=9.943+7.01+1.32=18.273(\text{kN/m})$

2）内力计算。

$$l_0=l_n+a=(2.4-0.24)+0.24=2.4(\text{m})$$

$$l_0=1.05l_n=1.05\times(2.4-0.24)=2.268(\text{m})$$

取两者中的较小值，最后取 $l_0=2.268\text{m}$。

$$M_{\max}=\frac{1}{8}ql_0^2=\frac{1}{8}\times18.273\times2.268^2=11.749(\text{kN}\cdot\text{m})$$

$$V_{\max}=\frac{1}{2}ql_n=\frac{1}{2}\times18.273\times2.16=19.735(\text{kN})$$

3）配筋计算。

a. 纵向钢筋（按第一类倒 L 形截面计算）。

翼缘宽度 $b'_f=\frac{l_0}{6}=\frac{2268}{6}=378(\text{mm})$

$$h_0=300-40=260(\text{mm})$$

$$\alpha_s=\frac{M}{\alpha_1 f_c bh_0^2}=\frac{11.749\times10^6}{1.0\times9.6\times378\times260^2}=0.048$$

$$\xi=1-\sqrt{1-2\alpha_s}=1-\sqrt{1-2\times0.048}=0.050<\xi_b$$

$$A_s=\xi bh_0\frac{\alpha_1 f_c}{f_y}=0.050\times378\times260\times\frac{1.0\times9.6}{300}=157(\text{mm}^2)$$

选用 2Φ10 的纵向钢筋（$A_s=157\text{mm}^2$）。

b. 箍筋计算。

$$0.7f_t bh_0=0.7\times1.1\times200\times260=40(\text{kN})>V_{\max}=20.17\text{kN}$$

仅采用箍筋，并按构造确定，使用Φ6@200 的双肢箍，见图 5.6。

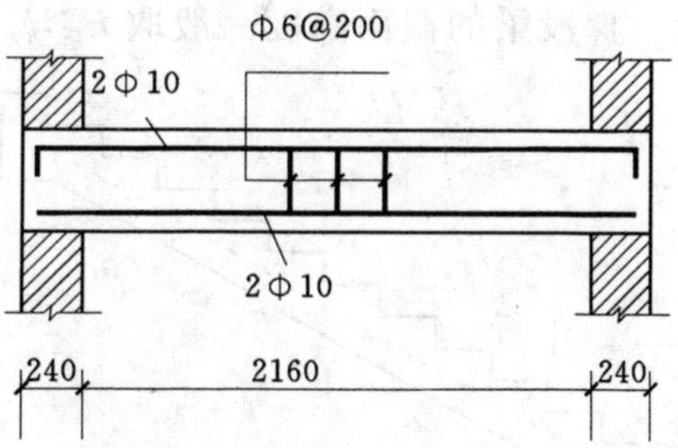

图 5.6 楼梯平台梁配筋

5.1.3 现浇梁式楼梯的计算与构造

5.1.3.1 踏步板

梁式楼梯的踏步板为两端支承在梯段斜梁上的单向板［图 5.7(a)］，为了方便，可在竖向切出一个踏步作为计算单元［图 5.7(b)中阴影所示］，其截面为梯形，可按截面面积相等的原则简化为同宽度的矩形截面的简支梁计算，计算简图见图 5.7（c）。

由于未考虑踏步板按全部梯形截面参与受弯工作，故其斜板部分可以薄一些，厚度一般取 $\delta=30\sim40\text{mm}$。踏步板配筋除按计算确定外，要求每个踏步一般不宜少于 2Φ6 受力钢筋，布置在踏步下面斜板中，并沿梯段布置间距不大于 300mm 的分布钢筋，见图 5.8。

5.1.3.2 梯段斜梁

梯段斜梁两端支承在平台梁上，承受踏步传来的荷载，图 5.9（a）为其纵剖面。计算内力时，与板式楼梯中梯段斜板的计算原理相同，可简化为简支斜梁，又将其简化作水平梁计算，计算简图见图 5.9（b），其内力按下式计算（轴向力亦不予考虑）：

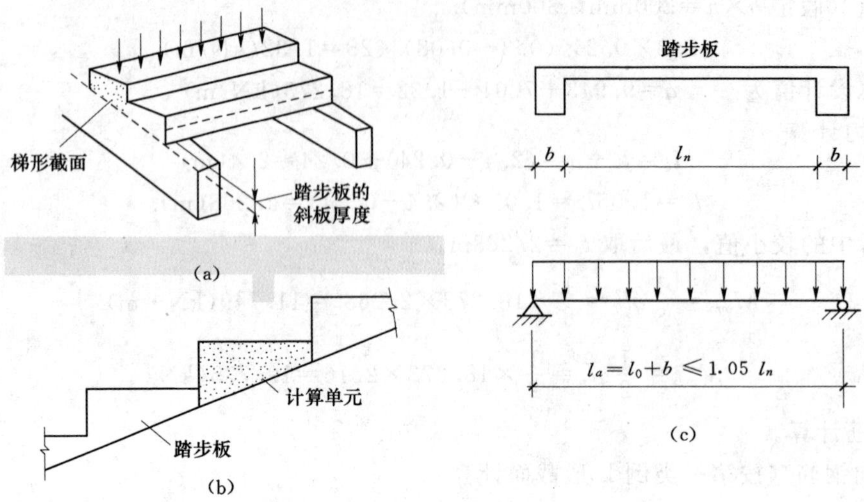

图 5.7 踏步板的内力计算

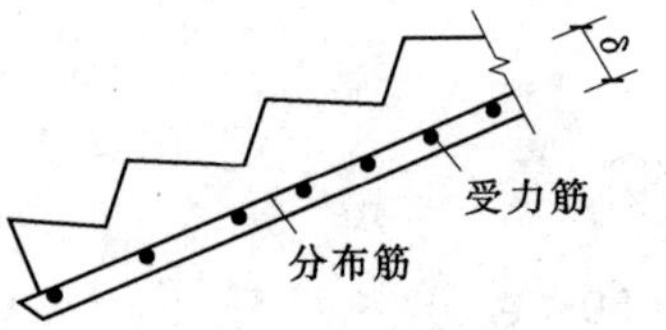

图 5.8 踏步板的配筋分布图

$$M_{\max}=\frac{1}{8}(g+q)l_0^2 \tag{5.4}$$

$$V_{\max}=\frac{1}{2}(g+q)l_n\cos\alpha \tag{5.5}$$

式中：$M_{\max}$、$V_{\max}$为简支斜梁在竖向均布荷载下的最大弯矩和剪力；l_0、l_n为梯段斜梁的计算跨度及净跨的水平投影长度。

梯段斜梁按倒L形截面计算，踏步板下斜板为其受压翼缘。梯段梁的截面高度一般取$h\geqslant l_0/20$。梯段梁的配筋与一般梁相同。配筋图见图5.10。

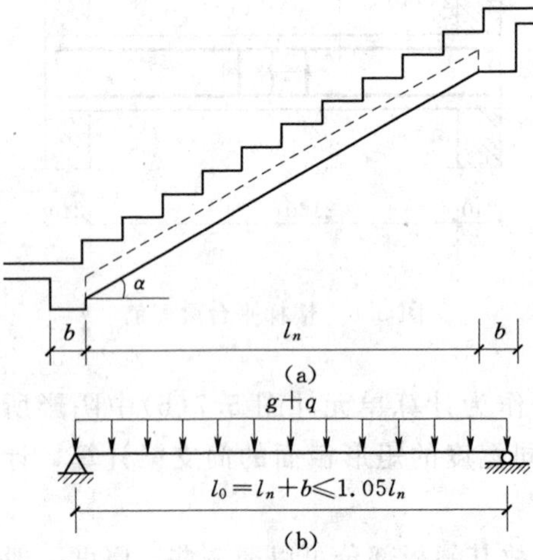

图 5.9 梯段斜梁的内力计算

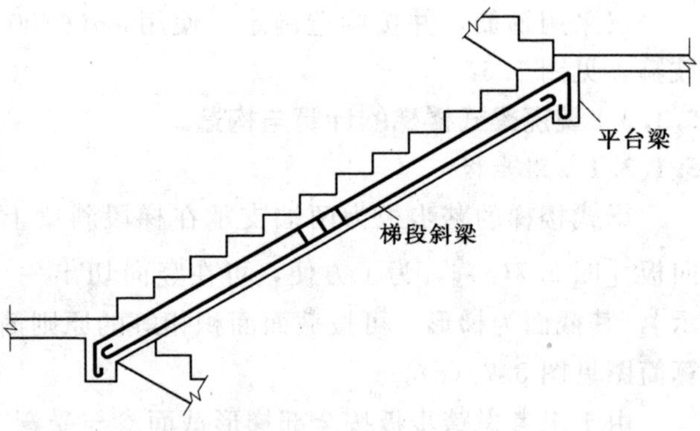

图 5.10 梯段斜梁的配筋分布

5.1.3.3 平台梁与平台板

梁式楼梯的平台梁、平台板与板式楼梯基本相同，其不同处仅在于梁式楼梯中的平台梁除承受平台板传来的均布荷载和平台梁自重外，还承受梯段斜梁传来的集中荷载。平台梁的计算简图见图5.11。

【例5.2】 现浇梁式楼梯设计案例。

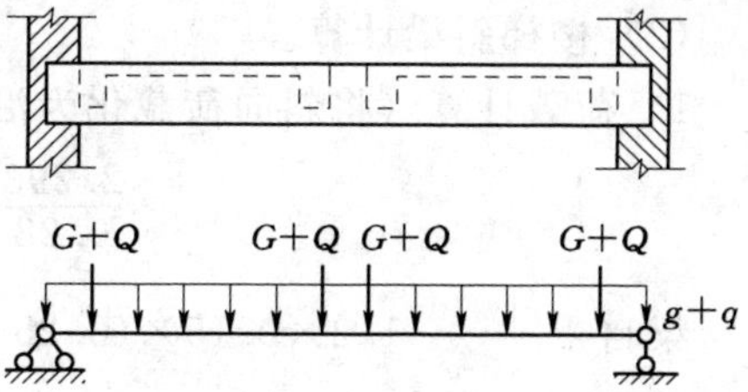

图 5.11　平台梁的计算简图

若将例 5.1 的板式楼梯改为梁式楼梯，试设计计算此梁式楼梯。

解：(1) 踏步板的计算。

假定踏步板的底板厚度 $\delta=40\text{mm}$，斜梁截面取 $b\times h=150\text{mm}\times250\text{mm}$。

1）荷载计算。

恒荷载：

三角形踏步板自重　$\frac{1}{2}\times0.28\times0.168\times25=0.588(\text{kN/m})$

40mm 厚踏步板自重　$0.04\times\sqrt{0.28^2+0.168^2}\times25=0.327(\text{kN/m})$

20mm 厚找平层　$0.02\times(0.28+0.168)\times20=0.179(\text{kN/m})$

恒荷载标准值　$g_k=1.094(\text{kN/m})$

恒荷载设计值　$g_d=1.2\times1.094=1.313(\text{kN/m})$

活荷载标准值　$q_k=2.5\times0.28=0.70(\text{kN/m})$

活荷载设计值　$q_d=1.4\times0.7=0.98(\text{kN/m})$

荷载设计值总量　$q_d'=g_d+q_d=1.313+0.98=2.293(\text{kN/m})$

将荷载总量化为垂直于斜板方向　$q''=q'\cos\alpha=2.293\times0.857=1.97(\text{kN/m})$

2）内力计算。

计算跨度

$$l_0=l_n+a=0.82+0.15=0.97(\text{m})$$

$$l_0=1.05l_n=1.05\times0.82=0.86(\text{m})$$

取两者较小值，$l_0=0.86\text{m}$。

跨中弯矩　$M=\frac{1}{8}q_d''l_0^2=\frac{1}{8}\times1.97\times0.86^2=0.182(\text{kN/m})$

3）配筋计算。为计算方便，板的有效高度 h_0 可近似地按 $c/2$ 计算（c 为板厚加踏步三角形斜边之高度）。

$$h_0=\frac{c}{2}=\frac{1}{2}\times(40+168\times0.857)=92(\text{mm})$$

踏步板斜向宽度为：$b=\sqrt{280^2+168^2}=327(\text{mm})$

$$\alpha_s=\frac{M}{\alpha_1 f_c bh_0^2}=\frac{182000}{1.0\times9.6\times327\times92^2}=0.007$$

$$\xi=1-\sqrt{1-2\alpha_s}=1-\sqrt{1-2\times0.007}=0.007$$

$$A_s=\xi bh_0\frac{\alpha_1 f_c}{f_y}=0.007\times327\times92\times\frac{1.0\times9.6}{270}=7.488(\text{mm}^2)$$

按最小配筋率配置

$$A_s=\rho_{\min}bh=0.2\%\times327\times(92+20)=73.25(\text{mm}^2)$$

每级踏步采用 2Φ8（$A_s=101\text{mm}^2$）受力钢筋。分布筋选用Φ6@300。

(2) 楼梯斜梁计算。

1) 荷载计算(将斜向荷载化为沿水平方向分布)。由踏步板传来,则

$$\frac{2.293}{0.28}\times\frac{1.12}{2}=4.586(\text{kN/m})$$

梁自重 $1.2\times0.15\times(0.25-0.04)\times25\times\frac{1}{0.857}=1.103(\text{kN/m})$

沿水平方向分布的荷载总计 $q=5.689\text{kN/m}$

2) 内力计算。

$$l_0=l_n+a=1.960+0.20=1.86(\text{m})$$

$$l_0=1.05l_n=1.05\times1.96=2.06(\text{m})$$

取 $l_0=1.86\text{m}$,则

$$M=\frac{1}{8}ql_0^2=\frac{1}{8}\times5.689\times1.86^2=2.46(\text{kN}\cdot\text{m})$$

$$V_{斜}=V_{平}\cos\alpha=\frac{1}{2}\times5.689\times1.86\times0.857=4.53(\text{kN})$$

3) 配筋计算(按倒 L 形截面计算)。

翼缘宽度 $b'_f=\frac{l_{斜}}{6}=\frac{1}{6}\times\frac{186}{0.857}=362(\text{mm})$

$$b'_f=b+\frac{1}{2}s_0=150+\frac{1}{2}\times820=560(\text{mm})$$

取 $b'_f=362\text{mm}$;$h_0=250-40=210(\text{mm})$。

纵筋计算 $\alpha_s=\frac{M}{\alpha_1 f_c b'_f h_0^2}=\frac{2460000}{1.0\times9.6\times362\times210^2}=0.016$

$$\xi=1-\sqrt{1-2\alpha_s}=1-\sqrt{1-2\times0.016}=0.016$$

$$A_s=\xi b'_f h_0\frac{\alpha_1 f_c}{f_y}=0.016\times362\times210\times\frac{1.0\times9.6}{300}=38.92(\text{mm}^2)$$

选用 2Φ12,$(A_s=226\text{mm}^2)>\rho_{\min}b'_f h=0.2\%\times362\times250=181(\text{mm}^2)$

箍筋计算 $0.7f_t bh_0=0.7\times1.1\times150\times210=24.3(\text{kN})>V_{斜}=4.53\text{kN}$

按构造要求配置Φ6@200 箍筋。

钢筋布置见图 5.12。

5.1.4 折线形楼梯计算与构造

为了满足建筑使用要求,在房屋中有时需要采用折线形楼梯[图 5.13(a)]。

折线形楼梯梁(板)的计算与普通梁(板)式楼梯一样,一般将斜梯段上的荷载化为沿水平长度方向分布的荷载[图 5.13(b)],然后再按简支梁[图 5.13(c)]计算 $M_{\max}$ 及 $V_{\max}$ 的值。

由于折线形楼梯在梁(板)曲折处形成内折角,在配筋时,若钢筋沿内折角连续配置,则此处受拉钢筋将产生较大的向外的合力,可能使该处混凝土保护层剥落,钢筋被拉出而失去作用,见图 5.14 (a),因此,在内折角处,配筋时应采取将钢筋断开并分别予以锚固的措施,见图 5.14 (b)。在梁的内折角处,箍筋应适当加密。

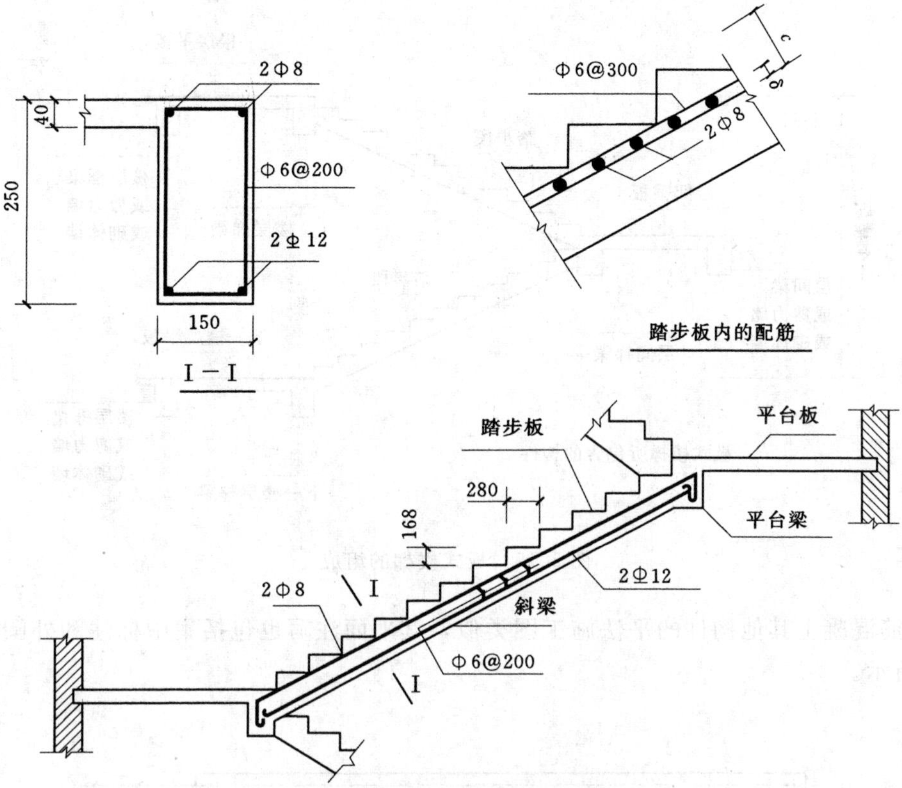

图 5.12　梁式楼梯配筋示意图

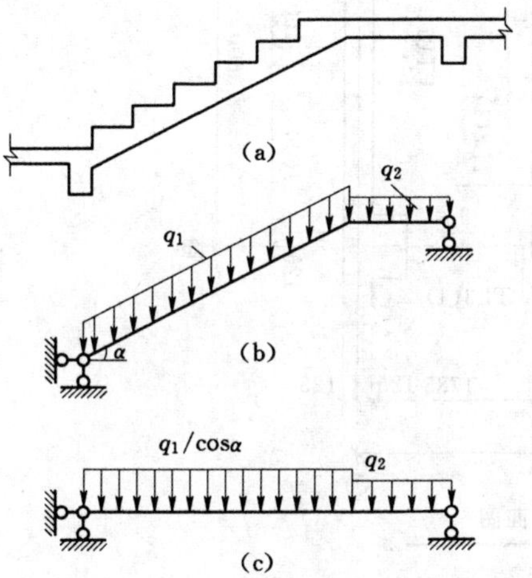

图 5.13　折线形板式楼梯的荷载

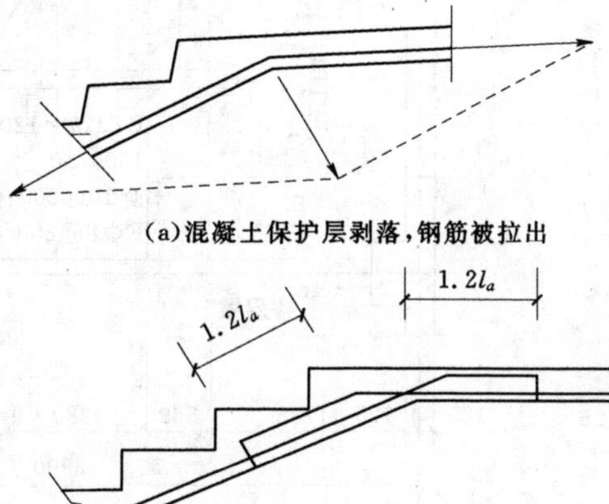

(a)混凝土保护层剥落，钢筋被拉出

(b)转角处钢筋的锚固措施

图 5.14　折线形楼梯在板曲折处的配筋

学习情境 5.2　钢筋混凝土板式楼梯平法识读

目前，楼梯的平法图集，只有板式楼梯的平法图集，即 16G101—2。所以这里只介绍板式楼梯的平法识读。一个楼层的板式楼梯组成见图 5.15。

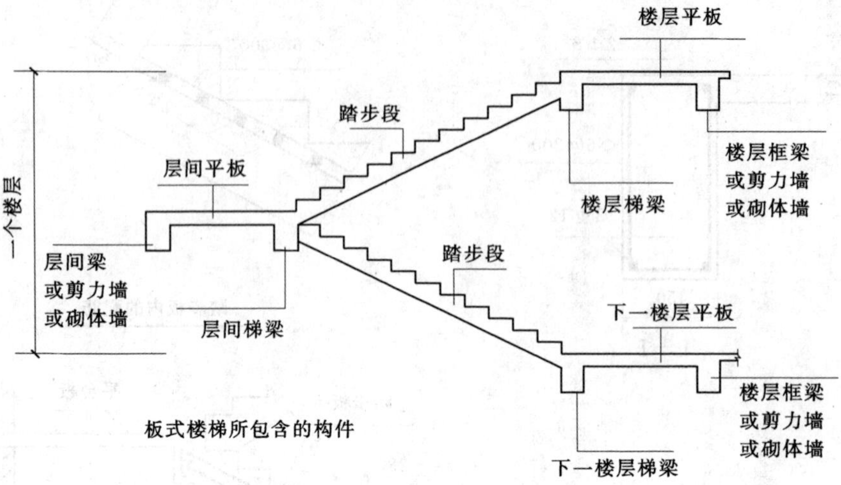

图 5.15 板式楼梯的组成

与钢筋混凝土其他构件的平法施工图类似，其平面注写也包括集中标注和外围标注，如图 5.16 所示。

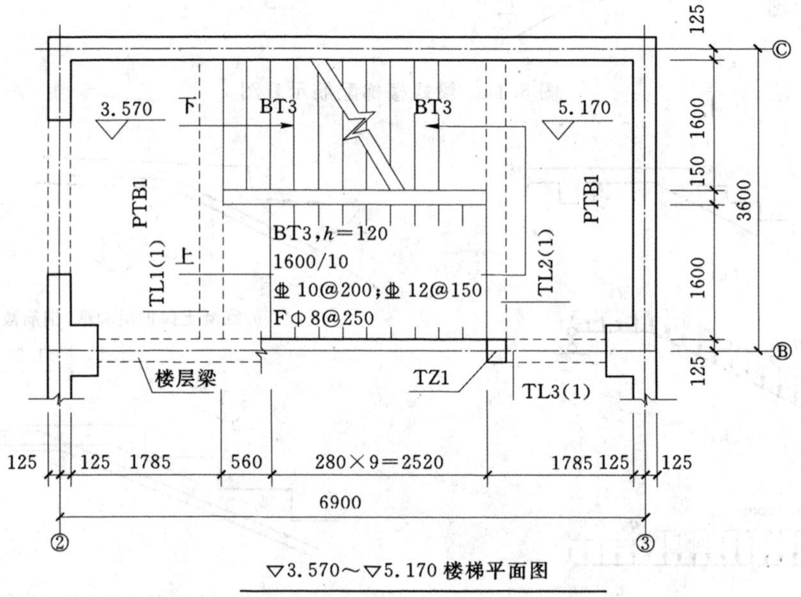

图 5.16 某板式楼梯的平法表示图

5.2.1 集中标注

集中标注包括有五项，具体内容包括：梯板类型号、梯板厚度、踏步段总高度和踏步级数、梯板支座上部纵筋和下部纵筋、梯板分布筋。

(1) 梯板类型号。梯板类型有 12 种，见表 5.1。

其中：AT～ET 是非抗震一跑楼梯，一跑楼梯只包含踏步段，设置低端梯梁和高端梯

表 5.1　　**板 式 楼 梯 类 型**

梯板代号	适用范围		是否参与结构整体抗震计算	示意图在 16G101—2 中所在页码	注写及构造图在 16G101—2 中所在页码
	抗震构造措施	适用结构			
AT	无	剪力墙、砌体结构	不参与	11	23、24
BT				11	25、26
CT	无	剪力墙、砌体结构	不参与	12	27、28
DT				12	29、30
ET	无	剪力墙、砌体结构	不参与	13	31、32
FT				13	33、34、35、39
GT	无	剪力墙、砌体结构	不参与	14	36、37、38、39
ATa	有	框架结构、框剪结构中框架部分	不参与	15	40、41、42
ATb			不参与	15	40、43、44
ATc			参与	15	45、46
CTa	有	框架结构、框剪结构中框架部分	不参与	16	47、41、48
CTb			不参与	16	47、43、49

注　ATa、CTa 低端设滑动支座支承在梯梁上；ATb、CTb 低端设滑动支座支承在挑板上。

梁，但不计入“楼梯”范围，踏步段的钢筋只锚入低端梯梁和高端梯梁，与平台不发生联系，见图 5.17。FT～HT 是非抗震两跑楼梯，FT、GT 由楼层平板、两跑踏步段与层间平板构成，两者的区别是层间平台板的支承情况不同，HT 由两跑踏步段与层间平板构成，见图 5.18。

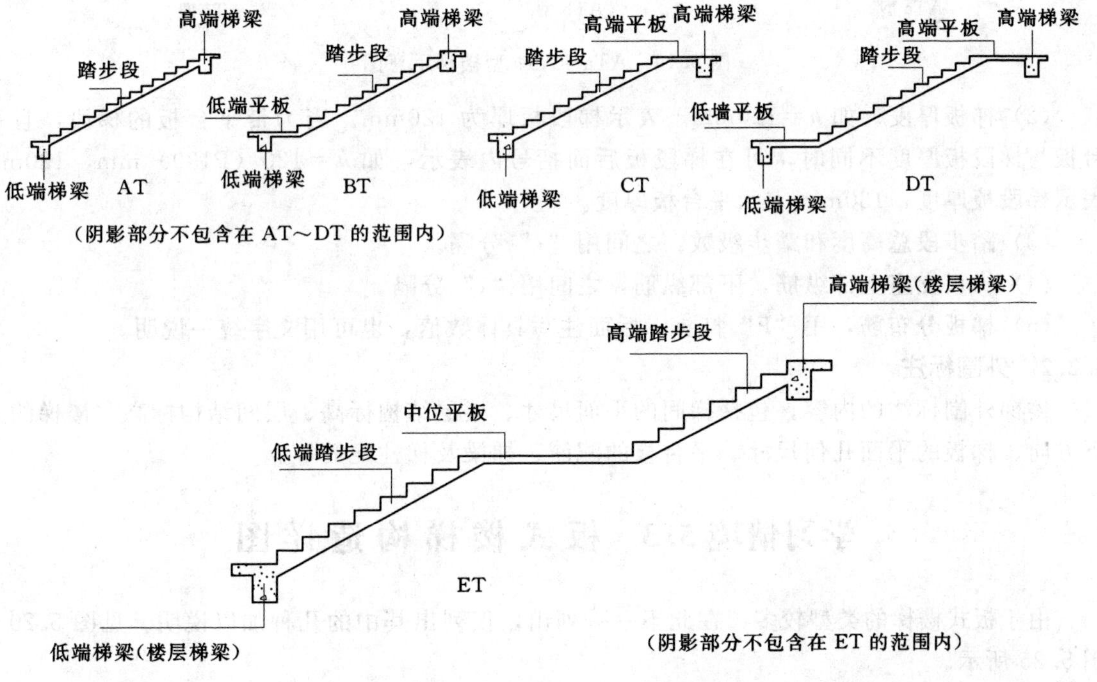

图 5.17　AT～ET 型楼梯示意图

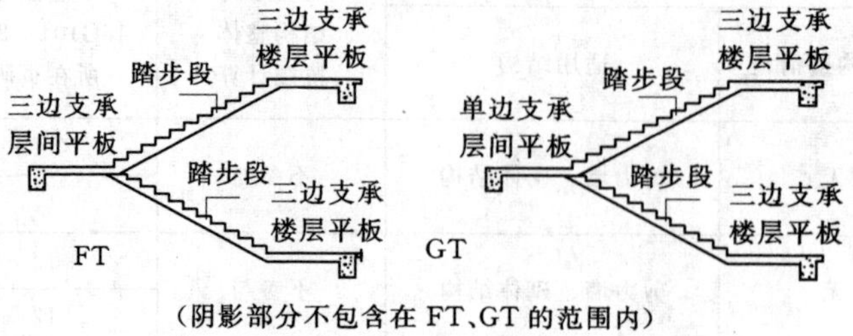

图 5.18 FT～GT 型楼梯示意图

ATa、ATb、ATc 型楼梯，见图 5.19，全部有踏步段组成这一点与 AT 型楼梯类似，但加强了梯板的构造措施：ATa、ATb、ATc 型梯板除采用了双层双向配筋外，ATa、ATb 楼梯两侧还设置附加钢筋，ATc 型梯板两侧设置了边缘构件（暗梁）。

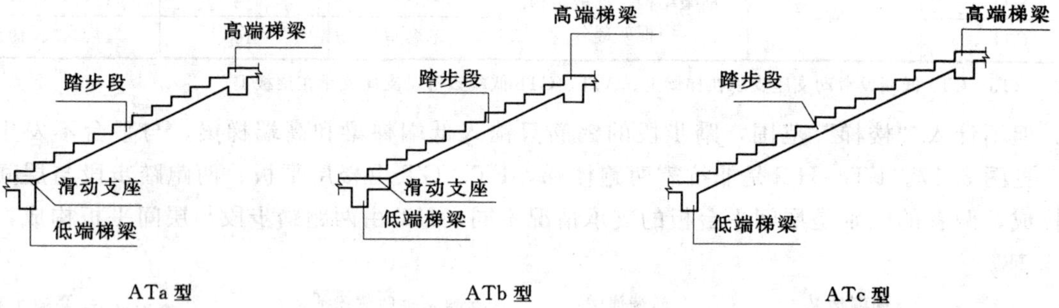

图 5.19 ATa～ATc 型楼梯示意图

(2) 梯板厚度。如 $h=120$mm。表示梯段板厚为 120mm。当为带平台板的梯段，且平台板与梯段板厚度不同时，可在梯段板后面括号内表示，如 $h=120$（P130）mm，120mm 表示梯段板厚度，130mm 表示平台板厚度。

(3) 踏步段总高度和踏步级数，之间用“/”分隔。

(4) 梯板支座上部纵筋，下部纵筋，之间用“;”分隔。

(5) 梯板分布筋，用“F”打头，后面注写具体数值，也可用文字统一说明。

5.2.2 外围标注

楼梯外围标注的内容，包括梯间的平面尺寸、楼层结构标高、层间结构标高、楼梯的上下方向、梯板的平面几何尺寸、平台板的配筋、梯梁及梯柱配筋等。

学习情境 5.3 板式楼梯构造详图

由于板式楼梯的类型较多，在此不一一列出，仅列出其中的几种加以说明。见图 5.20～图 5.25 所示。

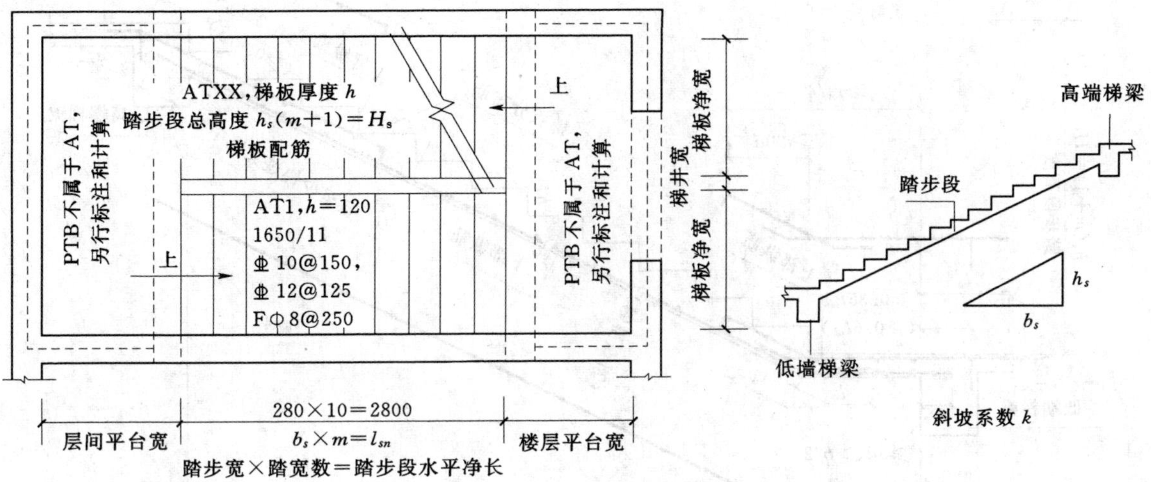

图5.20 AT型楼梯的平面图

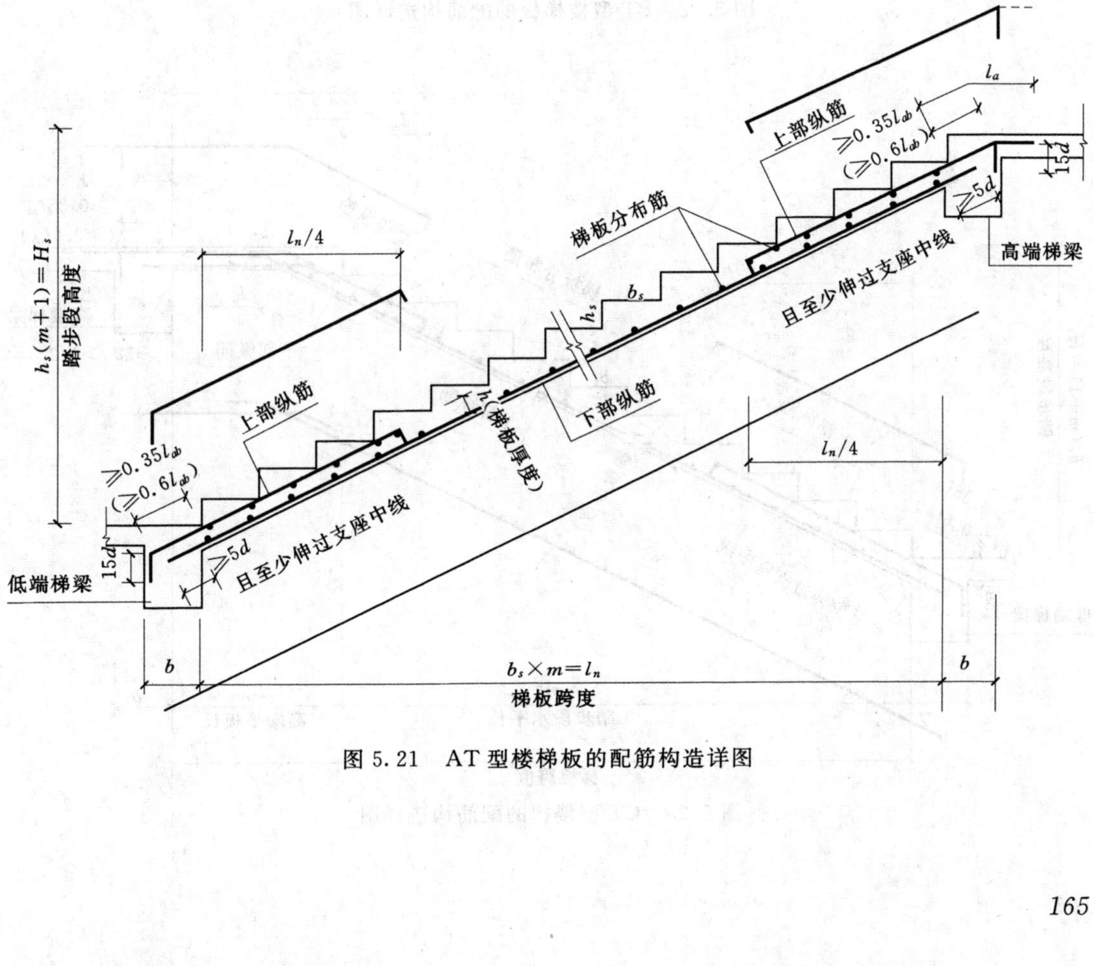

图5.21 AT型楼梯板的配筋构造详图

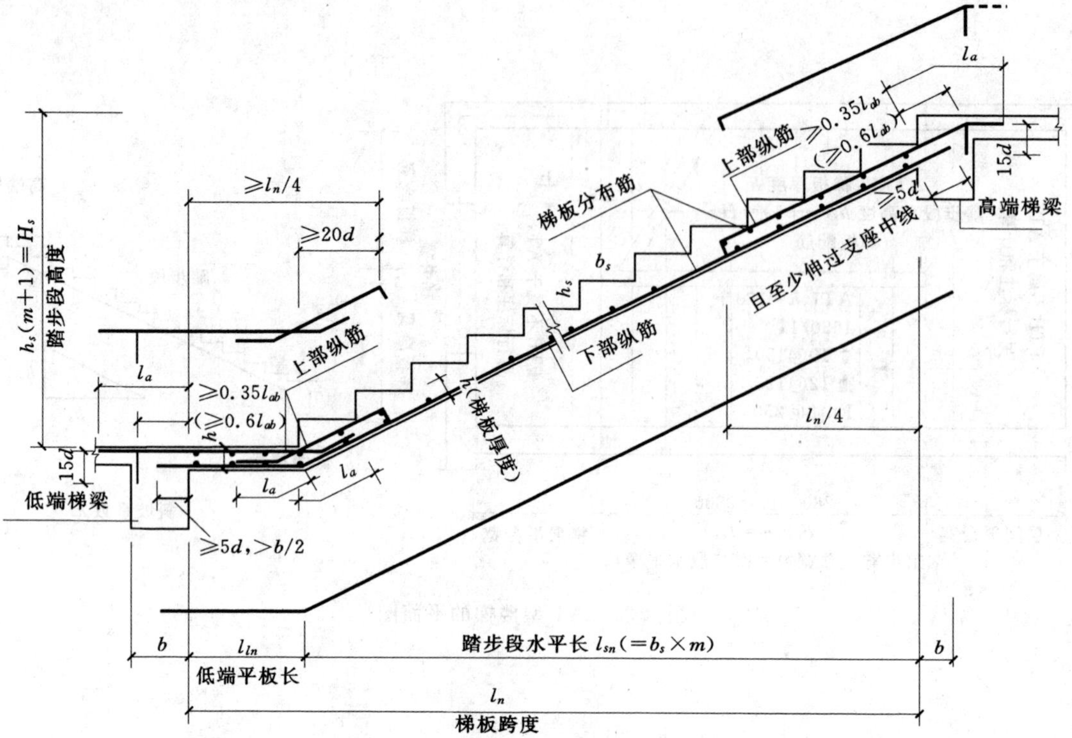

图 5.22 BT 型楼梯板的配筋构造详图

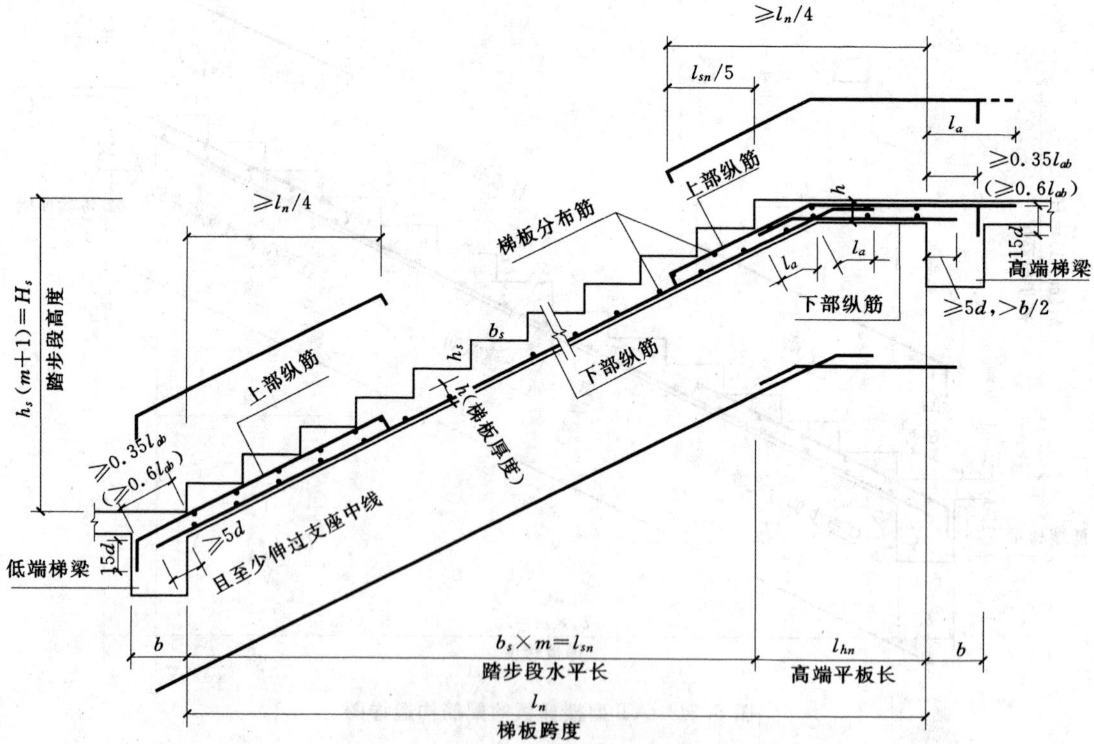

图 5.23 CT 型楼梯的配筋构造详图

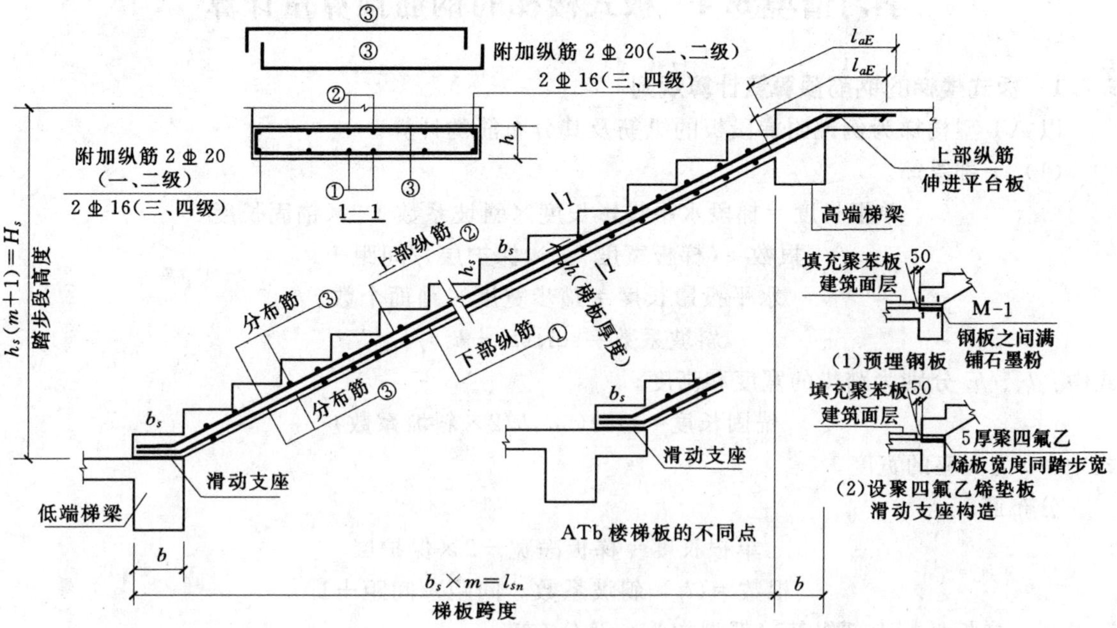

图 5.24　ATa 型楼梯板的配筋构造详图

图 5.25　ATc 型楼梯板的配筋构造详图

学习情境5.4 板式楼梯的钢筋预算量计算

5.4.1 板式楼梯的钢筋预算量计算规则

以AT型楼梯为例说明梯段板的纵筋及其分布筋的计算。

(1) 下部纵筋。

单根长度＝梯段水平投影长度×斜坡系数＋2×锚固长度

根数＝(梯板宽度－2×保护层)/间距＋1

水平投影长度＝踏步宽度×踏面个数

斜坡系数＝$\text{sqrt}(b_s^2+h_s^2)/b_s$

式中：b_s、h_s 分别为踏步的宽度和高度。

锚固长度＝$\max(5d, b/2\times$斜坡系数$)$

式中：b 为支座的宽度。

分布筋：

单根长度＝梯板净宽－2×保护层

根数＝(l_n×斜坡系数－间距)/间距＋1

(2) 梯板低端上部纵筋（低端扣筋）及分布筋。

低端扣筋：

单根长度＝(l_n/4＋b－保护层)×斜坡系数＋15d＋h－保护层

根数同梯板下部纵筋计算规则。

分布筋：

单根长度同底部分布筋计算规则。

根数＝(l_n/4×斜坡系数－间距/2)/间距＋1

(3) 梯板高端上部纵筋（高端扣筋）及分布筋。

与梯板低端上部纵筋类似，只是在直锚时

单根长度＝单根长度＝(l_n/4＋b－保护层)×斜坡系数＋l_a＋h－保护层

式中：l_a 为锚固长度。

分布筋长度和根数同低端扣筋的分布筋。

(4) 梯梁、梯柱、平台板的钢筋量计算可参考本教材前面所述。

5.4.2 板式楼梯钢筋预算量计算

【例5.3】 某楼梯结构平面图如图5.26所示，混凝土用C30，求出一个梯段板的钢筋量。

解： 从平面图中可读到以下信息：本梯段属于AT型楼梯，梯板厚120mm，踏步高 h_s＝1650/11＝150(mm)，低端和高端的上部纵筋为⌀10@150，梯板底部纵筋为⌀12@125，分布筋为Φ8@250，梯段净宽为1600mm，梯段净长为2800mm，踏步宽 b_s＝280mm，本例中梯梁宽没有给出，此处，假设梯梁宽250mm，保护层厚20mm。

(1) 梯段底部纵筋及分布筋。

本楼梯的斜坡系数＝ $\text{sqrt}(b_s^2+h_s^2)/b_s=\text{sqrt}(280^2+150^2)/280=1.134$

梯段底部纵筋：

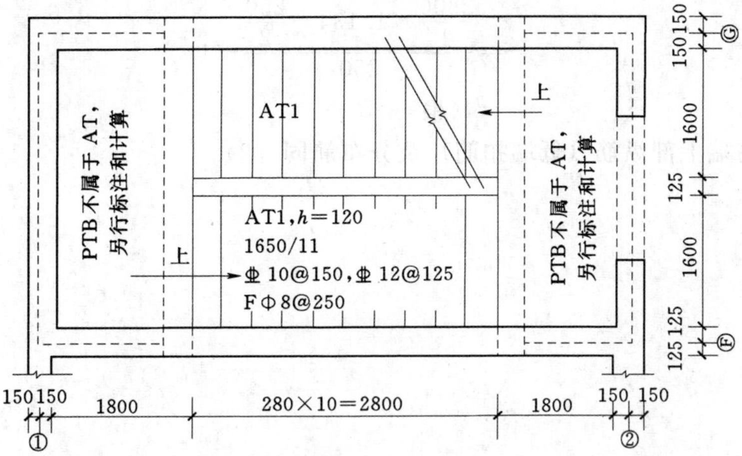

图 5.26　例 5.4 图

$$单根长度=梯段水平投影长度\times斜坡系数+2\times锚固长度$$
$$=2800\times1.134+2\times\max(5\times12,250/2\times1.134)$$
$$=3459(\text{mm})=3.459\text{m}$$
$$根数=(梯板宽度-2\times保护层)/间距+1$$
$$=(1600-2\times20)/125+1$$
$$=14(根)$$

分布筋：

$$单根长度=梯板净宽-2\times保护层$$
$$=1600-40$$
$$=1560(\text{mm})=1.560\text{m}$$
$$根数=(l_n\times斜坡系数-间距)/间距+1$$
$$=(2800\times1.134-250)/250+1$$
$$=13(根)$$

(2) 梯板低端上部纵筋（低端扣筋）及分布筋。

对于低端扣筋，有

$$单根长度=\left(\frac{l_n}{4}+b-保护层\right)\times斜坡系数+15d+h-保护层$$
$$=\left(\frac{2800}{4}+250-20\right)\times1.134+15\times10+120-20$$
$$=1305(\text{mm})=1.305\text{m}$$
$$根数=\frac{(1600-2\times20)}{150}+1$$
$$=15(根)$$

对于分布筋，有

$$单根长度=1.560\text{m}$$
$$根数=\frac{\frac{l_n}{4}\times\frac{斜坡系数-间距}{2}}{间距}+1$$

$$=\frac{\frac{2800}{4}\times 1.134-\frac{250}{2}}{250}+1$$

$$=4(根)$$

(3) 梯板高端上部纵筋(低端扣筋)及分布筋同(2)。

学习项目6　广联达钢筋算量软件的应用

【学习目标】 能够掌握广联达钢筋算量软件的设计原理和操作流程。

学习情境6.1　广联达钢筋抽样软件的设计原理

随着电算化的发展，钢筋工程量计算已逐渐由传统的手工计算发展为软件算量。目前，市场上推出的钢筋算量软件很多，其设计原理和操作方法各异，下面仅以广联达钢筋抽样软件GGJ2013为例，简要介绍其设计原理。

6.1.1　建筑结构设计方法决定软件的设计方案

绘制建筑结构图纸，需经历3个阶段。

第一阶段：构件的"结构平面布置图"配套每一构件的"配筋图"。绘图量大，设计人员的工作量大，施工和预算人员在施工读图和进行钢筋工程量计算时都极为复杂。

第二阶段：梁柱表。设计人员按照给定的构造详图，在表中进行标注，大大加快了设计人员的绘图速度，同时也方便施工读图和造价人员进行钢筋工程量的计算。

第三阶段：平面表示法。概括地来讲，就是把结构构件的尺寸和配筋等按照平面整体表示方法的制图规则，整体直接地表达在各类构件的结构平面布置图上，再与标准构造详图相配合，即构成了一套新型完整的结构设计图。

目前建筑行业结构设计90%的工程采用了平法设计，而在这些工程中应用最多的是平法图集。但现在也仍然存在部分工程构件采用构件剖面详图的方式，对构件的钢筋信息进行表达，所以现在的设计是平法标注与传统方法共存。

从平法的设计原理来讲，平法是不限制设计人员的创造性，因此在实际工程中，通常会出现一些构件的节点构造或者要求与平法的要求不同，也有一些设计院有自己的节点构造，这要求钢筋的计算有很大的灵活性。广联达钢筋GGJ2013软件也就是在这样的前提和背景下开发出来的，既内置了平法系列图集的计算规则，也包含了常见的设计节点构造，最大限度开放了各类钢筋的计算方法，兼顾了规范与传统两方面的要求。

6.1.2　手工流程思维确定软件设计思路

手工抽钢筋的流程一般为：识图→查规范与图集→按照结构设计要求计算每根钢筋的长度→利用钢筋长度乘以密度算出钢筋重量→汇总统计制作各类报表。钢筋抽样软件在体现计算高效的同时，尽量沿用手工抽钢筋的流程和思维方式，手工与软件抽钢筋对应的工作流程如图6.1所示。

在使用钢筋抽样软件抽钢筋的过程中，一般会涉及两种量：

（1）根据结构设计要求，利用规范、图集所查出的量，如锚固、搭接、弯勾、密度值、钢筋长度的计算方法与规范要求等。在软件中，内置了所有的计算规则，在进行钢筋工程量的计算时，软件会自动套用这些规则，其主要技术参考依据为：

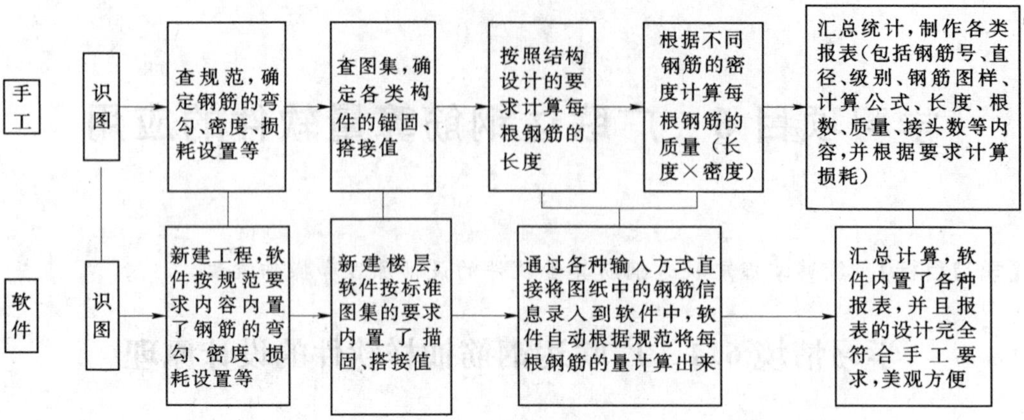

图6.1　工作流程图

《混凝土结构设计规范》(GB 50010—2010)。

《混凝土结构施工图平面整体表示方法制图规则及构造详图》系列图集，平法11G101—X系列。

(2) 对于不同的工程、不同的图纸设计，钢筋的长度、布筋范围等量，这些量会不断地发生变化，而这些量的值可通过人机交互的形式根据图纸手工输入，然后与软件中的内置规则结合起来，算出所需要的钢筋量。

正是由于以上两种量的相互结合，软件才能快速、准确地将各类构件中的每根钢筋量计算出来，并自动进行汇总、打印。

6.1.3　两种输入方法的有机结合

广联达钢筋抽样软件GGJ2013提供了两种处理构件的方法：绘图输入和单构件输入。

绘图输入是指通过定义构件属性，按照工程图纸，画出构件并为各构件进行配筋，由软件自动按照各构件之间的位置关系，根据计算规则进行钢筋工程量计算的一种处理方法。绘图输入的构件包括柱、梁、墙、板等。它的特点：一是考虑了工程的整体性，从整体的角度进行钢筋的计算，充分利用了各构件之间的数据。如梁可以自动读取柱的尺寸，自动读取梁的跨长；板的钢筋计算时，可以自动扣减梁和墙的宽度。二是大大减少了重复翻阅图纸查找构件尺寸的工作量，使钢筋工程量的计算从单构件计算上升到了一个更高层次，不但可以正确的计算各类构件的钢筋，而且从读图的角度减少了算量人员的劳动强度。其计算原理如图6.2所示。

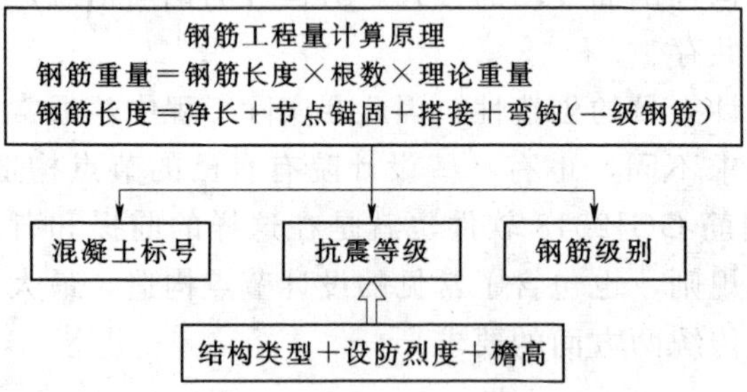

图6.2　绘图输入计算原理

单构件输入是指针对单个构件，一般在软件中已经有了基本模型，在其基础上输入构件计算需要的相关数据及配筋信息，软件自动计算钢筋工程量的方法。如承台、桩、楼梯、积水坑等相对独立和不规则的构件。它的特点是数据之间重复利用较少，主要用于处理零星构件。同时，广联达钢筋抽样GGJ2013软件的计算规则是开放的，不仅可以满足按平法系列图集进行计算，也可以满足个性化设计的需求，提供了各构件常用的钢筋计算设置和节点构造。

绘图输入或单构件输入和手工抽钢筋的习惯一样，软件对于各类构件中的每根钢筋量都会严格按照标准图集中规定来进行计算。只是在手工抽钢筋时，要不断地查阅相关图集，而软件则自动将所有的规则内置，只需输入基本的钢筋信息，软件就会自动按照图集中的要求来进行钢筋量的计算，并快速按照各种需要将数据分类汇总。

学习情境 6.2　广联达钢筋抽样软件 GGJ2013 操作流程

GGJ2013 操作流程：启动软件→新建工程→工程设置→绘图输入→单构件输入→汇总计算→报表打印。软件在使用的过程中，建议按照以下顺序进行绘制：

（1）楼层绘制顺序：首层→地上层→地下层→基础层。

（2）框架结构：柱→梁→板→二次结构。

（3）剪力墙结构：剪力墙→门窗洞→暗柱/端柱→暗梁/连梁。

（4）框架剪力墙结构：柱→剪力墙→梁→板→砌体墙部分。

（5）砖混结构：砖墙→门窗洞→构造柱→圈梁。

具体流程如下。

6.2.1　新建工程

1. 软件启动

点击桌面图标，启动 GGJ2013。

2. 新建向导

点击“新建向导”（图 6.3）进入新建工程界面。

图 6.3　启动界面

3. 新建工程

（1）工程名称输入（图 6.4）。

报表类别中，默认选择“全统 2000”，输入完成后，单击“下一步”。

（2）工程信息输入（图 6.5）。

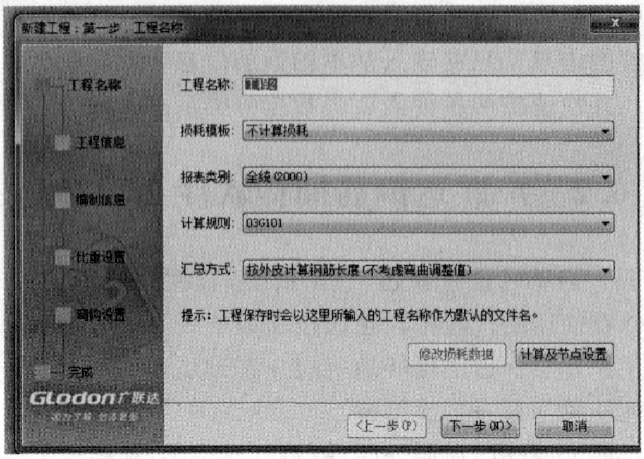

图 6.4　输入工程名称

在软件中表中黑色字体只起标识作用，蓝色字体会对计算结果产生影响。

输入完成后，单击“下一步”。

（3）编制信息（图 6.6）。

1	工程类别	
2	项目代号	
3	*结构类型	框架结构
4	基础形式	
5	建筑特征	
6	地下层数(层)	
7	地上层数(层)	
8	*设防烈度	8
9	*檐高(m)	35
10	*抗震等级	一级抗震
11	建筑面积(平方米)	

图 6.5　输入工程信息

1	建设单位	
2	设计单位	
3	施工单位	
4	编制单位	
5	编制日期	2011-11-02
6	编制人	
7	编制人证号	
8	审核人	
9	审核人证号	

图 6.6　编制信息

（4）比重设置（图 6.7）。

将直径为 6mm 的钢筋比重修改为直径为 6.5mm 的钢筋比重。

（5）弯钩设置（图 6.8）。

	直径(mm)	钢筋比重(kg/m)
1	3	0.0554886
2	4	0.0986464
3	5	0.154135
4	6	0.2604881
5	6.5	0.2604881
6	7	0.3021046
7	8	0.3945856
8	9	0.4993974

图 6.7　比重设置

	弯钩名称	不抗震(d)	抗震(d)
1	箍筋180度	8.25	13.25
2	直筋180度	6.25	6.25
3	箍筋90度	5.5	10.5
4	箍筋135度	6.9	11.9
5	抗扭曲箍	30	30

图 6.8　弯钩设置

（6）完成。新建工程完成。

点击“完成”（图 6.9），会出现图 6.10 所示界面，可供核对信息。

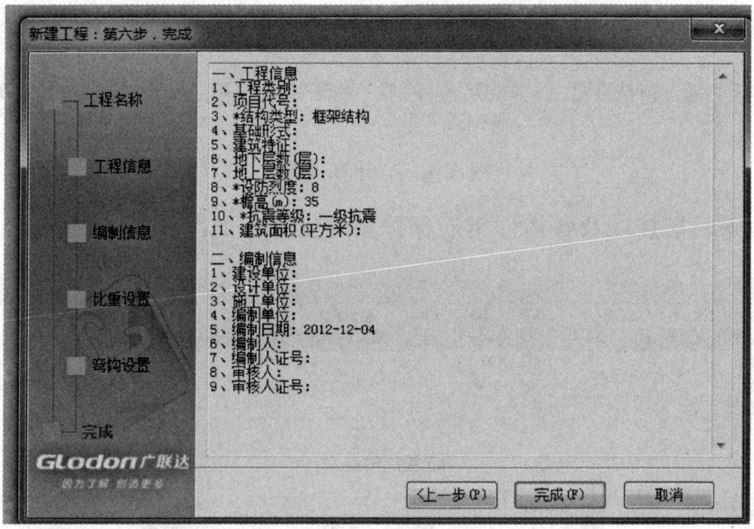

图 6.9　新建工程完成

设置完成后，软件会自动进入工程设置的界面。左侧的模块导航栏共包括 4 个菜单，即工程设置、绘图输入、单构件输入、报表预览，其中工程设置包括 6 个部分，如图 6.11 所示。

6.2.2　计算设置

点击“模块导航栏”中的“工程设置”，如图 6.12 所示，点击“计算设置”，如图 6.13 所示。

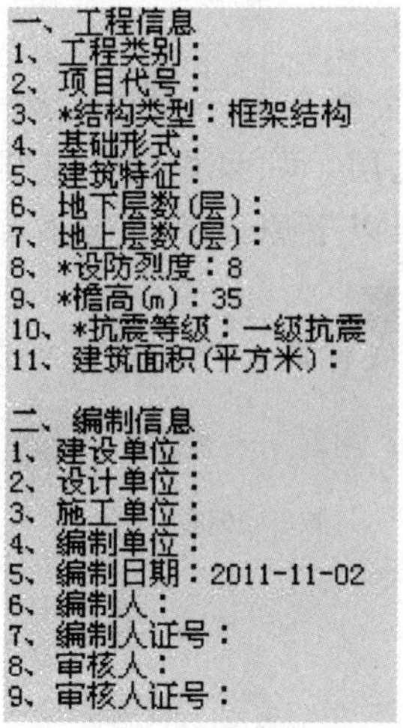

图 6.10　核对信息界面

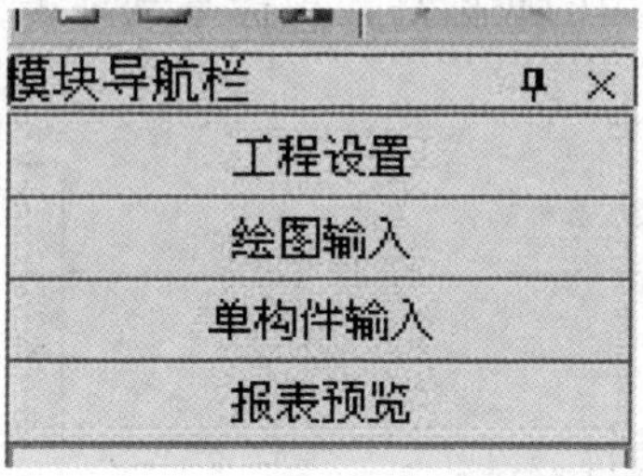

图 6.11　“模块导航栏”

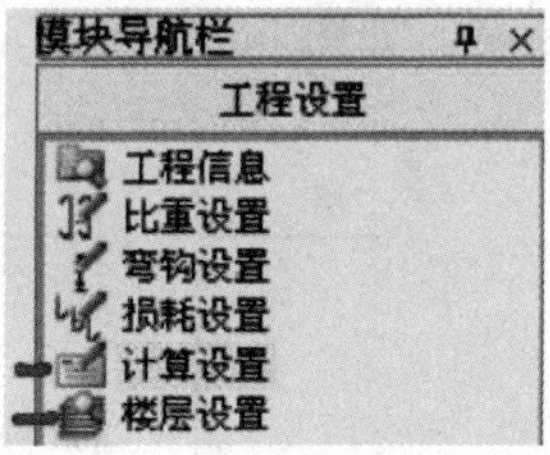

图 6.12　“工程设置”

“计算设置”中可以对楼层中构件的节点、箍筋等信息进行设置，如果此处不做修改，软件会根据平法规范进行计算。计算设置完成后进行楼层设置。

6.2.3　楼层设置

楼层设置包括两方面内容：一是楼层的建立；二是楼层缺省钢筋设置，包括混凝土标号

图 6.13 “计算设置”

的设置、钢筋锚固、搭接以及各构件钢筋保护层的设置。如图 6.14 所示。

插入楼层 删除楼层 上移 下移

	编码	楼层名称	层高(m)	首层	底标高(m)	相同层数	板厚(mm)	建筑面积(m2)	备注
1	3	第3层	3	☐	5.95	1	120		
2	2	第2层	3	☐	2.95	1	120		
3	1	首层	3	☑	-0.05	1	120		
4	0	基础层	3	☐	-3.05	1	500		

(a) 楼层的建立

楼层缺省钢筋设置(第3层，5.95m~8.95m)

	抗震等级	砼标号	锚固					搭接					保护层厚(mm)	备注
			一级钢	二级钢	三级钢	冷扎带肋	冷扎扭	一级钢	二级钢	三级钢	冷扎带肋	冷扎扭		
基础	(一级抗震)	C30	(27)	(34/38)	(41/45)	(35)	(35)	(33)	(41/46)	(50/54)	(42)	(42)	40	包含所有的基础构件，不含基础梁
基础梁	(一级抗震)	C30	(27)	(34/38)	(41/45)	(35)	(35)	(33)	(41/46)	(50/54)	(42)	(42)	40	包含基础主梁和基础次梁
框架梁	(一级抗震)	C30	(27)	(34/38)	(41/45)	(35)	(35)	(33)	(41/46)	(50/54)	(42)	(42)	25	包含楼层框架梁、屋面框架梁、框支梁、地框梁、基础
非框架梁	(非抗震)	C30	(24)	(30/33)	(36/39)	(30)	(35)	(29)	(36/40)	(44/47)	(36)	(42)	25	包含非框架梁、井字梁
柱	(一级抗震)	C35	(25)	(31/34)	(37/41)	(33)	(35)	(35)	(44/48)	(52/58)	(47)	(49)	30	包含框架柱、框支柱
现浇板	(非抗震)	C30	(24)	(30/33)	(36/39)	(30)	(35)	(29)	(36/40)	(44/47)	(36)	(42)	15	现浇板、螺旋板、柱帽
剪力墙	(一级抗震)	C35	(25)	(31/34)	(37/41)	(33)	(35)	(30)	(38/41)	(45/50)	(40)	(42)	15	仅包含墙身
人防门框墙	(一级抗震)	C30	(27)	(34/38)	(41/45)	(35)	(35)	(38)	(48/54)	(58/63)	(49)	(49)	20	人防门框墙
墙梁	(一级抗震)	C35	(25)	(31/34)	(37/41)	(33)	(35)	(30)	(38/41)	(45/50)	(40)	(42)	25	包含连梁、暗梁、边框梁
墙柱	(一级抗震)	C35	(25)	(31/34)	(37/41)	(33)	(35)	(35)	(44/48)	(52/58)	(47)	(49)	30	包含暗柱、端柱
圈梁	(一级抗震)	C25	(31)	(38/42)	(46/51)	(41)	(40)	(44)	(54/59)	(65/72)	(58)	(56)	15	包含圈梁、过梁
构造柱	(一级抗震)	C25	(31)	(38/42)	(46/51)	(41)	(40)	(44)	(54/59)	(65/72)	(58)	(56)	15	构造柱
其它	(非抗震)	C15	(37)	(47/52)	(47/52)	(40)	(45)	(45)	(57/63)	(57/63)	(48)	(54)	15	包含除以上构件类型之外的所有构件类型

(b) 楼层缺省钢筋设置

图 6.14 楼层设置

在楼层的设置界面，软件默认会出现首层和基础层，这两个楼层是不允许被删除的。选中首层（首层会突出显示），点击“插入楼层”即可插入地上层。如果先选中基础层再单击“插入楼层”，插入的是地下层。在软件建立楼层时，按照以下原则确定层高和起始位置。

(1) 基础层低设置为基础常用的底标高，顶标高到地下室层底标高，没有地下室的到 1 层底标高，如图 6.15 所示。

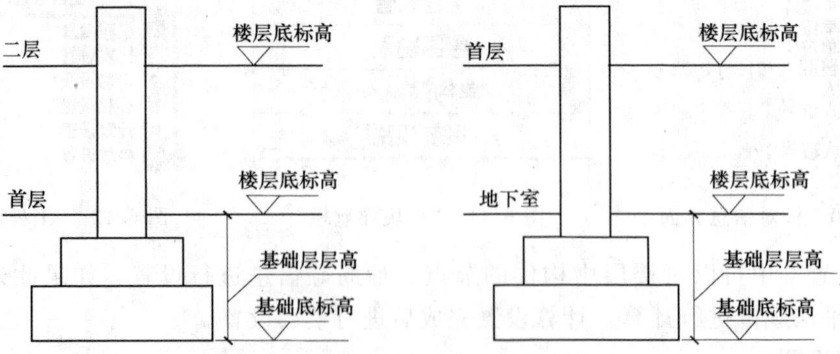

图 6.15 确定层高和起始位置

（2）基础上面一层从基础层顶到该层的结构顶板顶标高。

（3）中间层从层底的结构板顶到本层上部的板顶。

楼层设置完成后，进入绘图输入。

6.2.4　绘图输入

在“绘图输入”部分可以完成对构件的绘制，所有的构件都是按照先定义后绘制的顺序进行。下面介绍各构件的定义及绘制。

6.2.4.1　建轴网

（1）点击“绘图输入”→选中左侧导航栏中的“轴网”→点击“定义”进入新建轴网的界面，点击“新建”，然后选择“新建正交轴网”，见图 6.16。

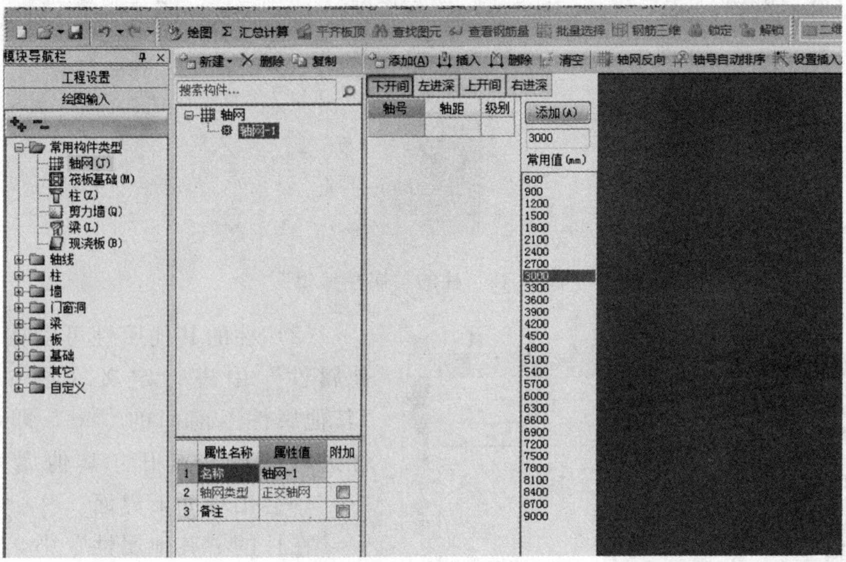

图 6.16　新建正交轴网

（2）定义数据。根据图纸要求，依次在下开间、左进深、上开间、右进深中输入相应的尺寸。

（3）数据定义完成之后，点击“绘图”，然后点击“确定”，完成对轴网的绘制（图 6.17）。

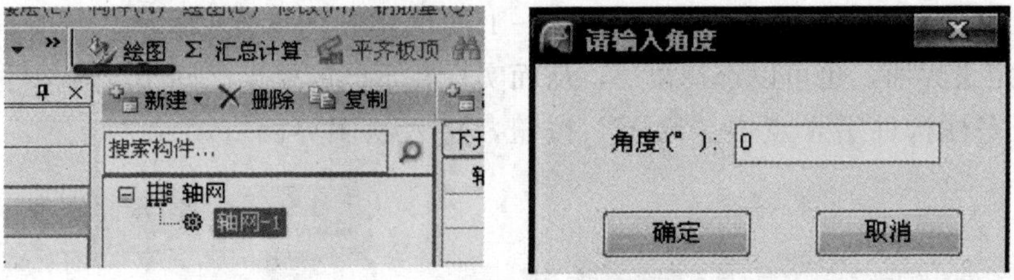

图 6.17　完成轴网绘制

6.2.4.2　柱构件的定义和绘制

（1）点击左侧导航栏中的“柱”按钮，然后点击“定义”，进入柱的定义界面。点击“新建”，新建一个矩形柱，在右侧的“属性编辑”栏中可以对矩形柱的属性进行设置，软件中“A、B、C、E”分别代表“Φ、Φ、Φ、Φ”钢筋，如果该矩形柱中有其他的箍筋信息，可以在“其他钢筋”中进行定义。为了方便构件的定义，在输入完一项属性数据之后，直接按 Enter 键，软件会自动跳转到下一项的输入，见图 6.18。

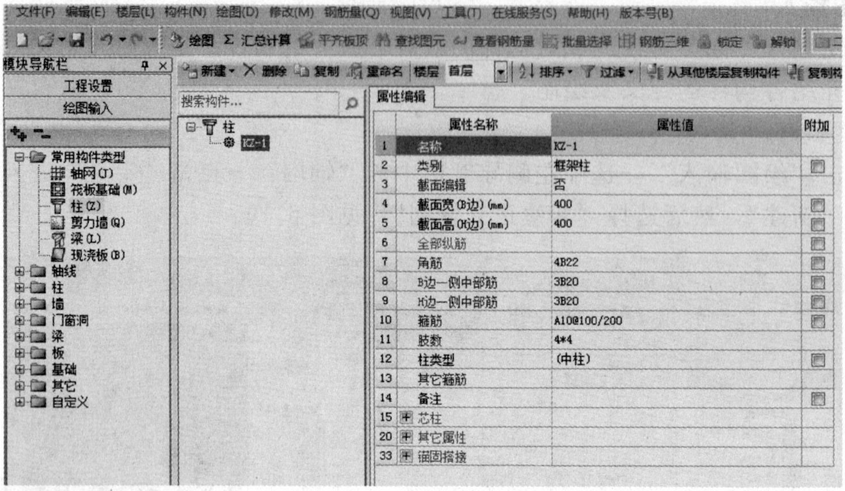

图 6.18　柱的“属性编辑”

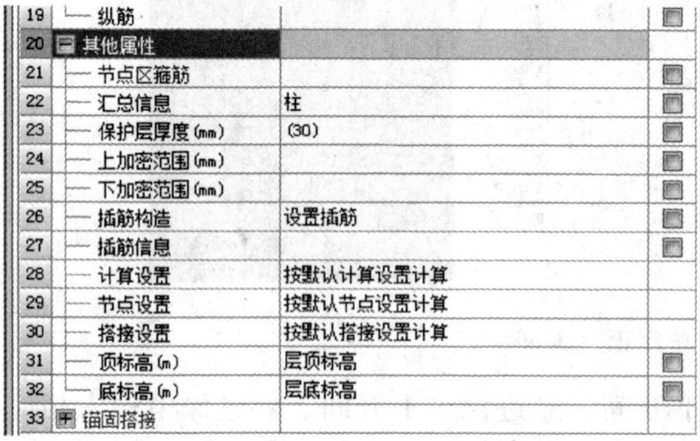

图 6.19　定义柱的“其他属性”

（2）柱的其他属性可以在下面的“其他属性”中进行定义（图 6.19）。点击“其他属性”前面的“+”即可对其他属性进行编辑，点开“其他属性”前面的“+”，会出现如下界面。

在柱的“其他属性”中，注意底标高与顶标高的设置，软件默认是层顶标高和层底标高。在这里可以自行选择，也可以输入数字，例如在柱的顶标高中输入 2.3，则表示柱的顶标高为 2.3m。

（3）定义完了 KZ-1，如果图纸中还有其他的矩形柱，并且这些矩形柱的属性相同或者相似，则可以使用复制命令（图 6.20），选中 KZ-1，单击“复制”，即可产生与 KZ-1 属性相同的 KZ-2。

在构件的定义界面，也可以选择楼层，从而实现在不同的楼层之间完成对构件定义或编辑。

（4）定义完柱构件后，点击“绘图”按钮，进入绘图界面（图 6.21）。

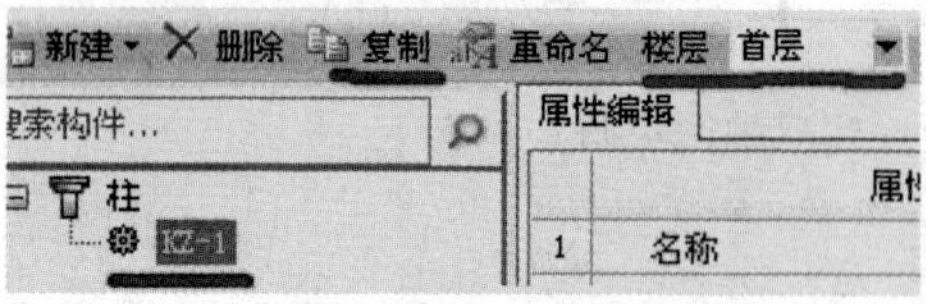

图 6.20　复制柱

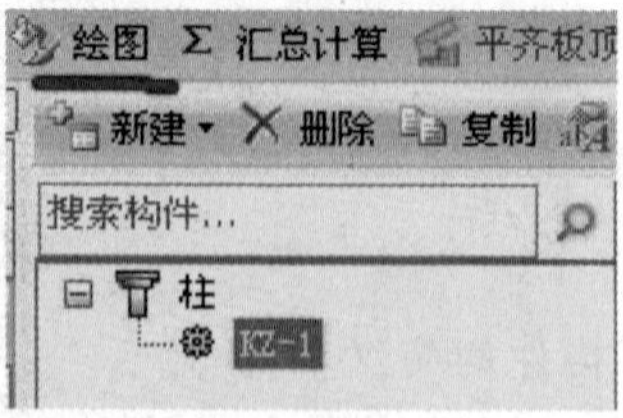

图 6.21　点击“绘图”按钮

(5) 柱的绘制一般采用点式绘制。进入绘图界面，鼠标指针默认的就是柱的点画图标，也可以单击“点”按钮（图 6.22)，此时鼠标指针形状会变成“十”字与方框相交的形状，蓝色图标即为定义好的矩形柱。

选择轴线的交点，点击，即可完成对柱的绘制。

(6) 偏心柱。有时图纸中标注的柱并不是在轴线的交点居中布置，这时需要使用绘制偏心柱的功能。点击“点”按钮，把鼠标指针放在轴线交点的位置，按下鼠标左键的同时按下 Ctrl 键，即可弹出偏心柱的设置界面，然后根据图纸，输入相应的尺寸即可。在数字上点击鼠标左键即可对其进行修改，修改完成后，点 Enter 键即可（图 6.23)。

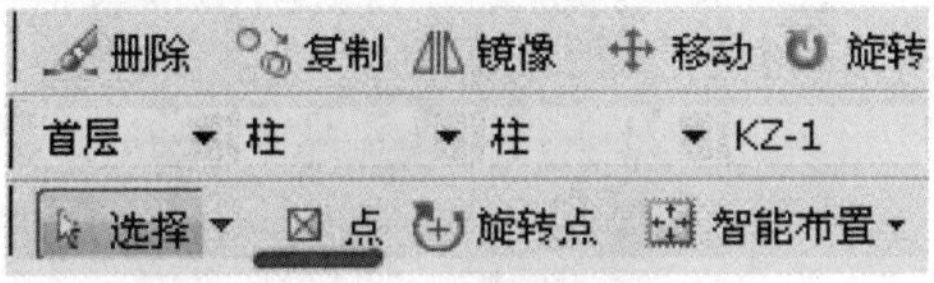

图 6.22　“点”按钮

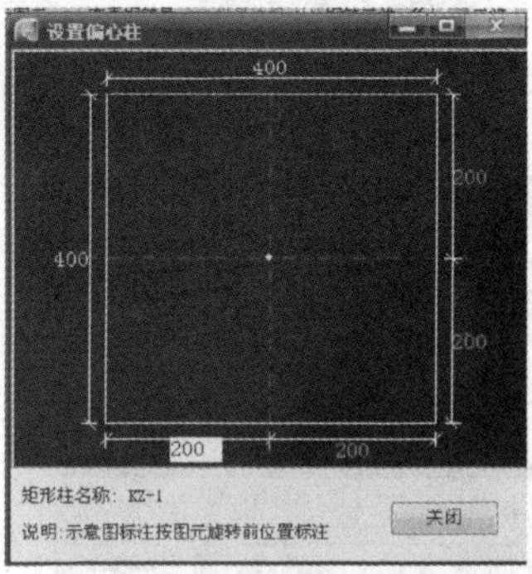

图 6.23　“设置偏心柱”

(7) 除了偏心柱，图纸中有时还会出现其他类型的柱，比如与轴线没有任何交点的柱，这时我们就要使用偏移量来进行绘制。点击“点”按钮，按下鼠标左键的同时按住 Shift 键，弹出“输入偏移量”的对话框（图 6.24)，一般选择“正交偏移”，在 X 与 Y 中输入相应的尺寸即可。

X：正值向右偏移，负值向左偏移。

Y：正值向上偏移，负值向下偏移。

(8) 柱绘制完成后，可以使用“动态观察”（图 6.25）来查看三维效果。

(9) 边角柱的判断。对于顶层的柱我们需要判断其边角柱，这会影响钢筋的搭接与锚固，钢筋软件中有自动判断边角柱的功能。将楼层切换到顶层后，点击“自动判断边角柱”(图 6.26）按钮即可完成对边角柱的判断。

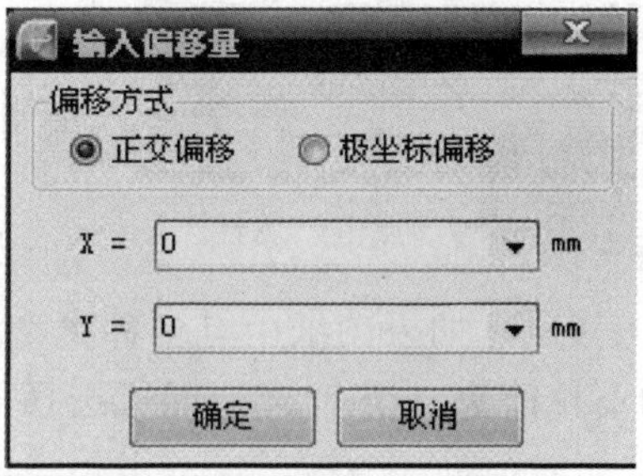

图 6.24　“输入偏移量”对话框

图 6.25　使用“动态观察”

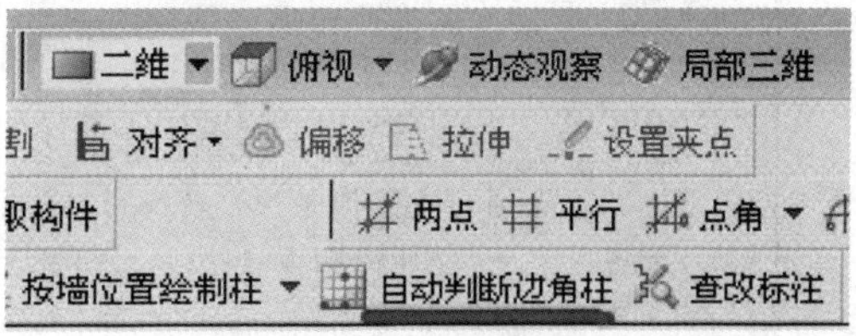

图 6.26　点击“自动判断边角柱”

（10）绘制完成后，点击“汇总计算”（图6.27），软件就会自动计算出所绘制柱的钢筋量。

（11）汇总完成后，如果想查看某一柱构件的钢筋信息，点击“查看钢筋量”（图6.28）按钮，然后单击需要查看钢筋量的柱图元。查看完成后，点击“钢筋总重量”左边的关闭按钮即可。

（12）也可以使用“编辑钢筋”对柱的钢筋进行编辑。

点击“编辑钢筋”（图6.29）按钮选中需要编辑的柱图元，软件下方会出现编辑钢筋列表，点击鼠标左键即可对红色的数字进行修改。如果柱的钢筋无法在定义界面定义，那我们可以在此处出现的钢筋列表中进行输入。输入筋号，软件会自动出现钢筋的其他信息，然后按照图纸的要求输入即可。

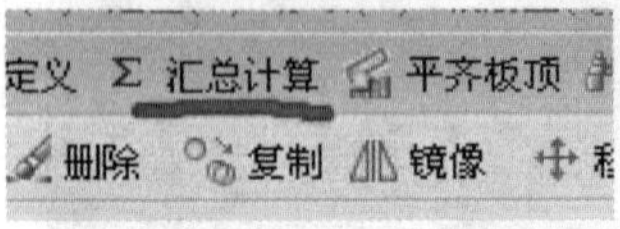

图6.27　点击“汇总计算”

图6.28　点击“查看钢筋量”

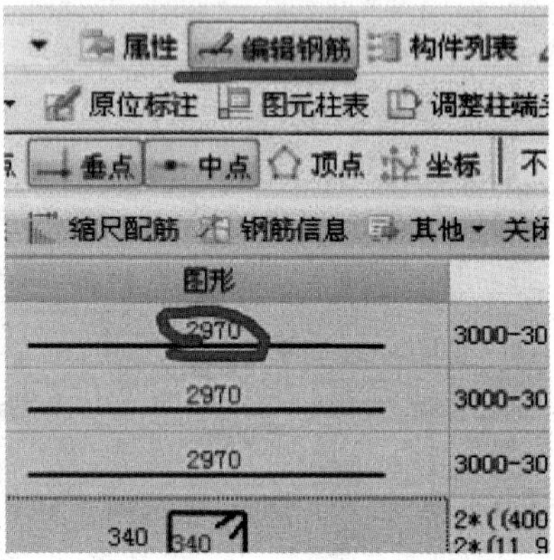

图6.29　编辑钢筋

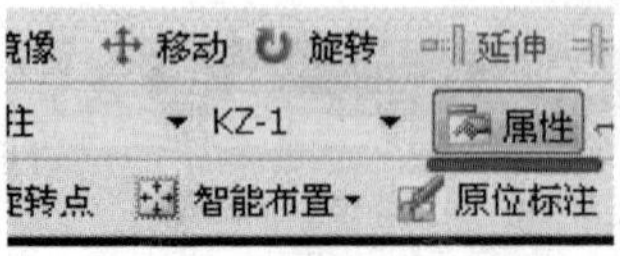

图6.30　点击“属性”

（13）已经绘制完成的柱，如果我们需要对其属性进行修改，点击“属性”（图6.30）按钮，然后在右侧出现的“属性编辑器”（图6.31）栏中进行修改即可。

在软件的属性编辑器中，蓝色的字体表示公有属性，黑色的字体表示私有属性。

（14）如果图纸中有多种类型的柱，可以通过构件列表来选择柱。点击“KZ-1”右侧的下拉箭头（图6.32）即可选择不同的柱构件。

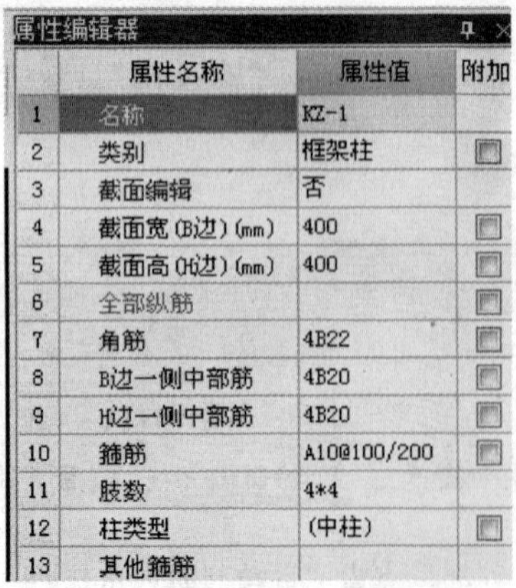
属性编辑器

	属性名称	属性值	附加
1	名称	KZ-1	
2	类别	框架柱	☐
3	截面编辑	否	
4	截面宽(B边)(mm)	400	☐
5	截面高(H边)(mm)	400	☐
6	全部纵筋		☐
7	角筋	4B22	☐
8	B边一侧中部筋	4B20	☐
9	H边一侧中部筋	4B20	☐
10	箍筋	A10@100/200	☐
11	肢数	4*4	☐
12	柱类型	(中柱)	☐
13	其他箍筋		

图6.31　“属性编辑器”

图6.32　点击“KZ-1”右侧的下拉箭头

（15）钢筋三维，汇总完成后，点击“钢筋三维”，选择需要查看三维的柱图元，即可查看该构件的三维显示。

（16）在柱图元的绘制过程中，按字母 Z 可以显示/隐藏柱图元，按 shift＋Z 可以显示/隐藏柱的名称及其他属性。

6.2.4.3　梁构件的定义和绘制

（1）在左侧的导航栏中选中“梁”（图 6.33），点击“定义按钮”，进入梁的定义界面。

（2）点击“新建”，新建一个矩形梁。按照图纸的要求，在右侧的“属性编辑”（图 6.34）中对梁的数据进行定义。

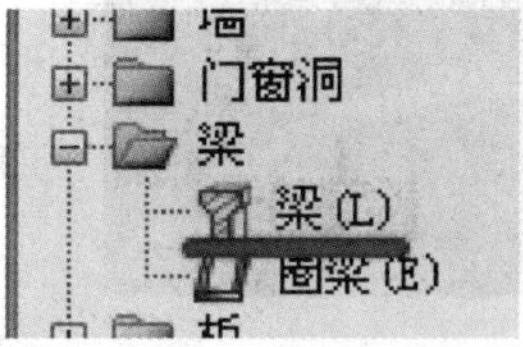

图 6.33　选中“梁”

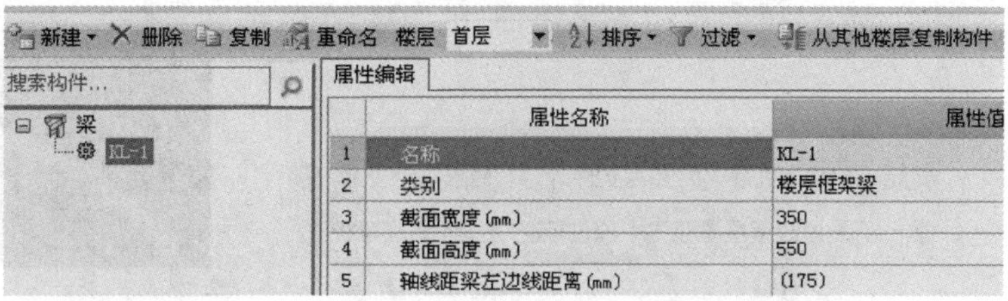

图 6.34　对梁的数据进行定义

（3）定义完成后，点击“绘图”（图 6.35）按钮，进入绘图界面。

（4）点击“直线”，然后捕捉轴线的交点处，参照图纸要求完成对梁的绘制。

线型构件在绘制的过程中只需找到起点与终点即可。在捕捉点的过程中，注意鼠标中间滑轮的灵活使用，控制图形的放大缩小及移动，以保证捕捉到的点准确无误。梁绘制完成后，单击鼠标右键即可。

当梁中心线不在轴线上时，除之前讲的“shift＋左键”的方法偏移绘制外，也可以在轴线上绘制完梁以后，单击鼠标左键选中梁，再单击右键选择对话框中的“单对齐”，然后再选择要对齐的基准线和梁边线即可。

（5）刚绘制完成的梁，在软件中是以粉红色显示的，粉红的梁（图 6.36）无法进行汇总计算，需要对其进行原位标注。

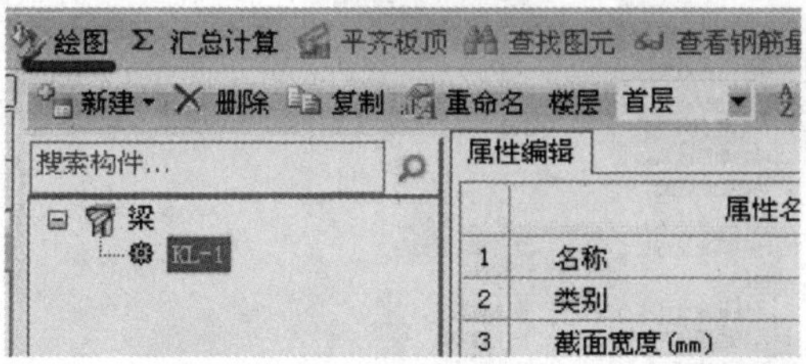

图 6.35　进入绘图界面

图 6.36　绘制完成的梁

（6）原位标注。原位标注只能针对单个梁构件。选中需要原位标注的梁，点击“原位标注”（图 6.37）按钮后，该梁会以黄色显示，并且会出现左支座筋、跨中筋、右支座筋和下部钢筋的输入框，然后按照图纸的标注，输入相应的钢筋信息即可。

对于不需要原位标注的梁，点击“原位标注”→选中该梁构件→在绘图区域的非构件区域单击右键即可。在输入梁的左支座筋、跨中筋、右支座筋、下部钢筋的过程中，待完成一项的输入后，点击 Enter 键，软件会自动跳转到下一个输入框中。

（7）已经原位标注过的梁，软件中是以绿色显示的，此时可以对梁进行汇总计算。GGJ2013 中，柱、梁、板等构件的定义、复制、删除、汇总计算、查看钢筋量、编辑钢筋、钢筋三维等操作都是相同的。

（8）对于弧形梁，可以采用“三点画弧”（图 6.38）。

点击“三点画弧”，按鼠标左键连续指定三个端点，然后单击鼠标右键即可。绘制完成的弧形梁，同样要进行原位标注。

图 6.37　点击“原位标注”按钮

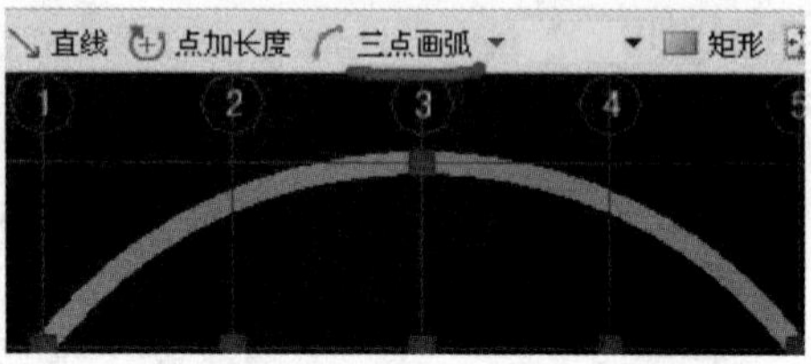

图 6.38　点击“三点画弧”

（9）对于屋面框架梁和非框架梁，只要在属性的“类别”中选择相应的类别，其他的属性与非框架梁的输入方式一致。

（10）在梁图元的绘制过程中，按字母 L 可以显示/隐藏梁图元，按 shift＋L 可以显示/隐藏梁的名称及其他属性。

6.2.4.4　板构件的定义和绘制

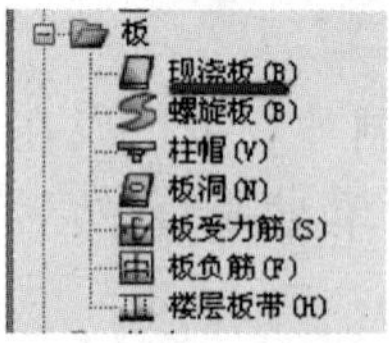

图 6.39　选中“现浇板”

（1）选中左侧导航栏中的“现浇板”（图 6.39），点击“定义”，进入现浇板的定义界面。

（2）点击“新建”→新建现浇板，然后在右侧的“属性编辑”（图 6.40）中完成对现浇板的定义。

在定义现浇板的过程中，注意对马凳筋的定义。点击马凳筋的“属性值”→点击右侧的按钮进入“马凳筋设置”界面（图 6.41）。

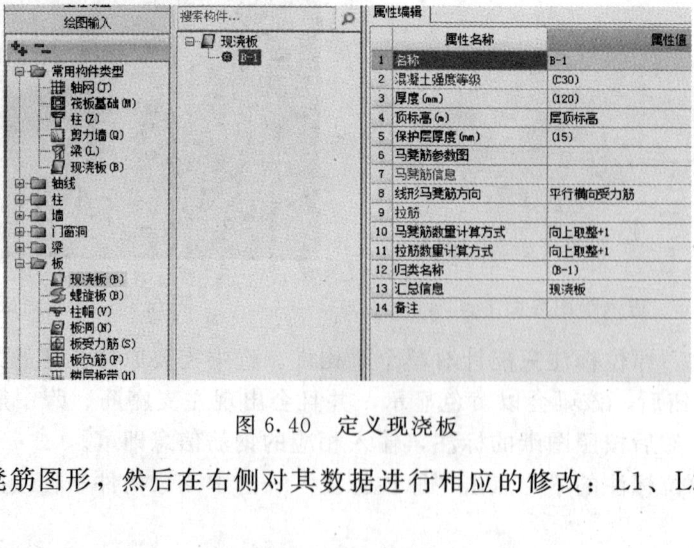

图 6.40　定义现浇板

首先选择马凳筋图形，然后在右侧对其数据进行相应的修改：L1、L2、L3。在“马凳

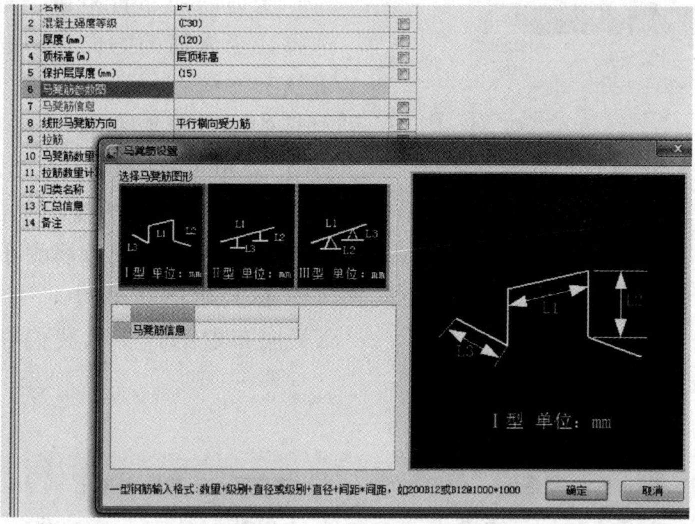

图 6.41 “马凳筋设置”界面

筋信息”一栏中输入相应的马凳筋信息，例如 A8@1000＊1000，表示直径为 8 的一级钢筋，每平方米布置一个。

(3) 定义完成后，点击“绘图”(图 6.42) 按钮，进入绘图界面。

(4) 进入绘图界面，选择“点”，然后就可以在以梁形成的封闭区域内进行点画。如果现浇板布置在非封闭区域内或者不是以梁构件形成的封闭区域内，那么软件会弹出如图 6.43 所示提示界面。

此时选择“点”右侧的“直线”绘制现浇板，直线绘制现浇板的方法，可以参照用直线画梁的操作，只需要选取现浇板的 4 个不同的端点即可。

(5) 现浇板绘制完成后，要对板的受力筋及负筋进行定义及绘制。

1) 选择左侧导航栏中的“板受力筋”(图 6.44)，点击“定义”按钮，进入板受力筋的定义界面。

图 6.42 点击“绘图”

图 6.43 “提示”界面

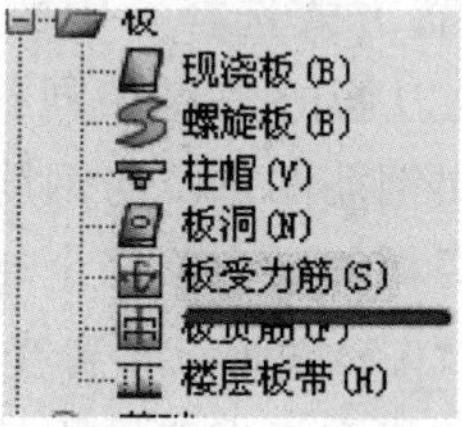

图 6.44 选择“板受力筋”

点击“新建”，新建板受力筋，在右侧的“属性编辑”中对受力筋的属性进行定义（图 6.45)。

在属性编辑中，参照图纸信息，对受力筋的钢筋信息及受力筋的类别进行修改，其他的属性一般选择默认即可。如果有属性相似的受力筋，同样可以使用“复制”功能。

2) 定义完成后，点击“绘图”。在布置受力筋的时候，需要注意两个方面：受力筋的布置范围和受力筋的方向。

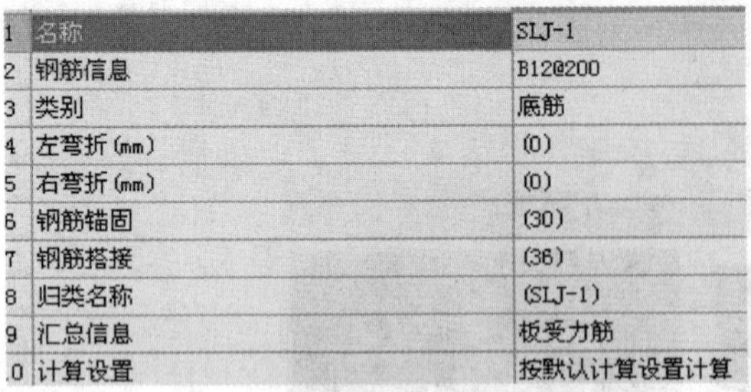

1	名称	SLJ-1
2	钢筋信息	B12@200
3	类别	底筋
4	左弯折(mm)	(0)
5	右弯折(mm)	(0)
6	钢筋锚固	(30)
7	钢筋搭接	(36)
8	归类名称	(SLJ-1)
9	汇总信息	板受力筋
10	计算设置	按默认计算设置计算

图 6.45　定义受力筋属性

受力筋的布置范围，通过单板、多板来选择，受力筋的方向可以选择水平、垂直或者 XY 方向。

例如，想要布置一块板的水平受力筋，点击“单板”并点击“水平”按钮（图 6.46），在需要布置受力筋的现浇板上单击即可完成单板水平受力筋的布置。

在实际的工程中，一般的受力筋都是 XY 向布置的，所以我们在选择受力筋的布置方向的时候，选择“XY 方向”。

图 6.46　点击“水平”按钮

例如：某一块现浇板的 X 向受力筋为 C8@200，Y 向受力筋为 C10@150，在定义这两种类型的受力筋之后，进入绘图界面，选择“单板”→“XY 方向”，单击需要布置受力筋的现浇板，弹出图 6.47 所示对话框。

点击图 6.47 左侧的“XY 向布置”，在“底筋”的“X 方向”和“Y 方向”中输入钢筋信息，或者点击右侧的下拉箭头进行选择，点击“确定”按钮即可完成对该现浇板受力筋的绘制。

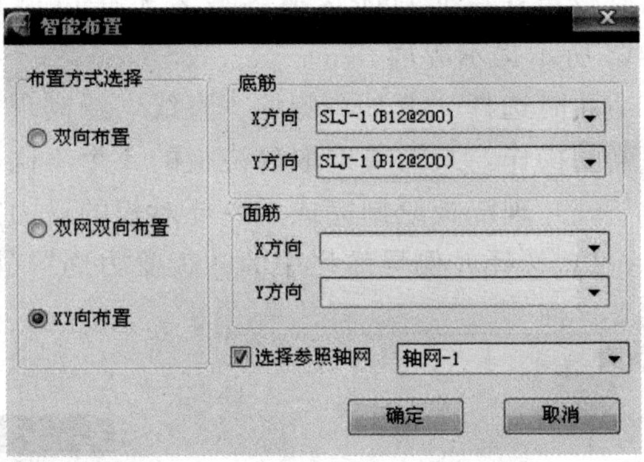

图 6.47　“智能布置”对话框

在定义受力筋的过程中，注意底筋、面筋、温度筋及中间层筋的选择。

“布置方式选择”中的“双向布置”表示 XY 向受力筋的信息相同；“双网双向布置”表示两层钢筋的 XY 向钢筋的信息相同。如果多块现浇板的受力筋完全相同，可以选择“多板”→“XY 方向”布置受力筋。

在使用多板布置受力筋的过程中，点击“多板”→“XY 方向”，单击鼠标左键选中各现浇板，选中完成后，右击弹出“智能布置”的对话框。

3）板负筋的布置。绘制完受力筋后，进行板负筋的定义及绘制。

选中左侧导航栏中的“板负筋”，点击“定义”→点击“新建”→“新建板负筋”，在右侧的“属性编辑”中对负筋的信息进行修改，在“属性编辑”中，一般只需对左标注、右标注、单边标注位置及分布钢筋进行修改即可。对于单边标注的负筋，只需将左标注或者是右标注修改为 0 即可。对于“单边标注位置”（图 6.48），可根据图纸标注选择，一般都是“支座中心线”。分布钢筋按照图纸要求输入。

对于两边标注的负筋，分别在左支座和右支座中输入相应的钢筋信息即可。

负筋定义完成后，点击“绘图”，进入绘图界面。负筋的绘制，可以选择多种方式，一般可以选择“按板边布置”。点击“按板边布置”（图 6.49），单击需要布置负筋的板边线，然后在布置负筋的反方向单击即可。

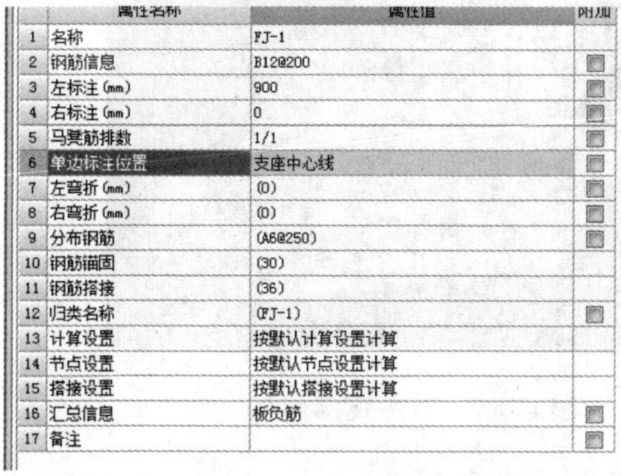

	属性名称	属性值	附加
1	名称	FJ-1	
2	钢筋信息	B12@200	
3	左标注 (mm)	900	
4	右标注 (mm)	0	
5	马凳筋排数	1/1	
6	单边标注位置	支座中心线	
7	左弯折 (mm)	(0)	
8	右弯折 (mm)	(0)	
9	分布钢筋	(A6@250)	
10	钢筋锚固	(30)	
11	钢筋搭接	(36)	
12	归类名称	(FJ-1)	
13	计算设置	按默认计算设置计算	
14	节点设置	按默认节点设置计算	
15	搭接设置	按默认搭接设置计算	
16	汇总信息	板负筋	
17	备注		

图 6.48　标注“单边标注位置”

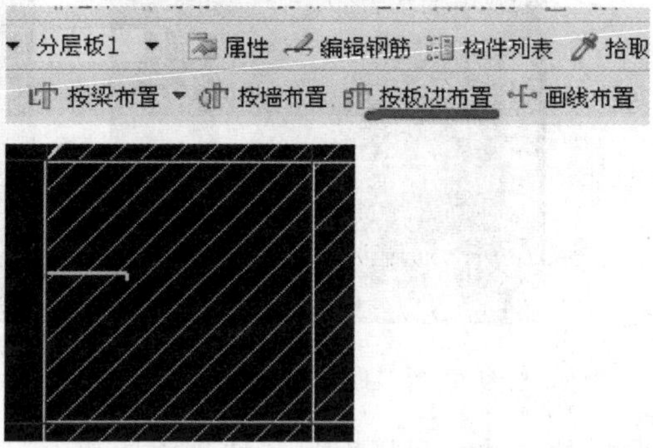

图 6.49　按板边布置负筋

对于布置成反方向的负筋，点击“交换左右标注”，然后单击该负筋即可调整成正确的方向。对于两边标注的负筋，选择“按板边布置”后，单击两板中隔线即可布置上负筋。

4）在布置完受力筋及负筋后，点击“查看布筋”，选择“查看布筋范围”，将鼠标移动到已经布置好的受力筋或负筋上，即可查看该钢筋的布置范围。

（6）在板图元的绘制过程中，按字母 B 可以显示/隐藏板图元，按 shift+B 可以显示/隐藏板的名称及其他属性；对于板的受力筋和负筋，可以使用 F/S 来控制让其显示或隐藏。

（7）斜板的绘制。对于斜板，主要使用“三点定义斜板”的功能。

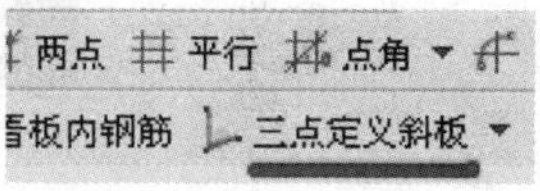

图 6.50　点击“三点定义斜板”

1）斜板操作的对象是两块相邻的现浇板，点击“三点定义斜板”按钮（图 6.50），单击其中一块现浇板，在板的 4 个端点会显示此时板的各端点的标高，图 6.51 所示板的标高为－0.05m。

2）点击任意一个端点的标高，会出现如图 6.52 所示的输入框。

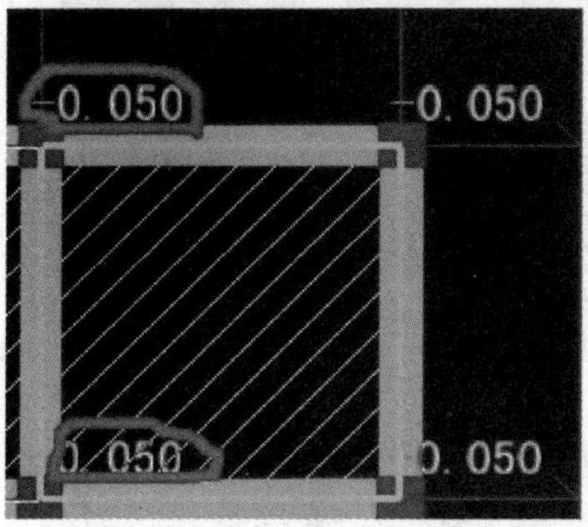

图 6.51　板的标高

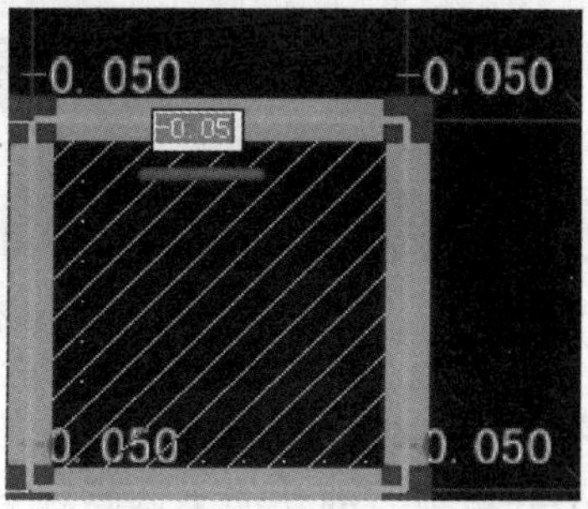

图 6.52　输入端点标高

在输入框中输入相应的数值后按 Enter 键，光标会自动跳转到下一个输入框中，软件默认的是修改 3 处的数值即可。改完尺寸后，可以发现现浇板的平面上会出现一个箭头（图

6.53)，表示此现浇板向箭头方向倾斜。

3）点击“动态观察”，查看刚才定义的斜板（图 6.54）。

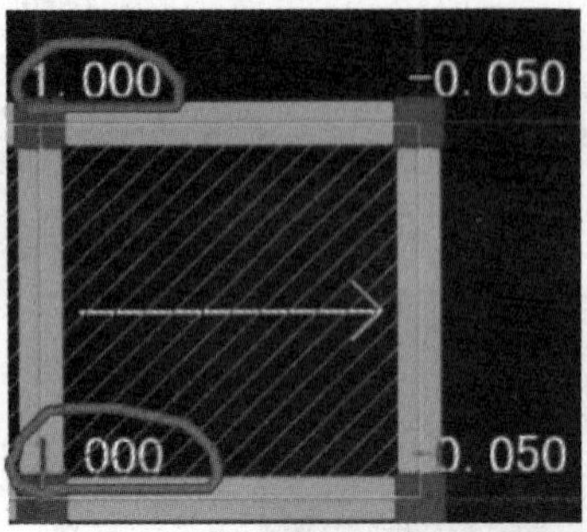

图 6.53　现浇板倾斜方向

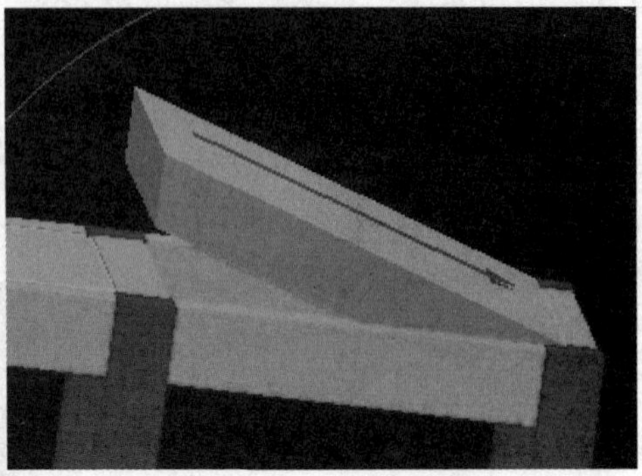

图 6.54　动态观察斜板

同样的方法，可以对另一块现浇板进行三点定义（图 6.55）。

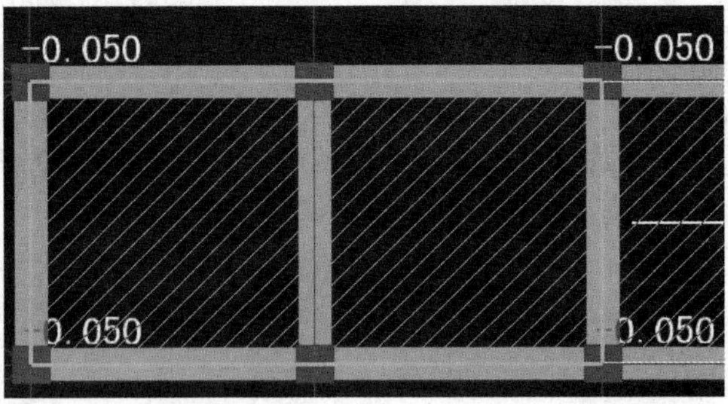

图 6.55　定义另一块现浇板

定义完成后，使用“动态观察”进行查看（图 6.56）。

图 6.56　动态观察现浇板

通过查看发现，虽然出现了斜板，但是柱、梁的标高并没有改变，这与实际工程是不符的，通过“平齐板顶”的功能来调整柱和梁的标高。

点击“平齐板顶”（图 6.57）按钮，注意软件下部的状态栏提示（图 6.58）：“按鼠标左键拉框选择需要调整标高的柱、墙、梁范围，按右键确定或 ESC 取消”，按住鼠标左键拉框选择，然后右键确认（图 6.59），选择“是”，完成对柱、墙、梁构件标高的调整。调成完成后，点击“动态观察”，如图 6.60 所示。

图 6.57　点击“平齐板顶”

图 6.58　提示文字

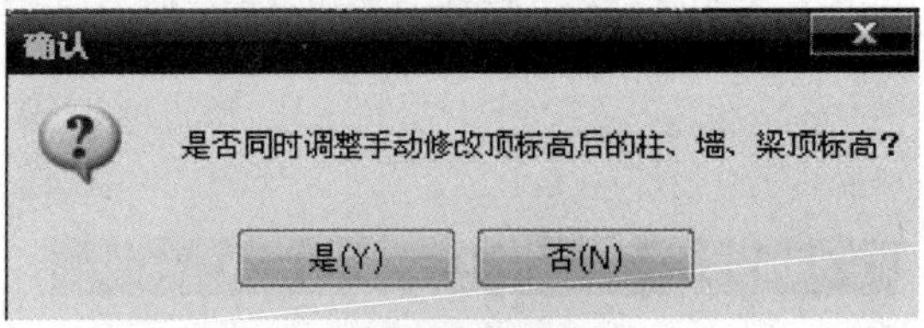

图 6.59　确认对话框

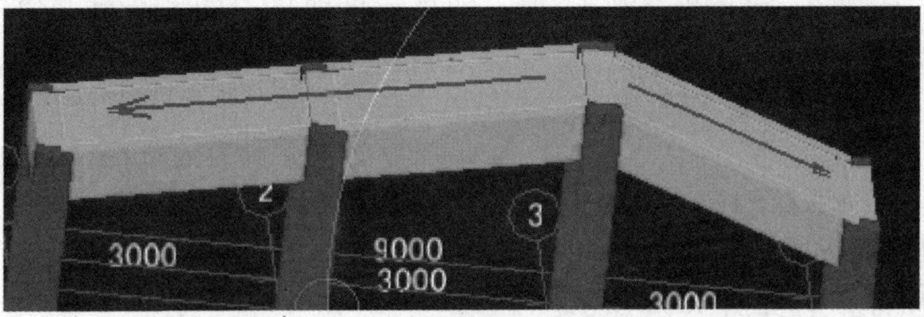

图 6.60　动态观察调整后的梁和柱

6.2.4.5　剪力墙的定义和绘制

（1）选中左侧“模块导航栏”中的“剪力墙”（图 6.61）。

点击“定义”（图 6.62）。

（2）进入定义界面，点击“新建”→“新建剪力墙”，在右侧的“属性编辑”（图 6.63）中对剪力墙的属性进行编辑。

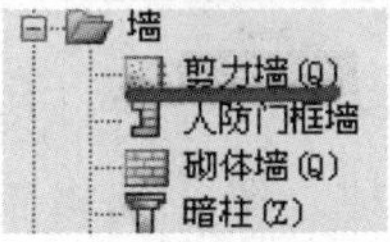

图 6.61　选中“剪力墙”

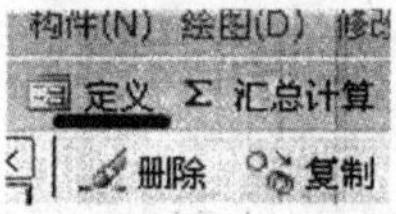

图 6.62　点击“定义”

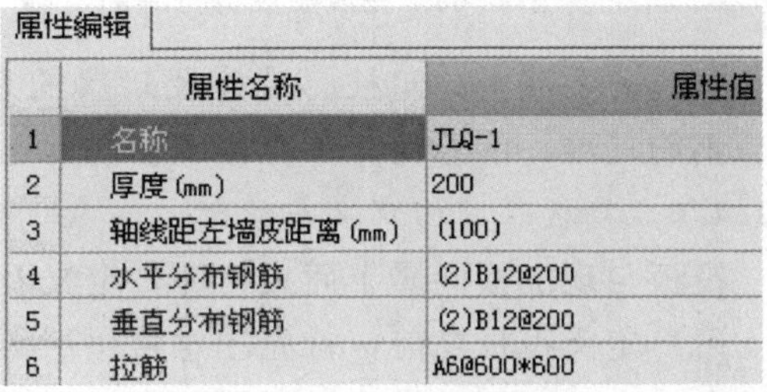

	属性名称	属性值
1	名称	JLQ-1
2	厚度(mm)	200
3	轴线距左墙皮距离(mm)	(100)
4	水平分布钢筋	(2)B12@200
5	垂直分布钢筋	(2)B12@200
6	拉筋	A6@600*600

图 6.63　编辑剪力墙的属性

（3）编辑完成后，点击“绘图”（图 6.64），剪力墙属线型构件，绘制方法与梁类似，选择“直线”，只需确定起点与终点即可。

（4）在实际工程中，经常会出现短肢剪力墙，使用“点加长度”来绘制短肢剪力墙。点击“点加长度”（图 6.65）按钮，选择剪力墙的起点，单击鼠标左键，注意下部状态栏的提示（图 6.66）。

图 6.64　点击“绘图”

图 6.65　点击“点加长度”

图 6.66　提示文字

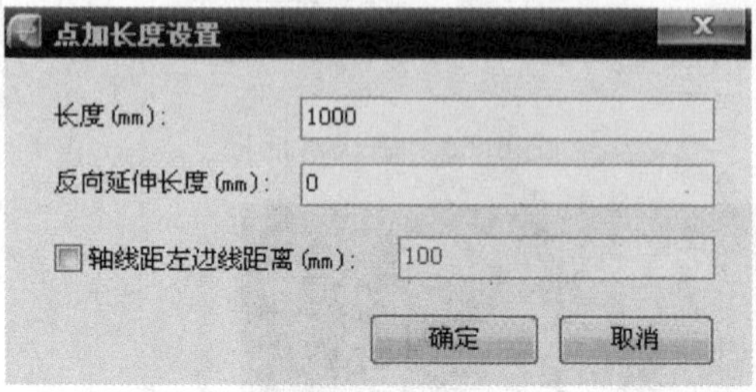

图 6.67　“点加长度设置”对话框

点加长度，不需要用鼠标来控制剪力墙的终点，只需要确定第二点的角度即可。如果剪力墙是沿轴线方向的，只需捕捉到该轴线上的任意一点即可，单击左键，会弹出如图 6.67 所示对话框。

在“长度”中输入短肢剪力墙的长度，如果反方向也有剪力墙，在“反向延伸长度”中输入即可，单击“确定”，此时即完成了对短肢剪力墙的绘制（图 6.68）。

点击“动态观察”，如图 6.69 所示。

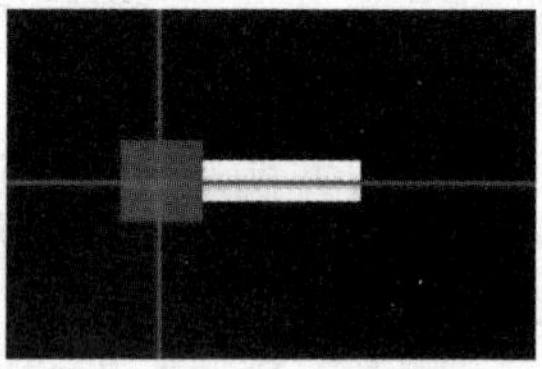

图 6.68　完成短肢剪力墙的绘制

图 6.69　动态观察短肢剪力墙

（5）剪力墙中的暗柱、端柱及暗梁的定义及绘制方法同柱、梁，编辑钢筋、查看钢筋量、钢筋三维、汇总计算等操作，在前面已经介绍过，这里不再作详细介绍。

6.2.4.6　筏板基础的定义与绘制

筏板与现浇板同属于面式构件，定义及绘制方法也与现浇板类似。

（1）定义筏板之前，首先注意将楼层标签切换到“基础层”（图 6.70）。

（2）点击左侧“模块导航栏”中“基础”前面的“+”（图 6.71），点击“筏板基础”（图 6.72），点击“定义”→点击“新建”→“新建筏板基础”。

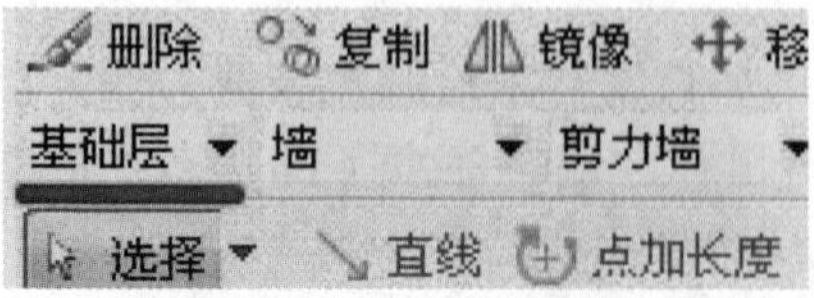

图 6.70　点击“基础层”

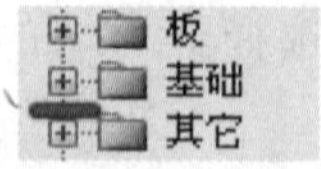

图 6.71　点击“基础”前的“+”

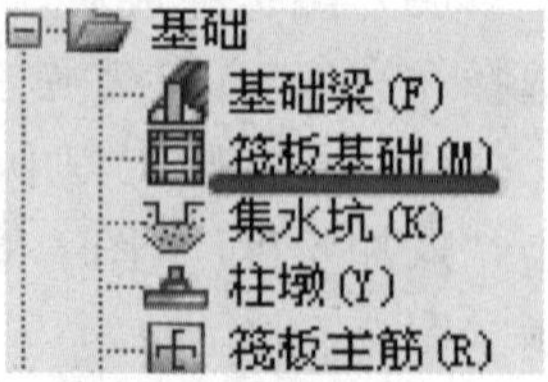

图 6.72　点击“筏板基础”

（3）在右侧的“属性编辑”（图 6.73）中对筏板的属性进行编辑。

注意筏板马凳筋的信息。

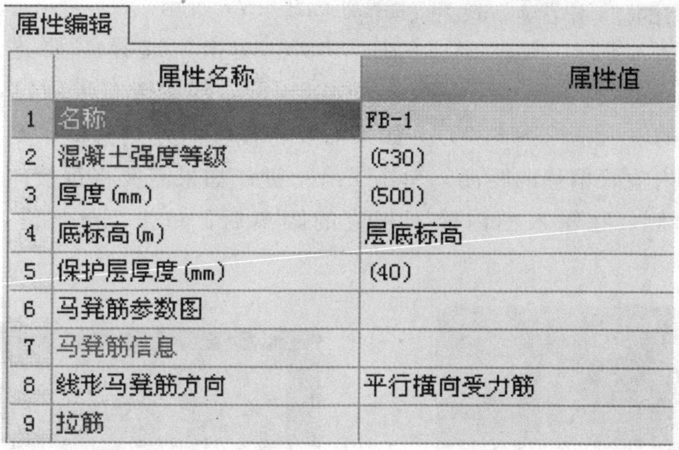
属性编辑

	属性名称	属性值
1	名称	FB-1
2	混凝土强度等级	(C30)
3	厚度(mm)	(500)
4	底标高(m)	层底标高
5	保护层厚度(mm)	(40)
6	马凳筋参数图	
7	马凳筋信息	
8	线形马凳筋方向	平行横向受力筋
9	拉筋	

图 6.73　编辑筏板的属性

(4) 定义完成后，点击“绘图”，进入绘图界面。对于筏板，一般采用直线绘制的方法，点击“直线”按钮（图 6.74）。

根据图纸，单击鼠标左键确定筏板的 4 个端点，右击“确定”。

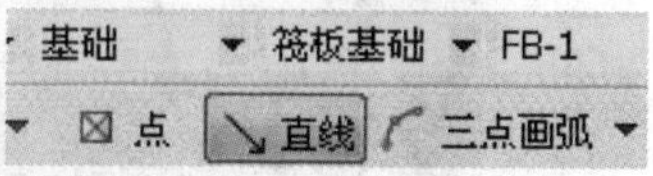

图 6.74　点击“直线”按钮

(5) 在实际的工程中，筏板一般都是向轴线的外侧偏移一定的距离，使用“偏移”功能来完成筏板的偏移。软件中，首先选中筏板，筏板选中后以蓝色显示，如图 6.75 所示。

在选中的筏板上单击鼠标右键，选择“偏移”，弹出“请选择偏移方式”的对话框，如图 6.76 所示。

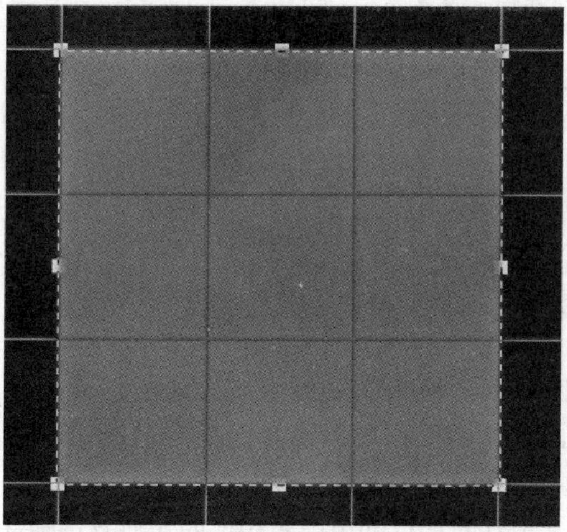
图 6.75　选中筏板

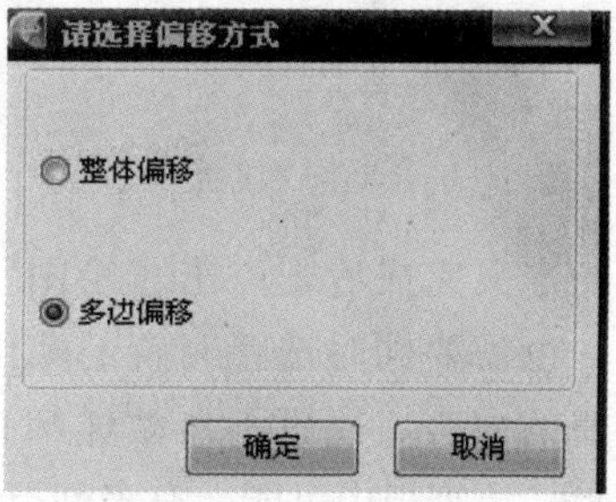

图 6.76　“请选择偏移方式”对话框

整体偏移：筏板的 4 个边线都进行偏移。

多边偏移：可以任意选择需要偏移的边。

以多边偏移为例，选择“多边偏移”，点击“确定”按钮，注意下部状态栏的提示，如

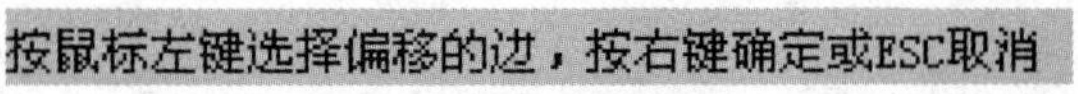

图 6.77　提示文字

图 6.77 所示。

单击，选择需要进行偏移的边（图 6.78），然后按右击确定，移动鼠标，会出现一个随光标移动的输入框（图 6.79）。如果需要将筏板向外侧偏移，则将鼠标移动到筏板的外侧，在输入框内输入偏移的距离，单击 Enter 键；如果需要将筏板向内侧偏移，则将光标定位在筏板的内侧，在输入框内输入相应的距离后，单击 Enter 键，即可完成筏板的偏移。

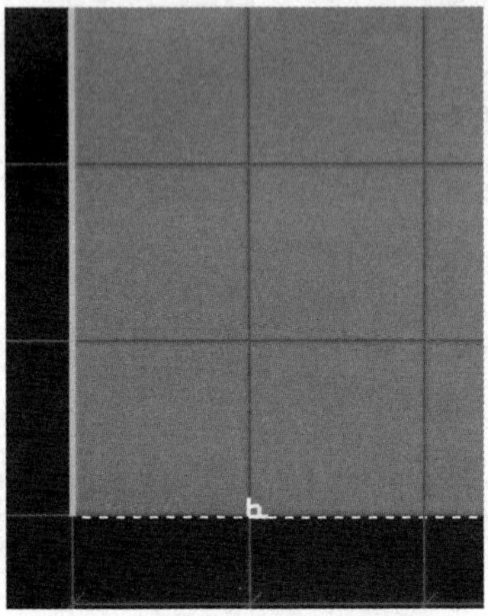

图 6.78　选择需要进行偏移的边

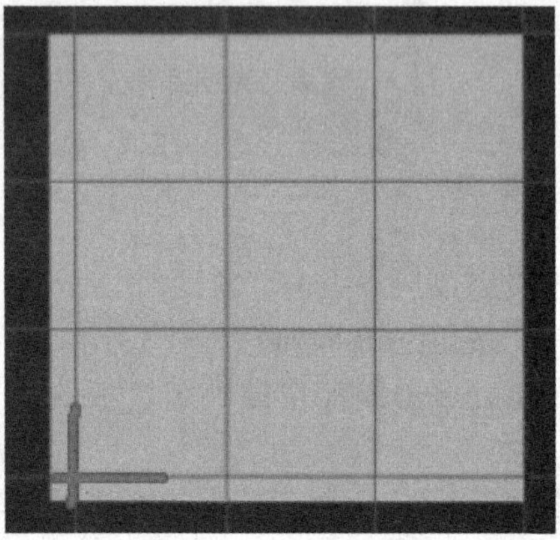

图 6.79　移动输入框

(6) 绘制完筏板后，需要对筏板的钢筋信息进行定义绘制。点击导航栏左侧的"筏板主筋"(图 6.80)。点击"定义"→点击"新建"→"新建筏板主筋"，在右侧的"属性编辑"(图 6.81) 中对筏板主筋的信息进行修改，注意"类别"。

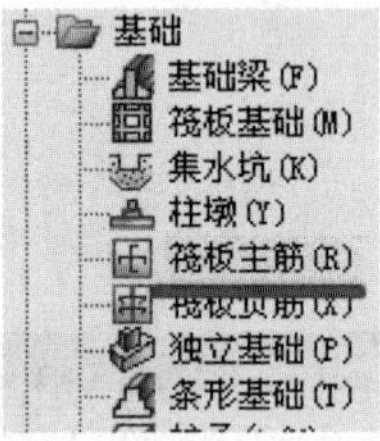

图 6.80　点击"筏板主筋"

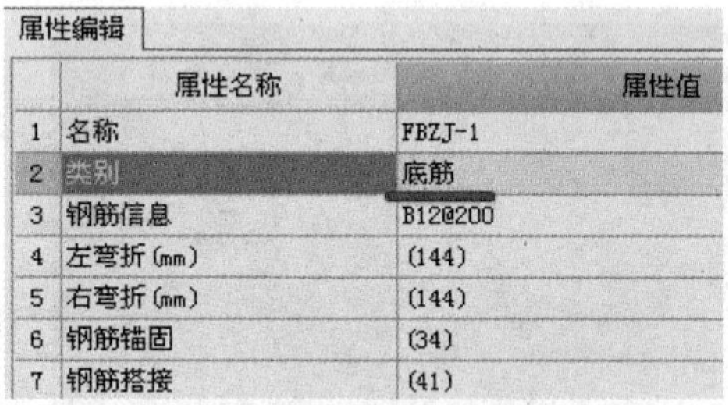
属性编辑

	属性名称	属性值
1	名称	FBZJ-1
2	类别	底筋
3	钢筋信息	B12@200
4	左弯折(mm)	(144)
5	右弯折(mm)	(144)
6	钢筋锚固	(34)
7	钢筋搭接	(41)

图 6.81　修改筏板主筋的信息

(7) 定义完成后，点击"绘图"进入绘图界面。筏板主筋的绘制方法与现浇板的绘制方法类似，也需要同时选择布置的范围与方向，具体的操作可以参考前面我们所讲到的有关现浇板主筋的内容，这里不再做详细介绍。

(8) 一块筏板中可能会有多种类型的主筋，要注意构件列表中各构件的切换及正确选用。

6.2.4.7　独立基础

独立基础的定义与前面我们讲到的构件的定义方法略有不同，因此在定义独立基础的过程中要格外注意。

(1) 选中左侧导航栏中的"独立基础"(图 6.82)。

（2）点击“定义”→点击“新建”→“新建独立基础”，然后再点击“新建”，选择“新建参数化独立基础单元”，弹出如图 6.83 所示界面，在右侧进行独立基础属性的编辑（图 6.84）。

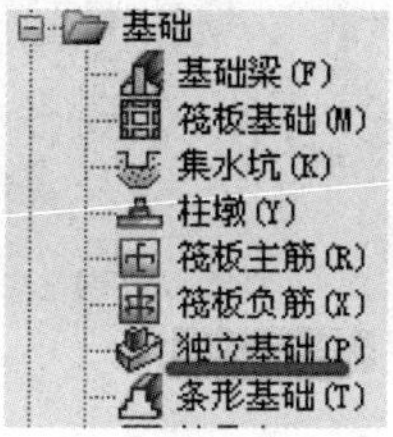

图 6.82　点击“独立基础”

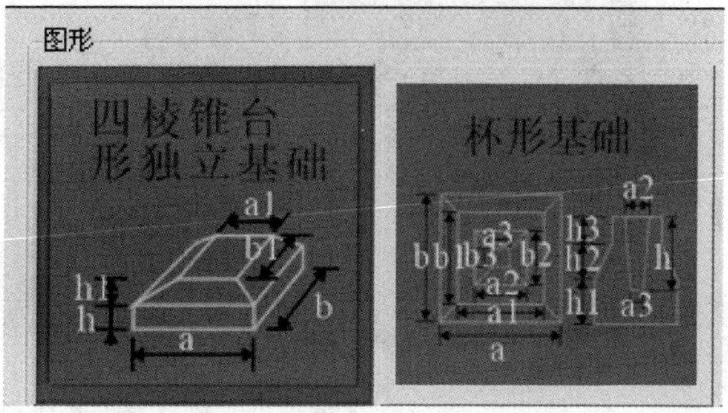

图 6.83　选择参数化图形界面

（3）定义完成后，点击“绘图”。对于独立基础，一般选择点画即可。点击“点”按钮，根据图纸要求，完成独立基础的绘制（图 6.85）。

	属性名称	属性值
1	a (mm)	1200
2	b (mm)	1200
3	a1 (mm)	600
4	b1 (mm)	600
5	h (mm)	600
6	h1 (mm)	600

图 6.84　编辑独立基础的属性

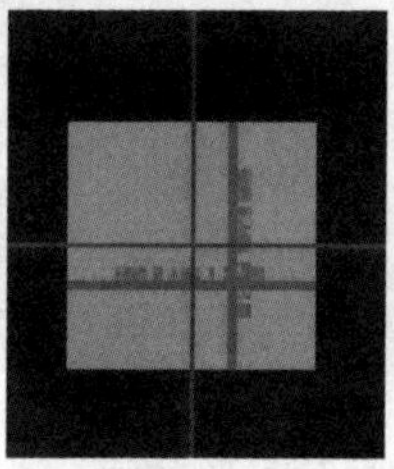

图 6.85　绘制独立基础

在绘制独立基础的过程中，shift＋左键同样适用。

（4）点击“动态观察”，查看刚才绘制的独立基础（图 6.86）。

6.2.4.8　条形基础

条形基础与独立基础的定义类似。

（1）选中左侧导航栏中的“条形基础”（图 6.87），点击“定义”。

图 6.86　动态观察独立基础

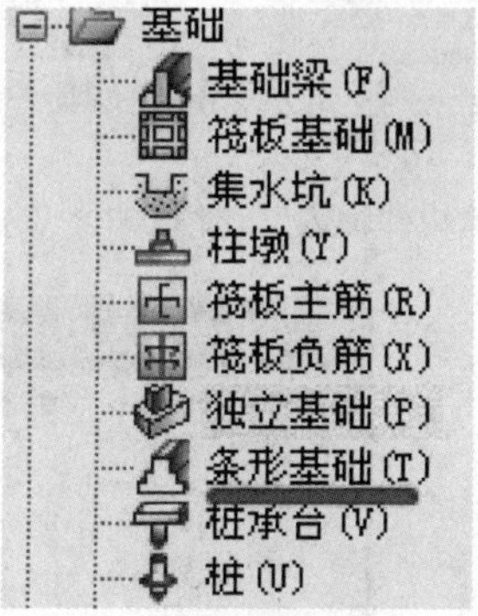

图 6.87　选中“条形基础”

（2）进入定义界面后，点击“新建”→“新建条形基础”，然后再点击“新建”→“新建参数化条形基础单元”，弹出如图 6.88 所示对话框。选择相应的参数化图形，并在右侧进行属性编辑。

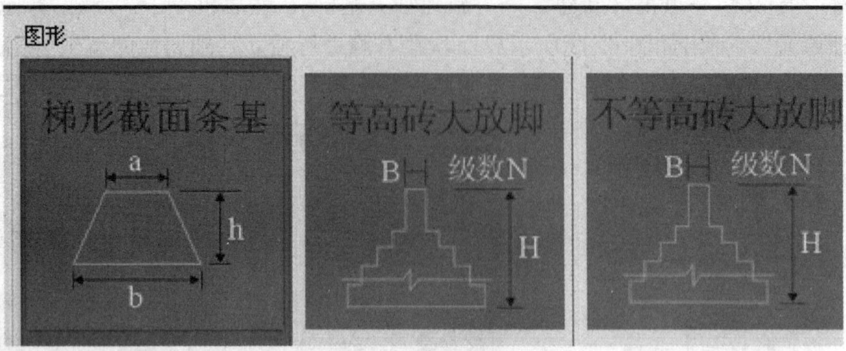

图 6.88　选择参数化图形界面

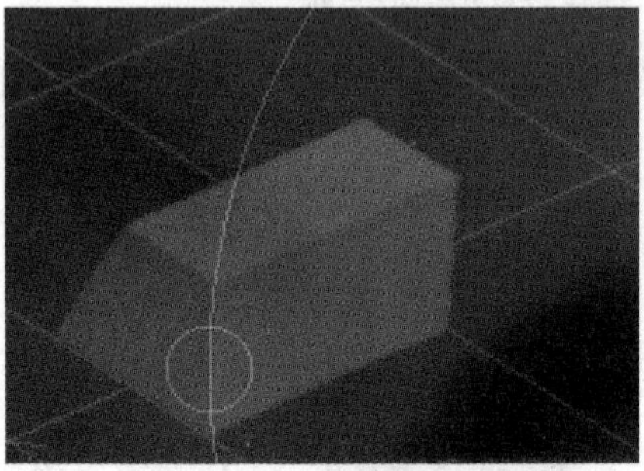

图 6.89　动态观察条形基础

(3) 点击"绘图"，进入绘图界面。

条形基础属于线型构件，采用直线画法即可。点击"直线"按钮，根据图纸要求，只需确定条形基础的起点与终点，绘制完成后，右击即可。

(4) 点击"动态观察"按钮，查看刚才绘制的条形基础（图 6.89）。

6.2.4.9　单构件输入

对于不方便在"绘图输入"中直接绘制的构件，可以采用单构件输入。

例如，要在"单构件输入"中输入一根过梁。

(1) 点击"单构件输入"(图 6.90)，进入单构件输入界面。

(2) 点击左侧的图标（构件管理）（图 6.91)，或者直接点击工具栏中的"构件管理"（图 6.92)，弹出"单构件输入构件管理"的输入框（图 6.93)。

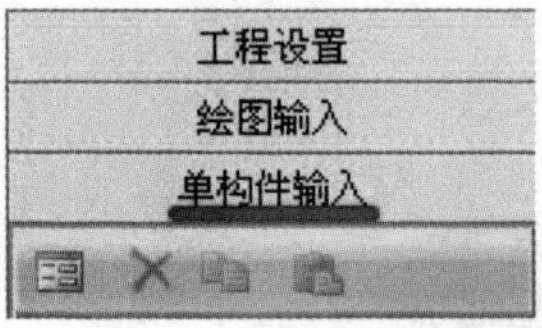

图 6.90　点击"单构件输入"

图 6.91　点击构件管理图标

图 6.92　点击"构件管理"

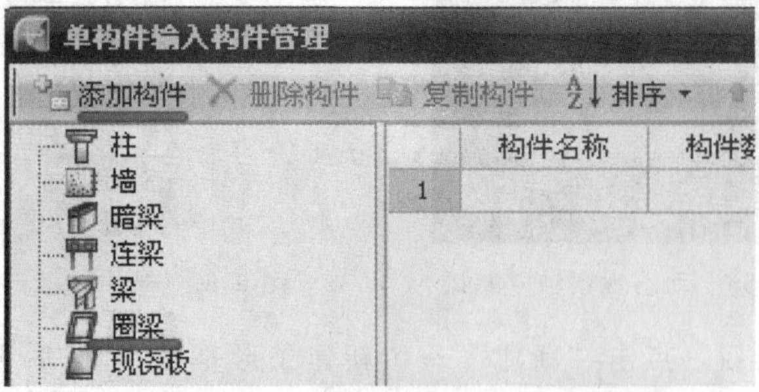

图 6.93　"单构件输入构件管理"输入框

（3）点击“圈梁”（图 6.94），然后点击“添加构件”后如图 6.95 所示。

在这里可以对构件的名称进行修改，修改完成后点击“确定”按钮。

虽然想添加一个过梁，但是在添加构件的过程中可以任意选择，只是在接下来选择图集的过程中选择过梁的图集。

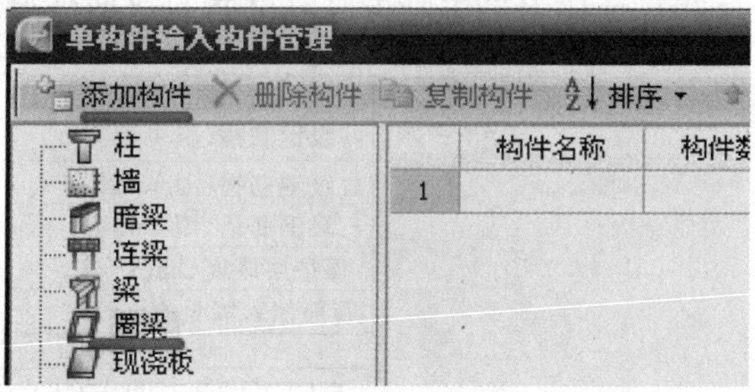

图 6.94 点击“圈梁”

（4）选中左侧的“QL－1”，点击“参数输入”（图 6.96），点击“选择图集”（图 6.97），弹出如图 6.98 所示“选择标准图集”选择框。

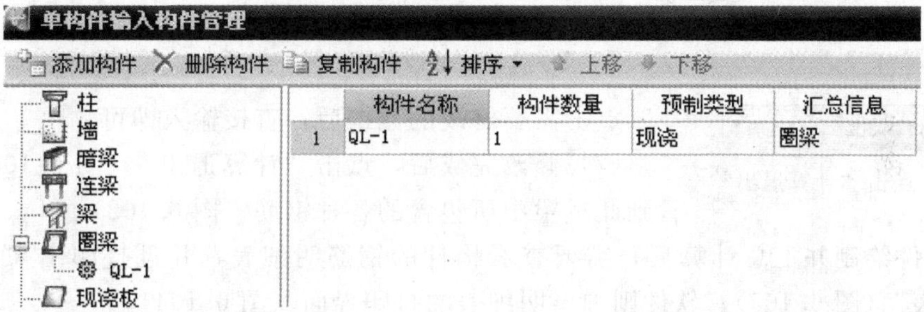

图 6.95 添加构件

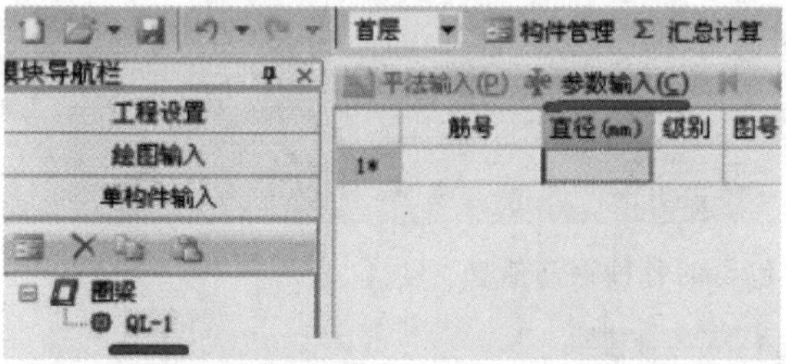

图 6.96 点击“参数输入”

图 6.97 点击“选择图集”

（5）点击“圈过梁”前面的“＋”（图 6.99），选择相应的图集，例如，选择“普通过梁（一）”，单击“选择”按钮。

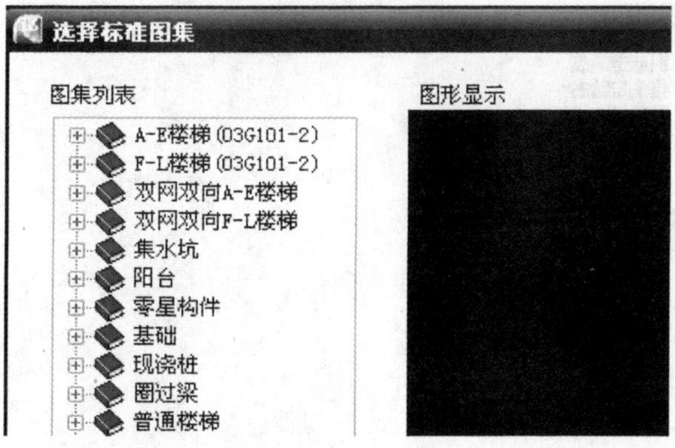

图 6.98 “选择标准图集”选择框

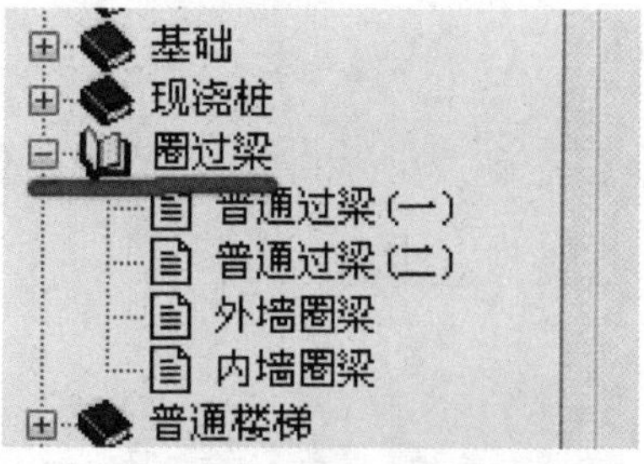

图 6.99 点击“圈过梁”前的“＋”

（6）选择图集后，可以对里面的数据进行修改（图 6.100）。

普通过梁一：

名　称	数据
一级钢筋锚(因 1ae1)	30D
二级钢筋锚(因 1ae2)	35D
三级钢筋锚(因 1ae1)	40D
保护层厚度(bhc)	25
箍筋伸入墙长度(qc)	100

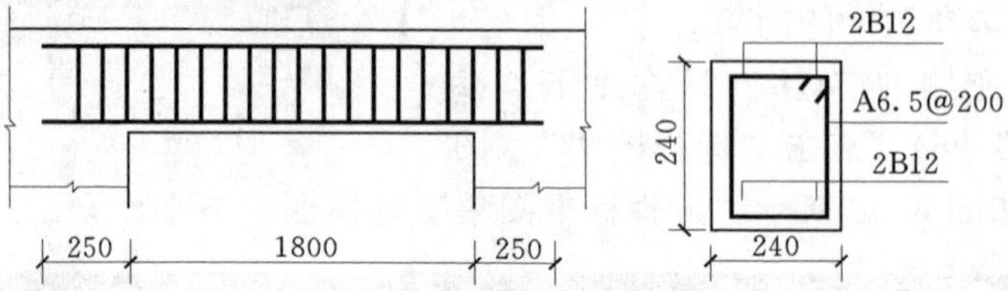

图 6.100　修改数据

图 6.101　点击“计算退出”

点击需要修改的数据后，直接输入即可。

（7）修改完成后，点击“计算退出”（图 6.101），就可以看到此过梁中所包含的各种钢筋（图 6.102）。

所有构件绘制并汇总计算后，需要查看构件的钢筋明细表，并且打印出来，可在点击“钢筋明细表”（图 6.103），软件则弹出明细表的打印界面（图 6.104）。

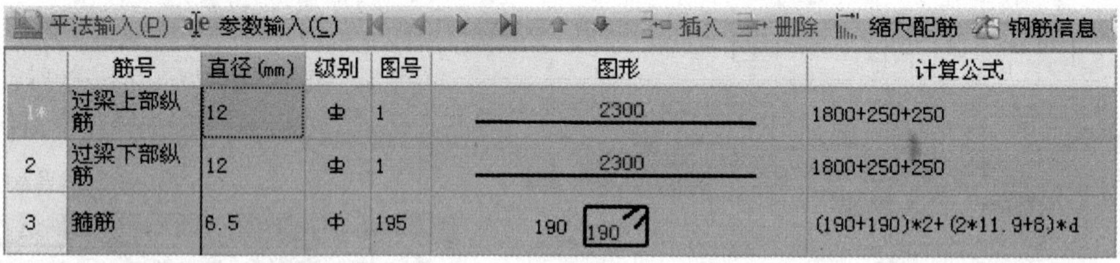

	筋号	直径(mm)	级别	图号	图形	计算公式
1*	过梁上部纵筋	12	虫	1	2300	1800+250+250
2	过梁下部纵筋	12	虫	1	2300	1800+250+250
3	箍筋	6.5	中	195	190　190	(190+190)*2+(2*11.9+8)*d

图 6.102　梁中包含的各种钢筋信息

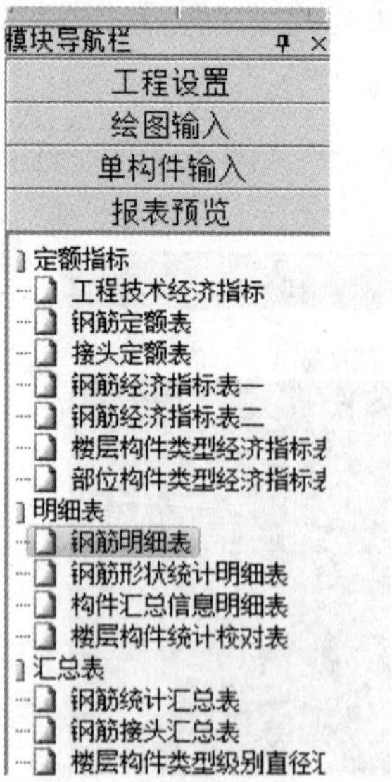

图 6.103　选择需要查看的信息

钢筋明细表

工程名称：工程3　　　　**编制日期：2012-12-12**

楼层名称：首层（绘图输入）					钢筋总重：6433.42kg				
筋号	级别	直径	钢筋图形	计算公式	根数	总根数	单长(m)	总长(m)	总重(kg)
构件名称：KZ-1[7]				构件数量：16	本构件钢筋重：235.88kg				
构件位置：<1,D>;<1,C>;<1,B>;<1,A>;<2,D>;<2,C>;<2,B>;<2,A>;<3,D>;<3,C>;<3,B>;<3,A>;<4,D>;<4,C>;<4,B>;<4,A>									
B边纵筋.1	Φ	20	240 2153	3000-2450/3-550+550-30+12*d	6	96	2.393	229.728	566.546
H边纵筋.1	Φ	20	240 2153	3000-2450/3-550+550-30+12*d	6	96	2.393	229.728	566.546
角筋.1	Φ	22	264 2153	3000-2450/3-550+550-30+12*d	4	64	2.417	154.688	461.597
插筋.1	Φ	20	1561	2450/3+1.2*31*d	12	192	1.561	299.712	739.138
插筋.2	Φ	22	1635	2450/3+1.2*31*d	4	64	1.635	104.64	312.251
箍筋.1	ф	10	340 340	2*((400-2*30)+(400-2*30))+2*(11.9*d)+(8*d)	26	416	1.678	698.048	430.375
箍筋.2	ф	10	340 181	2*(((400-2*30-22)/4*2+22)+(400-2*30))+2*(11.9*d)+(8*d)	52	832	1.36	1131.52	697.627
构件名称：KL-3[23]				构件数量：8	本构件钢筋重：332.417kg				
构件位置：<1,D><4,D>;<4,A><4,D>;<1,A><4,A>;<1,A><1,D>;<2,A><2,D>;<3,A><3,D>;<1,C><4,C>;<1,B><4,B>									
1跨.上通长筋1	Φ	25	375 9350 375	400-25+15*d+8600+400-25+15*d	2	16	10.1	161.6	622.705
1跨.下通长筋1	Φ	25	375 9350 375	400-25+15*d+8600+400-25+15*d	4	32	10.1	323.2	1245.411
1跨.箍筋1	ф	8	500 300	2*((350-2*25)+(550-2*25))+2*(11.9*d)+(8*d)	25	200	1.854	370.8	146.312
1跨.箍筋2	ф	8	500 117	2*(((350-2*25-25)/3*1+25)+(550-2*25))+2*(11.9*d)+(8*d)	25	200	1.488	297.6	117.429
2跨.箍筋1	ф	8	500 300	2*((350-2*25)+(550-2*25))+2*(11.9*d)+(8*d)	25	200	1.854	370.8	146.312
2跨.箍筋	ф	8	500 117	2*(((350-2*25-25)/3*1+25)+(550-2*25))+	25	200	1.488	297.6	117.429

图 6.104　“钢筋明细表”的打印界面

附 录 A

附表 A.1　　钢筋强度标准值、设计值和弹性值模量

种类		d/mm	抗拉强度设计值 f_y	抗压强度设计值 f'_y	强度标准值 f_{yk}	弹性模量 E_s/(N/mm²)
热轧钢筋	HPB300	6～14	270	270	300	2.1×10^5
	HRB335	6～14	300	300	335	2.0×10^5
	HRB400、HRBF400、RRB400	6～50	360	360	400	2.0×10^5
	HRB500、HRBF500	6～50	435	410	500	2.0×10^5

注　1. 在钢筋混凝土结构中，轴心受拉和小偏心受拉构件的钢筋强度设计值大于 300N/mm² 时，仍应按 300N/mm² 取用。

2. 当采用直径大于 40mm 的钢筋时，应有可靠的工程经验。

附表 A.2　　混凝土强度标准值、设计值和弹性模量　　单位：N/mm²

强度种类与弹性模量		混凝土强度等级													
		C15	C20	C25	C30	C35	C40	C45	C50	C55	C60	C65	C70	C75	C80
强度标准值	轴心抗压 f_{ck}	10.0	13.4	16.7	20.1	23.4	26.8	29.6	32.4	35.5	38.5	41.5	44.5	47.4	50.2
	轴心抗拉 f_{tk}	1.27	1.54	1.78	2.01	2.20	2.39	2.51	2.64	2.74	2.85	2.93	2.99	3.05	3.11
强度设计值	轴心抗压 f_c	7.2	9.6	11.9	14.3	16.7	19.1	21.1	23.1	25.3	27.5	29.7	31.8	33.8	35.9
	轴心抗拉 f_t	0.91	1.10	1.27	1.43	1.57	1.71	1.80	1.89	1.96	2.04	2.09	2.14	2.18	2.22
弹性模量 E_c		2.20	2.55	2.80	3.00	3.15	3.25	3.35	3.45	3.55	3.60	3.65	3.70	3.75	3.80

附表 A.3　　混凝土保护层的最小厚度 c　　单位：mm

环境类别	板、墙、壳	梁、柱、杆
一	15	20
二 a	20	25
二 b	25	35
三 a	30	40
三 b	40	50

注　1. 混凝土强度等级不大于 C25 时，表中保护层厚度数值应增加 5mm。

2. 构件中受力钢筋的保护层厚度不应小于钢筋的公称直径。

3. 表中的保护层厚度适用于设计使用年限为 50 年的混凝土结构，设计使用年限为 100 年的混凝土结构，一类环境中，最外层钢筋保护层厚度不应小于表中数值的 1.4 倍；二、三类环境中，应采取专门有效的措施。

4. 钢筋混凝土基础宜设置混凝土垫层，基础中钢筋的混凝土保护层厚度应从垫层算起，且不应小于 40mm。

附表 A.4　　受拉钢筋基本锚固长度 l_{ab}

钢筋种类	混凝土强度等级								
	C20	C25	C30	C35	C40	C45	C50	C55	≥C60
HPB300	39*d*	34*d*	30*d*	28*d*	25*d*	24*d*	23*d*	22*d*	21*d*
HRB335	38*d*	33*d*	29*d*	27*d*	25*d*	23*d*	22*d*	21*d*	21*d*
HRB400、HRBF400 RRB400	—	40*d*	35*d*	32*d*	29*d*	28*d*	27*d*	26*d*	25*d*
HRB500、HRBF500	—	48*d*	43*d*	39*d*	36*d*	34*d*	32*d*	31*d*	30*d*

附表 A.5　　抗震设计时受拉钢筋基本锚固长度 l_{abE}

钢筋种类		混凝土强度等级								
		C20	C25	C30	C35	C40	C45	C50	C55	≥C60
HPB300	一、二级	45*d*	39*d*	35*d*	32*d*	29*d*	28*d*	26*d*	25*d*	24*d*
	三级	41*d*	36*d*	32*d*	29*d*	26*d*	25*d*	24*d*	23*d*	22*d*
HRB335	一、二级	44*d*	38*d*	33*d*	31*d*	29*d*	26*d*	25*d*	24*d*	24*d*
	三级	40*d*	35*d*	31*d*	28*d*	26*d*	24*d*	23*d*	22*d*	22*d*
HRB400 HRBF400	一、二级	—	46*d*	40*d*	37*d*	33*d*	32*d*	31*d*	30*d*	29*d*
	三级	—	42*d*	37*d*	34*d*	30*d*	29*d*	28*d*	27*d*	26*d*
HRB500 HRBF500	一、二级	—	55*d*	49*d*	45*d*	41*d*	39*d*	37*d*	36*d*	35*d*
	三级	—	50*d*	45*d*	41*d*	38*d*	36*d*	34*d*	33*d*	32*d*

附表 A.6　　受拉钢筋锚固长度 l_a

钢筋种类	混凝土强度等级																
	C20	C25		C30		C35		C40		C45		C50		C55		≥C60	
	$d\leqslant25$	$d\leqslant25$	$d>25$	$d\leqslant25$	$d>25$	$d\leqslant25$	$d>25$	$d\leqslant25$	$d>25$	$d\leqslant25$	$d>25$	$d\leqslant25$	$d>25$	$d\leqslant25$	$d>25$	$d\leqslant25$	$d>25$
HPB300	39*d*	34*d*	—	30*d*	—	28*d*	—	25*d*	—	24*d*	—	23*d*	—	22*d*	—	21*d*	—
HRB335、HRBF335	38*d*	33*d*	—	29*d*	—	27*d*	—	25*d*	—	23*d*	—	22*d*		21*d*	—	21*d*	—
HRB400、HRBF400 RRB400	—	40*d*	44*d*	35*d*	39*d*	32*d*	35*d*	29*d*	32*d*	28*d*	31*d*	27*d*	30*d*	26*d*	29*d*	25*d*	28*d*
HRB500、HRBF500	—	48*d*	53*d*	43*d*	47*d*	39*d*	43*d*	36*d*	40*d*	34*d*	37*d*	32*d*	35*d*	31*d*	34*d*	30*d*	33*d*

附表 A.7　　受拉钢筋抗震锚固长度 l_{aE}

钢筋种类及抗震等级		混凝土强度等级																
		C20	C25		C30		C35		C40		C45		C50		C55		≥C60	
		$d\leqslant25$	$d\leqslant25$	$d>25$	$d\leqslant25$	$d>25$	$d\leqslant25$	$d>25$	$d\leqslant25$	$d>25$	$d\leqslant25$	$d>25$	$d\leqslant25$	$d>25$	$d\leqslant25$	$d>25$	$d\leqslant25$	$d>25$
HPB300	一、二级	45*d*	39*d*	—	35*d*	—	32*d*	—	29*d*	—	28*d*	—	26*d*	—	25*d*	—	24*d*	—
	三级	41*d*	36*d*	—	32*d*	—	29*d*	—	26*d*	—	25*d*	—	24*d*	—	23*d*	—	22*d*	—
HRB335、 HRBF335	一、二级	44*d*	38*d*	—	33*d*	—	31*d*	—	29*d*	—	26*d*	—	25*d*	—	24*d*	—	24*d*	—
	三级	40*d*	35*d*	—	30*d*	—	28*d*	—	26*d*	—	24*d*	—	23*d*	—	22*d*	—	22*d*	—

续表

钢筋种类及抗震等级		混凝土强度等级																
		C20	C25		C30		C35		C40		C45		C50		C55		≥C60	
		$d\leqslant 25$	$d\leqslant 25$	$d>25$	$d\leqslant 25$	$d>25$	$d\leqslant 25$	$d>25$	$d\leqslant 25$	$d>25$	$d\leqslant 25$	$d>25$	$d\leqslant 25$	$d>25$	$d\leqslant 25$	$d>25$	$d\leqslant 25$	$d>25$
HRB400、HRBF400	一、二级	—	$46d$	$51d$	$40d$	$45d$	$37d$	$40d$	$33d$	$37d$	$32d$	$36d$	$31d$	$35d$	$30d$	$33d$	$29d$	$32d$
	三级	—	$42d$	$46d$	$37d$	$41d$	$34d$	$37d$	$30d$	$34d$	$29d$	$33d$	$28d$	$32d$	$27d$	$30d$	$26d$	$29d$
HRB500、HRBF500	一、二级	—	$55d$	$61d$	$49d$	$54d$	$45d$	$49d$	$41d$	$46d$	$39d$	$43d$	$37d$	$40d$	$36d$	$39d$	$35d$	$38d$
	三级	—	$50d$	$56d$	$45d$	$49d$	$41d$	$45d$	$38d$	$42d$	$36d$	$39d$	$34d$	$37d$	$33d$	$36d$	$32d$	$35d$

注 1. 环氧树脂涂层带肋钢筋，表中数据应乘以 1.25 的修正系数予以放大。

2. 当纵向受拉钢筋在施工时易受扰动的钢筋，表中数据应乘以 1.1 的系数。

3. 当采用纵向受拉钢筋在锚固长度范围内混凝土保护层厚度大于钢筋直径的 3 倍、5 倍时，握裹作用加强，锚固长度可适当减小，表中长度应乘以修正系数 0.8、0.7 予以缩小。

4. 当 1～3 情况同时出现两项或三项时，接连乘计算。

附 录 B

附表 B.1　　钢筋截面面积及理论质量

钢筋直径 d/mm	钢筋截面面积 A_s 及钢筋排成一行时梁的最小宽度 b												单根钢筋理论质量/(kg/m)
	一根	二根	三根		四根		五根		六根	七根	八根	九根	
	A_s /mm^2	A_s /mm^2	A_s /mm^2	b /mm	A_s /mm^2	b /mm	A_s /mm^2	b /mm	A_s /mm^2	A_s /mm^2	A_s /mm^2	A_s /mm^2	
6	28.3	57	85		113		141		170	198	226	255	0.222
8	50.3	101	151		201		251		302	352	402	452	0.395
10	78.5	157	236		314		393		471	550	628	707	0.617
12	113.1	226	339	150	452	$\frac{200}{180}$	565	$\frac{250}{220}$	679	792	905	1018	0.888
14	153.9	308	462	150	615	$\frac{200}{180}$	770	$\frac{250}{220}$	924	1078	1232	1385	1.21
16	201.1	402	603	$\frac{180}{150}$	804	200	1005	250	1206	1407	1608	1810	1.58
18	254.5	509	763	$\frac{180}{150}$	1018	$\frac{220}{200}$	1272	$\frac{300}{250}$	1527	1781	2036	2290	2.00
20	314.2	628	942	180	1256	220	1570	$\frac{300}{250}$	1885	2199	2513	2827	2.47
22	380.1	760	1140	180	1520	$\frac{250}{220}$	1900	300	2281	2661	3041	3421	2.98
25	490.9	982	1473	$\frac{200}{180}$	1964	250	2454	300	2945	3436	3927	4418	3.85
28	615.8	1232	1847	200	2463	250	3079	$\frac{350}{300}$	3695	4310	4926	5542	4.83
32	804.2	1609	2413	220	3217	300	4021	350	4826	5630	6434	7238	6.31
36	1017.9	2036	3054		4072		5089		6107	7125	8143	9161	7.99
40	1256.6	2513	3770		5027		6283		7540	8796	10053	11310	9.87
50	1964	3928	5892		7856		9820		11784	13748	15712	17676	15.42

注　表中梁最小宽度 b 为分数时，横线以上数字表示钢筋在梁顶部时所需宽度，横线以下数字表示钢筋在梁底部时所需宽度。

附表 B.2　　每米板宽各种钢筋间距的钢筋截面面积(mm^2)

钢筋间距/mm	钢筋直径/mm													
	3	4	5	6	6/8	8	8/10	10	10/12	12	12/14	14	14/16	16
70	101	180	280	404	561	719	920	1121	1369	1616	1907	2199	2536	2872
75	94.3	168	262	377	524	671	859	1047	1277	1508	1780	2052	2367	2681
80	88.4	157	245	354	491	629	805	981	1198	1414	1669	1924	2218	2513
85	83.2	148	231	333	462	592	758	924	1127	1331	1571	1811	2088	2365

续表

钢筋间距/mm	钢筋直径/mm													
	3	4	5	6	6/8	8	8/10	10	10/12	12	12/14	14	14/16	16
90	78.5	140	218	314	437	559	716	872	1064	1257	1483	1710	1972	2234
95	74.5	132	207	298	414	529	678	826	1008	1190	1405	1620	1868	2116
100	70.6	126	196	283	393	503	644	785	958	1131	1335	1539	1775	2011
110	64.2	114	178	257	357	457	585	714	871	1028	1214	1399	1614	1828
120	58.9	105	163	236	327	419	537	654	798	942	1113	1283	1480	1676
125	56.5	101	157	226	314	402	515	628	766	905	1068	1231	1420	1608
130	54.4	96.6	151	218	302	387	495	604	737	870	1027	1184	1366	1547
140	50.5	89.7	140	202	281	359	460	561	684	808	954	1099	1268	1436
150	47.1	83.8	131	189	262	335	429	523	639	754	890	1026	1183	1340
160	44.1	78.5	123	177	246	314	403	491	599	707	834	962	1110	1257
170	41.5	73.9	115	166	231	296	379	462	564	665	785	905	1044	1183
180	39.2	69.8	109	157	218	279	358	436	532	628	742	855	985	1117
190	37.2	66.1	103	149	207	265	339	413	504	595	703	810	934	1058
200	35.3	62.8	98.2	141	196	251	322	393	479	565	668	770	888	1005
220	32.1	57.1	89.2	129	179	229	293	357	436	514	607	700	807	914
240	29.4	52.4	81.8	118	164	210	268	327	399	471	556	641	740	838
250	28.3	50.3	78.5	113	157	201	258	314	383	452	534	616	710	804
260	27.2	48.3	75.5	109	151	193	248	302	369	435	513	592	682	773
280	25.2	44.9	70.1	101	140	180	230	280	342	404	477	550	634	718
300	23.6	41.9	65.5	94.2	131	168	215	262	319	377	445	513	592	670
320	22.1	39.3	61.4	88.4	123	157	201	245	299	353	417	481	554	628

注 表中6/8，8/10，…系指该两种直径的钢筋交替放置。

参 考 文 献

[1] GB 50010—2010 混凝土结构设计规范 [S]. 北京：中国建筑工业出版社，2010.

[2] 王文睿. 混凝土结构与砌体结构 [M]. 北京：中国建筑工业出版社，2011.

[3] 杨太生. 建筑结构基础与识图 [M]. 北京：中国建筑工业出版社，2008.

[4] 彭波. 平法钢筋计算 [M]. 北京：中国电力出版社，2009.

[5] 中国建筑标准设计院. 国家建筑标准设计图集 16G101—1、16G101—2、16G101—3 [M]. 北京：中国计划出版社，2011.

[6] 广联达软件公司. 广联达计量与计价实训系列教材——钢筋工程量计算实训教材 [M]. 重庆：重庆大学出版社，2009.

[7] 陈达飞. 平法识图与钢筋计算 [M]. 北京：中国建筑工业出版社，2012.

[8] GB 506666—2011 混凝土结构施工规范 [S]. 北京：中国建筑工业出版社，2011.

[9] 朱炳寅. 建筑地基基础设计方法及实例分析 [M]. 2版. 北京：中国建筑工业出版社，2013.

[10] 郭继武. 地基基础设计与算例 [M]. 北京：中国建筑工业出版社，2015.

[11] 朱彦鹏. 钢筋混凝土结构课程设计指南 [M]. 2版. 北京：中国建筑工业出版社，2014.

[12] GB 50007—2011 建筑地基基础设计规范 [S]. 北京：中国建筑工业出版社，2011.